파브르 곤충기 2

파브르 곤충기 2

초판 1쇄 발행 | 2006년 8월 20일
초판 5쇄 발행 | 2012년 5월 5일
개정판 1쇄 발행 | 2013년 8월 10일
개정판 3쇄 발행 | 2024년 12월 10일

지은이 | 장 앙리 파브르
옮긴이 | 김진일
사진찍은이 | 이원규
그린이 | 정수일
펴낸이 | 조미현

펴낸곳 | (주)현암사
등록 | 1951년 12월 24일 · 제10-126호
주소 | 121-839 서울시 마포구 서교동 481-12
전화 | 365-5051 · 팩스 | 313-2729
전자우편 | editor@hyeonamsa.com
홈페이지 | www.hyeonamsa.com

글 ⓒ 김진일 2006
사진 ⓒ 이원규 2006
그림 ⓒ 정수일 2006

*잘못된 책은 바꾸어 드립니다.
*지은이와 협의하여 인지를 생략합니다.

ISBN 978-89-323-1388-7 04490
ISBN 978-89-323-1399-3 (세트)

파브르 곤충기 2

장 앙리 파브르 지음 | 김진일 옮김
이원규 사진 | 정수일 그림

현암사

 옮긴이의 말

신화 같은 존재 파브르, 그의 역작 곤충기

『파브르 곤충기』는 '철학자처럼 사색하고, 예술가처럼 관찰하고, 시인처럼 느끼고 표현하는 위대한 과학자' 파브르의 평생 신념이 담긴 책이다. 예리한 눈으로 관찰하고 그의 손과 두뇌로 세심하게 실험한 곤충의 본능이나 습성과 생태에서 곤충계의 숨은 비밀까지 고스란히 담겨 있다. 그러기에 백 년이 지난 오늘날까지도 세계적인 애독자가 생겨나며, '문학적 고전', '곤충학의 성경'으로 사랑받는 것이다.

프랑스 남부의 산속 마을에서 태어난 파브르는, 어려서부터 자연에 유난히 관심이 많았다. '빛은 눈으로 볼 수 있다'는 것을 스스로 발견하기도 하고, 할머니의 옛날이야기 듣기를 좋아했다. 호기심과 탐구심이 많고 기억력이 좋은 아이였다. 가난한 집 맏아들로 태어나 생활고에 허덕이면서 어린 시절을 보내야만 했다. 자라서는 적은 교사 월급으로 많은 가족을 거느리며 살았지만, 가족의 끈끈한 사랑과 대자연의 섭리에 대한 깨달음으로 역경의 연속인 삶을 이겨 낼 수 있었다. 특히 수학, 물리, 화학 등을 스스로 깨우치는 등 기초 과학 분야에 남다른 재능을 가지고 있었다. 문학에도 재주가 뛰어나 사물을 감각적으로 표현하는 능력이 뛰어났다. 이처럼 천성적인 관찰자답게 젊었을 때 우연히 읽은 '곤충 생태에 관한 잡지'가 계기가 되어 그의 이름을 불후하게 만든 '파브르 곤충기'가 탄생하게 되었다. 1권을 출판한 것이 그의 나이 56세. 노경에 접어든 나이에 시작하여 30년 동안의 산고 끝에 보기 드문 곤충기를 완성한 것이다. 소똥구리, 여러 종의 사냥벌, 매미, 개미, 사마귀 등 신기한 곤충들이 꿈틀거리는 관찰 기록만이 아니라 개인적 의견과 감정을 담은 추억의 에세이까지 10권 안에 펼쳐지는 곤충 이야기는 정말 다채롭고 재미있다.

'파브르 곤충기'는 한국인의 필독서이다. 교과서 못지않게 필독서였고, 세상의 곤충은 파브르의 눈을 통해 비로소 우리 곁에 다가왔다. 그 명성을 입증하듯이 그림책, 동화책, 만화책 등 형식뿐 아니라 글쓴이, 번역한 이도 참으로 다양하다. 그러나 우리나라에는 방대한 '파브르 곤충기' 중 재미있는 부분만 발췌한 번역본이나 요약본이 대부분이다. 90년대 마지막 해 대단한 고령의 학자 3인이 완역한 번역본이 처음으로 나오긴 했다. 그러나 곤충학, 생물학을 전공한 사람의 번역이 아니어서인지 전문 용어를 해석하는 데 부족한 부분이 보여 아쉬웠다. 역자는 국내에 곤충학이 도입된 초기에 공부를 하고 보니 다양한 종류의 곤충을 다룰 수밖에 없었다. 반면 후배 곤충학자들은 전문분류군에만 전념하며, 전문성을 갖는 것이 세계의 추세라고 해야 할 것이다. 이런 시점에서는 적절한 번역을 기대할 수 없다.

역자도 벌써 환갑을 넘겼다. 정년퇴직 전에 초벌번역이라도 마쳐야겠다는 급한 마음이 강력한 채찍질을 하여 '파브르 곤충기' 완역이라는 어렵고 긴 여정을 시작하게 되었다. 우리나라 풍뎅이를 전문적으로 분류한 전문가이며, 일반 곤충학자이기도 한 역자가 직접 번역한 '파브르 곤충기' 정본을 만들어 어린이, 청소년, 어른에게 읽히고 싶었다.

역자가 파브르와 그의 곤충기에 관심을 갖기 시작한 건 40년도 더 되었다. 마침, 30년 전인 1975년, 파브르가 학위를 받은 프랑스 몽펠리에 이공대학교로 유학하여 1978년에 곤충학 박사학위를 받았다. 그 시절 우리나라의 자연과 곤충을 비교하면서 파브르가 관찰하고 연구한 곳을 발품 팔아 자주 돌아다녔고, 언젠가는 프랑스 어로 쓰인 '파브르 곤충기' 완역본을 우리나라에 소개하리라 마음먹었다. 그 소원을 30년이 지난 오늘에서야 이룬 것이다.

"개성적이고 문학적인 문체로 써 내려간 파브르의 의도를 제대로 전달할 수 있을까, 파브르가 연구한 종은 물론 관련 식물 대부분이 우리나라에는 없는 종이어서 우리나라 이름으로 어떻게 처리할까, 우리나라 독자에 맞는 '한국판 파브르 곤충기'를 만들려면 어떻게 해야 할까" 방대한 양의 원고를 번역하면서 여러 번 되뇌고 고민한 내용이다. 1권에서 10권까지 번역을 하는 동안 마치 역자가 파브르인 양 곤충에 관한 새로운 지식을 발견하면 즐거워하고, 실험에 실패하면 안타까워하고, 간간이 내비치는 아들의 죽음에 대한 슬픈 추억, 한때 당신이 몸소 병에 걸려 눈앞의 죽음을 스스로 바라보며, 어린 아들이 얼음 땅에서 캐내 온 벌들이 따뜻한 침실에서 우화하여, 발랑발랑 걸어 다니는 모습을 바라보던 때의 아픔을 생각하며 눈물을 흘리기도 했다. 4년도 넘게 파브르 곤충기와 함께 동고동락했다.

파브르시대에는 벌레에 관한 내용을 과학논문처럼 사실만 써서 발표했을 때는 정신 이상자의 취급을 받기 쉬웠다. 시대적 배경 때문이었을까? 다방면에서 박식한 개인적 배경 때문이었을까? 파브르는 벌레의 사소한 모습도 철학적, 시적 문장으로 써 내려갔다. 현지에서는 지금도 곤충학자라기보다 철학자, 시인으로 더 잘 알려져 있다. 어느 한 문장이 수십 개의 단문으로 구성된 경우도 있고, 같은 내용이 여러 번 반복되기도 하였다. 그래서 원문의 내용은 그대로 살리되 가능한 짧은 단어와 짧은 문장으로 처리해 지루함을 최대한 줄이도록 노력했다. 그러나 파브르의 생각과 의인화가 담긴 문학적 표현을 100% 살리기는 힘들었다기보다, 차라리 포기했음을 고백해 둔다.

파브르가 연구한 종이 우리나라에 분포하지 않을 뿐 아니라 아직 곤충학이 학문으로 정상적 괘도에 오르지 못했던 150년 전 내외에 사용하던 학명이 많았다. 아무래도 파브르는 분류 학자의 업적을 못마땅하게 생각한 듯하다. 다른 종을 연구하거나 이름을 다르게 표기했을 가능성도 종종 엿보였다. 당시 틀린 학명은 현재 맞는 학명을 추적해서 바꾸도록 부단히 노력했다. 그래도 해결하지 못한 학명은 원문의 이름을 그대로 썼다. 본문에 실린 동식물은 우리나라에 서식하는 종류와 가장 가깝도록 우리말 이름을 지었으며, 우리나라에도 분포하여 정식 우리 이름이 있는 종은 따로 표시하여 '한국판 파브르 곤충기'로 만드는 데 힘을 쏟았다.

무엇보다도 곤충 사진과 일러스트가 들어가 내용에 생명력을 불어넣었다. 이원규 씨의 생생한 곤충 사진과 독자들의 상상력을 불러일으키는 만화가 정수일 씨의 일러스트가 글이 지나가는 길목에 자리 잡고 있어 '파브르 곤충기'를 더욱더 재미있게 읽게 될 것이다. 역자를 비롯한 다양한 분야의 전문가와 함께했기에 이 책이 탄생할 수 있었다.

번역 작업은 Robert Laffont 출판사 1989년도 발행본 파브르 곤충기 Souvenirs Entomologiques(Études sur l'instinct et les mœurs des insectes)를 사용하였다.

끝으로 발행에 선선히 응해 주신 (주)현암사의 조미현 사장님, 책을 예쁘게 꾸며서 독자의 흥미를 한껏 끌어내는 데, 잘못된 문장을 바로 잡아주는 데도, 최선의 노력을 경주해 주신 편집팀, 주변에서 도와주신 여러분께도 심심한 감사의 말씀을 드린다.

2006년 7월
김진일

2권 맛보기

연구 생활이란 참으로 고달픈 역경의 연속이다. 단지 미지의 세계를 진부하게 더듬는 연구 자체의 어려움뿐만 아니라 생활고까지 겹쳐지는 심각한 역경의 연속이다. 연구소 땅을 얻은 아르마스에서의 환희, 즉 첫 장에서의 그 환희가 실상은 제8장에서 엿보이듯이 세상으로부터의 추방당함이었다. 그런 역경들을 끈질기게 물고 늘어지며 헤쳐 나가야 하는 것이 연구자의 의무인 동시에 스스로 빠져드는 길이기도 하다. 파브르는 결국 이런 역경들을 극복해 냈다.

 성충으로 자라난 줄벌이 고치를 찢고 세상 밖으로 탈출하는 과정 하나, 즉 벌의 일생 중 가장 짧은 이 순간만 해도 따져 볼 문제가 얼마나 많았던지, 이 과정을 보겠다고 7년이나 그야말로 헤아릴 수 없을 만큼 많은 벌 둥지를 찾아내 탈출시켜 본 실험, 또한 전혀 감조차 잡히지 않던 문제, 즉 줄벌 둥지의 통로에서 태어난 가뢰의 애벌레가 스스로 기생하려는 벌집을 찾아가는 험난한 여정을 밝히는 데 3년이나 계속 실패했던 그 곤충들과의 투쟁, 이것들은 참으로 괴롭고 난감한 문제였다. 그래도 결국은 파브르가 승리하여 우리가 아직 상상도 못했던 과변태(過變態)라는 것이 있음

을 찾아냈다. 이 결과야말로 파브르 자신도, 우리 모두도 그 보람을 공인할 만한 생물학적 업적이었다.

 2권에 담긴 연구들은 찰스 다윈이 '종의 기원'을 발표하기 전후의 내용들이다. 따라서 아직은 생물이 진화한다는 사실을 선뜻 받아들이기 어려운 시대였다. 파브르 역시 이 이론을 수용하지 못하여 진화론자들과 계속 마찰을 일으키고 싶었다. 그 대신 본능론(本能論)을 주장하려 했다. 한편 자극의 수용기관이 감각세포라는 사실을 몰랐으므로 더듬이가 청각이나 후각기관이라고 하는 사람들에 대한 불만도 대단히 컸다. 동물의 행동이 진화한다는 사고는 더더욱 인정할 수 없었다. 많은 동물이 제집을 찾아가거나 장거리 이주에 태양 컴퍼스(Sun Compass)를 이용한다는 사실은 파브르도 다윈도 몰랐던 시대였다. 길잡이페로몬의 존재도 인정하기 어려웠다. 현대 생물학이 보기에는 참으로 가소로운 지식들이다. 하지만 생물학사(生物學史)를 더듬어 보겠다면 무척 흥미로운 자료들이 아닐까!

차례

옮긴이의 말 4
2권 맛보기 10

1 아르마스 곤충연구소 15
2 쇠털나나니 32
3 미지의 감각기관 –
　나나니의 송충이 찾기 47
4 본능론 60

5 호리병벌 81
6 감탕벌 103
7 진흙가위벌에 대한 새로운 연구 128
8 우리 집 고양이 153

9 붉은불개미 164

10 곤충 심리에 대하여 한마디 187

11 독거미 검정배타란튤라 209

12 대모벌 239

13 나무딸기의 주민들 261

14 돌담가뢰 295

15 돌담가뢰의 1령 애벌레 309

16 남가뢰의 1령 애벌레 334

17 과변태 351

찾아보기 373
『파브르 곤충기』 등장 곤충 392

일러두기
* 역주는 아라비아 숫자로, 원주는 곤충 모양의 아이콘으로 처리했다.
* 우리나라에 있는 종일 경우에는 ●로 표시했다.
* 프랑스 어로 쓰인 생물들의 이름은 가능하면 학명을 찾아서 보충하였고, 우리나라에 없는 종이라도 우리식 이름을 붙여 보도록 노력했다. 하지만 식물보다는 동물의 학명을 찾기와 이름 짓기에 치중했다. 학명을 추적하지 못한 경우는 프랑스 이름을 그대로 옮겼다.
* 학명은 프랑스 이름 다음에 :를 붙여서 연결했다.
* 원문에 학명이 표기되었으나 당시의 학명이 바뀐 경우는 속명, 종명 또는 속종명을 원문대로 쓰고, 화살표(→)를 붙여 맞는 이름을 표기했다.
* 원문에는 대개 연구 대상 종의 곤충이 그려져 있는데, 실물 크기와의 비례를 분수 형태나 실수의 형태로 표시했거나, 이 표시가 없는 것 등으로 되어 있다. 번역문에서도 원문에서 표시한 방법대로 따랐다.
* 사진 속의 곤충 크기는 대체로 실물 크기지만, 크기가 작은 곤충은 보기 쉽도록 10~15% 이상 확대했다. 우리나라 실정에 맞는 곤충 사진을 넣고 생태 특성을 알 수 있도록 자세한 설명도 곁들였다.
* 곤충, 식물 사진에는 생태 설명과 함께 채집 장소와 날짜를 넣어 분포 상황을 알 수 있도록 하였다.(예: 시흥, 7. V. '92 → 1992년 5월 7일 시흥에서 촬영했다는 표기법이다.)
* 역주는 신화 포함 인물을 비롯 학술적 용어나 특수 용어를 설명했다. 또한 파브르가 오류를 범하거나 오해한 내용을 바로잡았으며, 우리나라와 관련된 내용도 첨가하였다.

1 아르마스 곤충연구소

혹 에라트 인 보티스(*Hoc erat in votis*)[1] 즉 곤충연구소로구나. 한 귀퉁이 땅. 아아! 별로 넓지는 않다. 하지만 한길에서 멀찍이 떨어져 토담으로 둘러싸인, 햇볕은 따갑고 엉겅퀴와 벌들이 좋아하는, 그런 잊힌 땅이다. 여기라면 지나가던 사람이 방해할 염려도 없고, 나나니(*Ammophila*)와 조롱박벌(*Sphex*)에게 물어보기도, 그들과 대화하기 까다로웠던 것들을 편안한 실험을 통해 알아볼 수도 있으리라. 그들을 찾느라고 멀리까지 뛰어다니며, 신경을 써야만 했던 외출도 필요가 없어졌으니 시간을 빼앗기지 않을 테고, 다양한 방법으로 벌레를 함정에 빠뜨리며 날마다 실험 결과를 관찰할 수도 있겠다. 혹 에라트 인 보티스. 그렇다. 여기야말로 내가 그렇게 오랫동안 간절히 소망하던, 아니 그렇게도 열망해 오던 꿈이로구나.

늘 이 꿈은 미래의 언제일 거라는, 구름 속에 모습을 숨기고 있던 그런 꿈이었다.

그날그날의 빵 걱정으로 시달리던 처지라

---

[1] 고대 로마 시인 호라티우스(Horatius, 기원전 65년~기원전 8년)의 시구. '여기가 바로 내가 원했던 곳'이라는 뜻이다.

야외 실험장을 갖는다는 것은 쉬운 일이 아니었다. 그래도 지난 40년 동안 쓰라린 고생의 인생이었을망정, 나는 흔들림 없는 용기로 싸워 왔다. 그리하여 그토록 원하던 연구실을 마침내 손에 넣었다. 이 얼마나 참을성 있게, 또 얼마나 열심히 일해야 했던지, 이런 이야기는 이제 그만 하자. 실험장은 내 손에 들어왔다. 더 중요한 것은 나에게 자유로운 시간이 조금은 생겼다는 점이다. 그동안 내 몸은 항상 중죄인처럼 쇠사슬에 발목을 묶인 채 질질 끌려가는 것 같았다. 그러나 이제 내 소원이 이루어졌다. 아, 나의 아름다운 곤충들이여! 그런데 조금 늦었다. 이빨은 이미 다 빠졌는데 씹어야 할 복숭아를 선물받은 느낌이랄까. 사실 좀 늦었다. 출발할 때는 마치 지평선처럼 탁 트였던 시야가 어느새 반원 모양으로 좁아졌다. 숨 막히는 지붕처럼 낮고 좁아진 시야는 이제 날이 갈수록 점점 더 좁아지겠지. 하지만 지난날에 대한 미련은 없다. 별 희망이 없었던 20대의 젊은 날마저 아쉬울 것 하나 없다. 그동안 잃은 사람들을 빼고는 말이다. 지금까지의 인생 경험만으로도 충분히 짓눌렸으니, 더는 삶의 보람에 대해 미련을 가질 나이가 아니구나.

나를 둘러싼 이 폐허의 땅, 거기는 석회와 모래로 다져진 곳에 한쪽 벽만 우뚝 남아 있다. 그것은 과학의 진리를 위한 나의 사랑이다. 오, 나의 부지런한 벌들아, 이제 당당하게 그대들의 이야기를 몇 쪽 덧붙이려는데 그래도 되겠느냐? 이 알뜰한 의지를 혹여 나의 체력이 배반하지나 않을까? 왜 이렇게 나는 오랫동안 그대들을 저버리고 있었을까? 그래서 친구들이 흉을 봤지. 아아! 네 친구이자 내 친구인 그들에게 전해 주게. 그대들을 잊었거나 싫증이 나서 그런 것이 아니었다고. 나는 그대들을 늘 생각하고 있었다네. 노래기벌(Cerceris) 둥지 속에는 아직도 배워야 할 훌륭한 비밀이 많다는 것도, 조롱박벌이 사냥하는 모습에도 놀랄 만한 새로운 사실이 있다는 것도 알고 있었다네. 하지만 내게는 그들을 돌아볼 시간이 없었지. 게다가 사람들에게 버림받아 불운과 홀로 싸워야 했었지. 철학자이기 전에 나는 삶을 꾸려야만 했다네. 이런 사실을 모두에게 전해 주게. 그러면 그들은 용서해 주겠지.

사람들은 내 문장에 무게가 없다고 한다. 좀더 정확히 말하면, 내 글 속에는 학자, 즉 지식인들의 문장처럼 고귀하거나 엄숙한 문구가 없다고 비난했다. 그들은 쉬운 글은 진리를 표현하지 못한다고 생각한다. 이해하기 어려운 책이라야 깊은 뜻이 담겨 있다고 착각한다. 너희 모두 이리 다가오너라. 거기 있는 너희 모두, 독침을 가진 너희들, 그리고 갑옷 같은 딱지날개로 몸단장을 한 너희도 이리 오너라. 모두 와서 나를 보호하고, 내 편이 되어 증언해다오. 내가 그대들과 얼마나 친한가를, 얼마나 참고 견디면서 그대들을 관찰하고 있는지를, 그리고 얼마나 양심적으로 너희 행동을 기록하고 있는지를 말해 주렴. 그대들의 증언은 만장일치일 것이다. 그렇다. 내 책은 알맹이 없이 현란한 문구로 씌었거나 학자인 체하며 횡설수설로 채워 버린 글이 아니다. 내 글은 사실을 정확히 관찰한 이야기일 뿐 그 이상도 그 이하도 아니다. 따라서 그들에게 질문하고 싶은 사람은 항상 같은 대답을 듣게 될 것이다.

그리고 친애하는 나의 벌레들아, 너희가 권위가 없어서 그 사람들을 설득할 수 없다면, 내가 대신 나서서 이야기하겠다. "당신들은 벌레를 칼로 가르지만, 나는 벌레의 사는 모습을 관찰한답니다. 당신들은 벌레를 불쌍하고 잔인하게 다루지만, 나는 벌레가 나를 좋아하게 만든답니다. 당신들은 동물을 실험실에서 고문하고 잘게 자르며 연구하지만, 나는 벌레를 푸른 하늘 아래서 매미 소리에 둘러싸여 관찰한답니다. 당신들은 세포와 원형질(原形質)에 약품을 반응시켜 가며 실험하지만, 나는 가장 훌륭하게 나타나는 본능을 조사한답니다. 당신들은 시체를 검사하지만, 나는 살아 있는 것을 검사합니다. 말이 나온 김에 왜 내가 불만인지 내 생각을 모두 말하지요. 멧돼지가 숲 속의 맑은 샘물을 흐려 놓듯이, 젊어서는 멋있어 보였던 학문이 실험실에만 처박힌 학문으로 변해, 더럽고 추잡한 생물연구잡지(보고서)가 되고 말았답니다. 하지만 내가 쓴 것들은 다릅니다. 내 연구 목표는 본능이라는 힘든 문제를 언젠가는 풀겠다는 학자나 철학자에게 조금이나마 도움을 주려는 것입니다. 특히 박물관에 염증을 느낀 젊은이들이 이 분야의 학문을 좋아하게 만들고 싶은 것이 중요한 목적이랍니다. 따라서 나는 진리라는 양심적 테두리 안에 머물면서 당신들이 그렇게 자주 과학적 문제라고 하는 것을 받아들일 수 없습니다. 아아! 나는 그렇게 부자유스런 휴런(Huron)[2]의 인용구 따위의 글은 쓰지 않기로 작정했답니다."

하지만 지금 그런 것들은 아무래도 좋다. 나는 살아 있는 곤충들의 연구소를 세우려고 그렇게도 꿈꾸고 열망하던 한 조각 땅을, 결국 내 손에 넣은 이 작고 조용한 마을의 조각 땅을 이야기해야겠다. 여기는 백리향이 제멋대로 자라게 내버려 둔 자갈투성이 황무지로 이 지방에서는 아르마스(Harmas)라고 불렸다. 토질은 아주 나빠서 삽질을 아무리 열심히 해도 일한 보람이 없다. 봄에 어쩌다가 이 메마른 땅을 적셔 주는 가랑비가 내리면 몇 포기의 풀이 자라고, 양 떼가 몰려든다. 그런데 여기도 과거에 밭농사를 흉내 내 본 적이 있어서 엄청난 자갈 사이에 붉은 흙이 약간 섞여 있다. 나무를 몇 그루 심으려고 흙을 일구었더니 여기저기서 시커멓게 죽은 나무의 그루터기가 나온다. 옛날에 포도밭이 있었다는 이야기이다. 시간이 흘러간 이런 땅에서 일하기에 가장 알맞은 농기구는 날이 세 개 달린 가래뿐이라 그것으로 긁어 보기도 했다. 하지만 이 일은 정말로 나를 억울하게 만들었다. 여기

[2] 북아메리카 휴런 호숫가의 미개 부족을 말함. 언어에 순음이 없어서 버릇없거나 부자연스럽다는 뜻이다.

서 자라던 풀과 관목들이 완전히 사라졌으니 말이다. 백리향과 라벤더가 없어진 것은 물론, 키가 작아서 조금만 힘을 주면 한걸음에 성큼 뛰어넘을 수 있던 케르메스떡갈나무(*Quercus coccifera*) 덤불마저 없어졌다. 이런 식물들, 특히 백리향과 라벤더는 벌들에게 꿀과 꽃가루를 주어 나에게도 큰 도움이 될 것이다. 그래서 나는 가래질에 쫓겨난 식물들을 다시 심어야만 했다.

파헤쳤다가 한동안 버려진 땅이라면 어디든 밀고 올라오는 식물들이 있다. 첫째는 개밀(Chiendent: *Elytrigia*)이다. 벼과 식물인 이 풀은 정말로 귀찮은 존재였다. 이들과 3년 동안이나 악착스레 싸웠지만 아직도 그 뿌리를 다 뽑지 못했다. 다음은 여러 엉겅퀴〔하지(夏至)수레국화(Centaurée solsticiale: *Centaurea solsticalis*), (*C. des collines*: *C. collina*), (*C. chausse-trape*: *C. calcitrapa*), (*C. âpre*: *C. aspera*)〕종류였다. 어떤 녀석이든 하나같이 성깔머리 하나쯤은 있게 생겼다. 가시나 별 모양의 뾰족한 창들이 비죽비죽 솟아 무시무시하게 생겼는데, 첫번째 종이 제일 심하다. 이런 엉겅퀴들이 뒤얽힌 덤불 여기저기에 배짱 좋은 스페인 엉겅퀴(*Féroce scolyme d'Espagne*)[3] 꽃이 피었

엉겅퀴 다년생 초본으로 우리나라 전역에 분포한다. 줄기의 굵기는 6~10cm이며, 갈라진 잎의 끝마다 예리한 가시가 있다. 꽃은 두상화서로서 6~8월에 피며, 붉은색과 흰색이 있다.

다. 아드리아수리취(Onoporde d'Illyrie: *Onopordon illyricum*)는 외진 곳에 홀로 뻣뻣이 서 있는데, 키가 1~2m를 넘고, 꽃은 커다란 주황색에 마치 줄기에 촛대 대신 걸린 촛불처럼 눈길을 끌었다. 그 가지의 가시들은 못을 뺨칠 정도로 대단하다. 다른 종들도 잊을 수가 없다. 우선 남불도깨비엉겅퀴(Cirse féroce: *Cirsium ferox*)를 들 수 있는데, 식물 채집가조차 어디를 어떻게 손대야 할지 모를 만큼 무시무시하게 무장했다. 또 잎이 넓은 바늘창엉겅퀴(Cirse lancéolé: *Cirsium lanceolatum*)는 잎맥 끝이 바늘 같다. 다른 서양지느러미엉겅퀴(Chardon noircissant: *Carduus nigrescens*)는 바늘을 거꾸로 세운 근생엽(根生葉, 뿌리잎) 모양이다. 땅바닥의 빈틈 사이로 긴 줄기들이 마치 갈고리가 엉겨 붙은 듯 이리저리 얽혀 있고, 푸릇푸릇한 열매들이 달린 것은 땅 위를 기는 나무딸기(Ronce: *Rubus*, 산딸기속: 우리나라의 복분자딸기도 이 속의 식물이다.)의 줄기이다. 이렇게 가시투성이 숲으로 벌들이 꿀을 따러 올 무렵 그곳을 방문하려면 무릎까지 오는 장화를 신어야 한다. 안 그랬다가는 장딴지에 핏발이 맺히고, 가려움증으로 시달릴 각오가 되어 있어야 한다. 봄비로 흙이 습기를 머금

---

3 이 식물명은 이곳밖에 쓰인 일이 없다. 어쩌면 스페인과 프랑스 남부 지방에 분포하는 엉겅퀴류 *Scolymus hispanicus*일 것 같다.

은 동안은 이런 가시투성이 식물만 있는 것이 아니다. 노란 꽃이 두상꽃차례(頭狀花序)를 이룬 하지수레국화 꽃다발이 눈에 띈다. 마치 거꾸로 늘씬하게 뒤집힌 피라미드 모양을 하고 한 폭의 융단 위에 우뚝 선 모습이다. 어느새 건조기의 여름이 다가오고, 벌판은 갑자기 아득히 광막한, 그리고 슬픔만 가득 찬 모습으로 바뀐다. 이 무렵은 성냥 한 개비의 불꽃만으로도 온 세상을 온통 불길에 휩싸이게 할 것이다. 앞으로 내가 벌들과 마주 앉아 생활할 이 즐거운 에덴동산의 환경은 대강 이렇다. 꼭 이렇다기보다는 내가 처음 이곳을 얻었을 당시는 이랬었다. 그래도 40년간의 피나는 투쟁 끝에 겨우 손에 넣은 곳이다.

　나는 여기를 에덴동산이라고 불렀는데, 연구자의 입장에서 보면 터무니없는 표현도 아니다. 그 누구도 한 줌의 무 씨앗조차 뿌려 볼 엄두가 안 나는 저주받은 땅이지만 벌들에게는 그야말로 지상낙원이다. 무성하고 기세당당하게 자라는 엉겅퀴들이 있는 한, 근처의 벌들은 모두 이곳으로 모여든다. 나는 여러 곳으로 곤충채집을 다녀 보았지만, 여기처럼 갖가지 벌 무리가 한군데 모인 곳은 보지 못했다. 여기는 온갖 직업의 종사자가 다 모여 산다. 곤충을 식량으로 하는 여러 종류의 사냥벌, 점토를 빚어내고 흙이나 회반죽으로 집을 짓는 미장이벌, 솜을 트는 방직공벌, 나뭇잎과 꽃잎을 건축 재료로 오려 내는 정원사벌, 종이판자로 집을 짓는 건축가벌, 목재에 구멍을 뚫는 목수벌, 땅 밑에 갱도를 파는

가위벌붙이

광부벌, 소가죽을 세공하는 피혁공예가벌 등이다. 이들이 내가 아는 벌의 전부일까?

이 녀석은 누구지? 가위벌붙이(Anthidie: *Anthidium*)로구나. 하지 무렵 하지수레국화 줄기에서 솜뭉치를 긁어모아 큰턱에 물고 당당히 날아간다. 그것을 땅속으로 가져가 솜털 펠트 주머니를 만들어 꿀을 저장하고 알을 낳는다. ― 부지런히 먹이를 찾아다니는 저 녀석은 또 누구지? 가위벌(Mégachile: *Megachile*)이로군. 꽃가루를 채집할 때 쓰는 검정이나 주황색 브러시(bross)를 배 밑에 달고 다닌다. 녀석은 곧 엉겅퀴를 버리고 근처 관목으로 가서 잎을 둥글게 오려 내, 애벌레 방을 만들고 그 안에 수확물을 넣는다. ― 검정 우단을 걸친 저자는 누군가? 자갈 위에 시멘트로 공사하는 진흙가위벌(Chalicodome: *Chalicodoma* → *Megachile*)이로군. 아르마스의

애수염줄벌 수컷의 더듬이가 매우 긴 것이 특징이다. 들이나 야산의 풀밭에서 민첩하게 날아다니며, 주로 냉이나 조개나물 꽃에서 꿀을 빨아먹는다. 시흥, 7. V. '92

민호리병벌 대부분의 호리병벌 종은 새끼의 먹잇감으로 나비목 애벌레를 사냥한다. 시흥, 25. VIII. 02

조약돌 위에는 이 미장이벌이 얼마든지 있다. — 붕붕거리며 분주하게 날다가 갑자기 높이 솟구치는 저자는? 햇볕이 잘 드는 벼랑이나 낡은 담벼락에 집을 짓는 청줄벌(Anthophore: *Anthophora*)이다.

지금 뿔가위벌(Osmie: *Osmia*)들이 날아왔다. 이 중에는 나선형 달팽이 껍데기 속에 애벌레 방을 만들거나 마른 나무딸기 줄기에서 고갱이를 파내고 여러 층의 원통 같은 칸막이 집을 짓는 종들도 있고, 속이 빈 갈대를 잘라 천연동굴을 이용하거나 염치없이 미장이벌 집에 기숙하는 종도 있다. 저기 오는 녀석들은 청줄벌(Macrocére: *Macrocera*)과 수염줄벌(Eucére: *Eucera*)인데 둘 다 수컷은 수염(더듬이)을 길게 길렀다.[4] 털보애꽃벌(Dasypode: *Dasypoda*)은 뒷다리에 엄청나게 큰 꽃가루 수집용 브러시를 장착하고 있다. 종류가 많은 애꽃벌(Andréne: *Andrena*)과 허리가 날씬한 꼬마꽃벌(Halicte: *Halictus*)도 있다. 벌 종류만 해도 너무 많으니 그만 넘어가기로 하자. 계속 호구를 조사하듯 엉겅퀴 동네의 방문객을 하나하나 열거했다가는 꿀을 찾는 벌 전체를 늘어놓을 판이다. 전에 나는 보르도(Bordeaux) 지방의 유명한 곤충학자 페레(J. Pérez)[5] 교수에게 채집했던 벌들의 학명을 부탁한 적이 있었다. 그때 그는 어떤 특수 채집법을 썼기에 이렇게 진귀하고 새로운 종들을 많이 잡았는지 물었다.

뿔가위벌

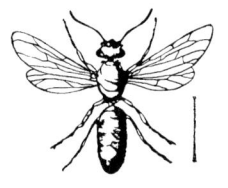
꼬마꽃벌

4 청줄벌과 수염줄벌 두 종류 모두 Anthrophorinii, 청줄벌族이다.
5 1833~1914년, 파브르와 벌 공동연구

나는 특별한 솜씨를 발휘하지도 않았고, 크게 열을 올려 채집한 것도 아니다. 그저 바늘에 꿰어 표본상자에 꽂아 놓는 벌레보다 내 연구에 필요한 벌레에 더 흥미가 있었을 뿐이다.

여러 사냥벌과 함께 산다는 것이 이 아르마스에서 얻은 가장 큰 행운이다. 여기는 미장이벌들이 토담을 쌓을 때 필요한 모래와 돌들이 여기저기 널려 있다. 내가 연구를 빨리 끝내지 못하고 질질 끄는 바람에 재료들이 첫해부터 그들의 차지가 되었다. 다른 벌들은 돌 틈을 공동 침실로 택해 많은 수가 무리 지어 밤을 보낸다. 바로 옆에 건장한 눈알장지뱀 (Lézard ocellé: *Lacerta ocellus* → *Timon lepidus*)이 자리를 잡고, 앞을 지나가는 왕소똥구리(*Scarabaeus*)를 노린다. 녀석은 걸핏하면 사람이든 개든 겁 없이 큰 입을 딱 벌리고 달려들곤 했다. 도미니크 수도회의 수도사처럼 흰색 바탕에 검정 날개옷으로 단장한 북방딱새 (Motteux Oreillard: *Oenanthe oenanthe*)가 제일 높은 돌 끝에 올라앉아 짤막한 노래를 부르는데 그야말로 어색하기 짝이 없다. 어쩌면 돌산 어디엔가 하늘색 알이 든 둥지가 있을 것이다. 돌산이 없어질 때 이 도미니크 수도사도 자취를 감춰 안타까웠다. 장지뱀 따위는 미련이 없지만, 이 새는 아주 좋은 이웃이 될 뻔했는데.

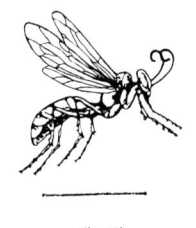
대모벌

아르마스의 모래땅은 또 다른 주민에게 방을 빌려 주고 있었다. 코벌(*Bembix*)이 둥지 밖으로 흙먼지를 차 내는 중인데 그 줄기가 포물선을 그렸다. 홍배조롱박벌(Sphex languedocien: *Sphex* → *Palmodes occitanicus*, 일명 랑그독조롱박벌)이 유럽민충이(Éphippigère: *Ephippigera vitium* → *ephippiger*)의 더듬이를 물고 질질 끌고 간다. 어리코벌(Stize: *Stizus*)은 매미충(Cicadelles: Cicadelloidea, 매미충상과)을 잡아다 식량으로 저장한다. 결국 미장이벌들도 사냥을 즐기는 벌족 일당에게 쫓겨나게 되어 유감스럽다. 하지만 언제든 이들을 부르고 싶으면 모래더미를 다시 만들어 주면 된다. 그러면 모두가 곧 달려올 것이다.

여기서 조금 떨어졌지만 이곳을 떠나지 않은 벌은 나나니이다. 어떤 녀석은 봄에, 다른 녀석은 가을에 뜰 위의 좁은 길이나 풀밭에서 애벌레를 잡느라고 팔짝팔짝 뛰듯이 날아다닌다. 몸놀림이 재빠른 대모벌(Pompilidae)은 날갯소리를 크게 내며 이 구석 저 구석의 거미를 노린다. 몸집이 큰 녀석은 땅거미 나르본느타란튤라(Lycose de Narbonne: *Lycosa narbonnensis*)를 엿보고 다닌다(11장에서 자세히 다룬다). 여기도 이 독거미의 땅굴이 드물지 않게 발견된다. 구멍은 수직으로 파였고, 굴 입구 주변에는 마른 풀잎과 거미줄이 얽혀 있다. 굴속에서는 건장한 거미의 날카로운 눈들이 작은 다이아몬드처럼 번득이며, 모두를 공포의 도가니로 몰아넣는다. 하지만 대모벌에게는 아주 훌륭한 먹잇감이다. 거미를 사냥하는 게 얼마나 위험한 일이겠더냐! 한편 무더운 여름날 오후인 지금, 공동 침실에 머물렀던 아마존개미(Fourmi amazone: *Polyergus rufescens*) 졸병들의 긴 행렬이 밖으로 나오는데, 노예를 사냥하러 떠나는 길이다. 시간 날 때 그들을 따라가 약탈하는 모습을 보기로 하자. 또 근처 가랑잎 더미 주변에는 몸길이가 1.5인치나 되는 배벌(Scolies: Scolidae)이 이리저리 날다가 부식토 속에 풍성한 외뿔장수풍뎅이(Oryctes: *Oryctes*)[6]와 점박이꽃무지(Cétoine: *Protaetia*) 애벌레에 유혹되어, 그들이 숨어 있는 땅속으로 자맥질하듯 파 들어간다.

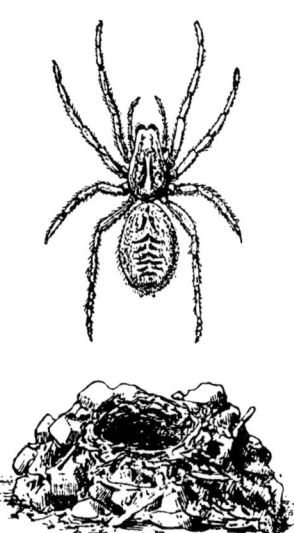

타란튤라거미와 땅굴 2/3

 무슨 연구 과제가 이렇게도 많담. 하지만 이 정도가 끝이 아니로구나! 집 안도 뜰도 모두 살펴봐야 한다. 사람들이 모두 떠나 안전하다고 생각했는지, 갖가지 동물이 슬그머니 들어와서 닥치는 대로 점령했다. 라일락 사이에는 꾀꼬리(Fauvettes: Sylviidae)가 둥지를 틀었고, 유럽방울새(Verdier d'Europe: *Carduelis*→ *Chloris chloris*)는 방동사니(Cyprès: *Cyperus*) 풀숲에 깊숙한 은신처를 마련했다. 기왓장 밑에는 참새가 넝마를 주워다 놓았고, 플라타너스 꼭대기에서는 지중해방울새(Serin méridional: *Serinus serinus*)가 조잘거린다. 그의 포근한 둥지는 살구의 절반 크기이다. 저녁때는 소쩍새가 와서 흘러가는 듯 단조로운

---
6 한국 분포 기록과 우리말 이름이 있으나, 잘못된 기록이다.

가락을 들려준다. 아테네의 여신(Athénes) 새인 올빼미(Chouette: *Strix aluco*)도 그곳에 와서 탄식하는 듯한 고양이 소리를 낸다. 집 앞에는 넓은 연못이 있는데, 예전에 마을의 급수장에서 수도관으로 물을 끌어들여 만들었다. 동물들이 사랑을 속삭이는 계절이 되면, 사방 1km 안의 양서류(Batraciens: Amphibia)들이 모두 이곳으로 몰려온다. 골풀 사이에 두꺼비(Crapaud: *Bufo bufo*)가 나타나는데, 등에는 노란색 가느다란 무늬가 있다. 때로는 접시만큼이나 넓적한 녀석이 여기서 목욕을 하겠다고 찾아온다. 날이 어두워지면 산파개구리(Crapaud accoucheur: *Alytes obstetricans*) 수컷이 후추 알 크기의 알들이 든 알집을 뒷다리 사이에 감고 둑으로 뛰어온다. 이 순박한 가장(아버지)은 멀리서 그 소중한 짐을 짊어지고 와서 물에 담그며, 어딘가 편편한 돌 밑에서 종소리 같은 노래를 들려준다.[7]

끝으로 나뭇잎에서 울어 대던 청개구리(Rainettes: *Hyla*)가 잠시 울음을 그치는 듯하더니, 멋진 다이빙 솜씨를 보여 준다. 그럭저럭 5월이 되면 연못가의 밤은 귀가 따가울 정도의 연주회장으로 변해, 사람들은 잠을 잘 수가 없고 이야기를 할 수도 없다. 이쯤 되면 좀 지나치지만 비상수단을 쓴다. 안됐지만 어쩔꼬? 자고 싶을 때 못 자면 성질이 사나워지게 마련인데.

좀 대담한 벌들은 우리 집(건물)을 점령했다. 흰줄조롱박벌(*Prionyx kirbii*)은 현관 앞의 석고 바닥에 둥지를 틀었다. 나는 집 안으로 들어갈 때 그 둥지와 일에 열중한 녀석을 밟지 않으려고 조심해야만 했다. 당당한 메뚜기 사냥꾼을 다시 만난 것은 25년 만이다. 그들과 처음 사귀던 시절, 나는 8월의 뜨거운 햇볕 아래서 불볕더위를 감수해 가며 수 킬로미터 떨어진 곳으로 원정을 갔었다. 그런데 지금은 현관 앞에 와 있어 사이좋은 이웃이 되었다. 닫혀 있는 들창의 한쪽 구석은 항상 따뜻해서 청보석나나니(Pélopée: *Pelopoeus*→ *Sceliphron*)의 아파트가 되었다. 한쪽 면이 잘린 돌 판에다 진흙 둥지를 붙여 놓은 것이다. 이 거미 사냥꾼이 둥지로 들어가려면 닫힌 덧문의 구석에 뚫린 구멍을 이용한다. 무리에서 분가한 진흙가위벌도 덧문 가장자리에 여러 개의 방을 건설했다. 조금 열린 덧창문 안쪽에도 호리병벌(Eumène: *Eumenes*) 한 마리가 흙으로 조그만 둥지를 붙여 놓았는데, 감자 모양이며 짧은 목 위쪽에 출구가 있다. 말벌과 쌍살벌도 우리 식탁의 초대 손님이다. 이 손님들은 식탁 위의 포도가 잘 익었는지 조사하러 온 녀석들이다.

---

7 이 개구리는 이미 알집을 가졌으므로 실제로는 다른 개구리의 노래일 것 같다.

이렇게 일일이 헤아려 보아도 모든 벌과 다른 동물 전체를 따지면 아직도 까마득한 이야기이다. 그래도 몇몇은 나와 친하게 지낸 멋쟁이들이다. 어쩌다 누가 나더러 솜씨가 좋다고 치켜세우며 그들 이야기를 시키면, 나는 이 훌륭한 친구들과 대화하느라 신이 나서 틀림없이 고독했던 내 마음도 즐거워졌을 것이다. 전부터 친하게 지내던 곤충들, 그리고 한참 뒤에야 알게 된 친구들이 모두 곁으로 몰려와 사냥도 하고, 먹이도 모으며, 둥지도 튼다. 만일 장소를 옮겨 관찰해야 한다면 수백 보만 걸어가도 서양소귀나무(Arbousier: *Arbutus unedo*), 지중해 연안의 관목인 시스터스(Ciste: *Cistus albidus*)와 히이드(Bruyères: *Calluna vulgaris*, 철쭉과)가 무성하게 숲을 이룬 산이 있다. 거기는 코벌이 자신만만한 솜씨로 모래언덕을 파낸다. 각종 벌의 일터인 모래에 진흙이 섞인 석회암 벼랑도 있다. 이렇게 모든 것이 풍부해서 나는 도시를 떠나 이 시골 세리냥(Sérignan)에 자리 잡았고, 거친 풀들을 뽑고 상추에 물을 주며 지낸다.

막대한 비용을 들여 가며 대서양과 지중해 연안에 연구소를 세우고, 우리와는 별로 관계도 없는 바닷속 작은 동물들을 메스질해 가며 들볶는다. 막대한 경비를 들여 정밀한 현미경, 정교한 해부 기구, 채집 도구, 선박, 수족관, 연구원과 보조원을 써 가며, 기껏해야 환형동물(Annélide: Annelida, 環形動物)의 난자(卵子)는 어떻게 분열하는가 하는 따위인, 나로서는 그

청보석나나니

중요성을 이해하기 어려운 그런 것들을 연구한다. 반면에 우리와 끊임없이 인연을 맺으며 살아가는 곤충, 일반 심리학적 측면에서 가치를 따지기 어려운 매우 값진 자료를 제공하는, 또 농작물을 해쳐 국고에 큰 손해를 보게 하는, 그런 곤충에 대해서는 전혀 돌아보지 않는다. 어느 세월에나 36도짜리 알코올(술)에 담긴 곤충이 아니라 살아 있는 곤충을 연구하는 연구소가 세워지려나. 이들의 본능, 습성, 생활 방식, 작업 태도, 번식 등을 연구하는 연구소, 이것은 농업이나 철학이 생각하지 않으면 안 될 아주 중요한 문제이다. 포도밭 해충의 역사를 아는 것은 만각류(Cirrhipède: *Cirripedia*, 蔓脚類)[8]의 신경망을 아는 것보다 훨씬 중요하다. 실험을 하여 지혜와 본능의 경계를 확립하고, 계열별 동물 간의 실제 상태를 비교 관찰함으로써 인간의 이성 못지않게, 또한 갑각류(Crustacé: Crustacea, 甲殼綱)의 더듬이 마디수를 아는 것뿐만 아니라 곤충의 감각기관 역시 매우 중요함을 알아야 한다. 이렇게 중요한 문제를 해결하려면 많은 연구원이 동원되어야 하나 지금은 아무것도 없는 것이 현실이다. 요즈음 유행하는 연구 과제는 연체동물(軟體動物)과 식충류(Zoophyte, 植蟲類)[9]에 관한 것이다. 대규모의 준설선으로 깊은 바다까지 조사하면서도 우리가 발로 디디고 다니는 흙에 대해서는 별로 아는 게 없다. 유행이 끝나도 나는 아르마스에 사는 곤충에 대해 공부할 수 있는 연구소를 열 작정이다. 그래도 이 연구소는 납세자의 호주머니를 한 푼도 축내지는 않을 것이다.

[8] 따개비, 거북손 따위의 갑각류로 주로 바닷가의 조간대에 산다.
[9] 해면이나 산호처럼 식물 모습의 하등동물

2 쇠털나나니

 5월 어느 날 아르마스 연구소에서 무슨 희한한 일이라도 생기지 않을까 하는 생각으로 서성거리고 있었다. 그리 멀지 않은 곳에서 파비에(Favier)가 채소밭을 일구고 있었다. 파비에란 대체 어떤 인물일까? 이제부터 내 이야기에 자주 등장하는 사람이니 여기서 잠깐 그를 소개해 두는 게 좋겠다.
 파비에는 졸병 출신이다. 아프리카의 캐롭나무(Caroubier: *Ceratonia siliqua*)[1] 밑에서 오막살이집을 짓고 살았던 적도 있고, 콘스탄티노플에서 성게(Oursins: 명. 성게綱)를 날로 먹은 적도 있다. 크리미아 전쟁 때 사격이 없는 날엔 찌르레기(Étourneau: Sturnidae)를 사냥하기도 했던 아저씨이다. 그렇게 살아오는 동안 많은 사건을 보고 들은 까닭에 아는 것이 매우 많고 기억도 잘했다. 겨울이면 오후 4시경 밭일을 끝낸다. 날이 저물면 갈퀴, 세 갈래 호미, 손수레 따위를 챙기고는 털가시나무(Chêne verts: *Quercus ilex*) 장작이 활활 타는 부엌으로

1 지중해 연안의 상록 콩과 식물

찾아와 난로 가의 높은 돌 위에 걸터앉는다. 그러고는 파이프를 꺼내서 침을 발라 축축한 엄지손가락으로 담배를 재치 있게 다져 넣고 얌전히 피우기 시작한다. 오래전부터 이렇게 한 모금 피우고 싶었지만 담뱃값이 그리 헐하지는 않으니 마음대로 피우질 못했다. 그래서 한동안 참았으니 지금의 담배 맛은 그야말로 꿀맛이다. 한 번 뿜어내는 연기마저 아까워서 규칙적인 간격을 두고 피웠다.

이윽고 이야기가 시작된다. 그 옛날 여러 지방을 돌아다녔던 이야기꾼 파비에를 난로 옆 제일 좋은 자리에 앉힌다. 그는 그 나름대로의 말솜씨로 보아 이야기꾼임에 틀림없다. 약간의 흠이라면 주로 군대 막사에서 자랐다는 점이다. 그러면 어떠냐. 우리 집에서는 어른, 애들 모두가 재미있게 듣고 있으니 상관없다. 그의 말투는 아주 다채롭지만 예의에 벗어나는 일은 한 번도 없었다. 그가 일을 끝내고 우리 난로 옆에서 쉬지 않는 날에는 식구들이 모두 낙심한다. 그가 무슨 이야기를 하기에 그렇게 반길까? 그는 프랑스를 제정(帝政) 국가로 만든 쿠데타가 일어났을 때의 이야기를 한다. 술대접을 받고 군중에게 일제 사격을 한 이야기이다. 자기는 담벼락에만 대고 조준했다고 딱 잘라 말한다. 그는 영문도 모르고 깡패들의 계획에 말려들었던 것을 몹시 마음 아파하며 부끄러워했기에 나는 그의 말을 믿는다.

세바스토폴(Sébastopol) 교회의 참호에서 수비하던 때의 이야기도 했다. 전방 초소에서 혼자 야간 보초를 서다 당한 일이다. 눈 속에 웅크리고 있었는데, 바로 옆에 불꽃화분(그가 붙인 이름)이 떨어져 무척 놀랐다는 이야기였다. 그것이 이글이글 타는데, 연기를 토하며 불꽃이 사방을 환하게 밝혔다. 이 무서운 폭탄이 금방 터질 것만 같아 파비에는 '이젠 끝났구나.' 하며 모든 것을 단념했었다. 하지만 아니었다. 불꽃화분은 별 탈 없이 조용히 꺼졌다. 그것은 밤에 공격군의 동태를 살피려고 쏘아 올린 단순한 조명탄이었다.

비극적인 전투가 끝나면 막사 안에서는 희극이 벌어진다. 그는 불가사의한 음식에 얽힌 이야기, 밥통에 얽힌 비밀, 군대 감방 안의 슬픈 희극들을 숨김없이 털어놓는다. 이야기 재료가 무궁무진하다. 톡 쏘는 표현으로 흥미를 돋우어서, 우리 모두가 초저녁이 길다고 느끼기도 전에 저녁식사 시간이 다가오곤 했다.

내가 파비에를 주목하게 된 것은 그가 멋진 솜씨를 보여 주어서였다. 친구 하나가 마르세유(Marseille)에서 커다란 거미게(Maïa: Majidae, 물맞이게科) 두 마리를 보내왔다. 어부들이 큰거미라고 부르는 동물이다. 이상하게 생긴 이 동물, 게딱지의 가장자리에는 칼을 방사형으로 늘어놓았고, 몸은 긴 다리 위에 떠 있는 모습으로 어슬렁거리는 이 기괴한 동물은 마치 거미 도깨비를 보는 것 같았다. 녀석들을 묶었던 짐을 푸는데, 때마침 쓰러져 가는 집을 수리하던 목수, 미장이, 칠장이들이 점심을 먹고 돌아왔다. 와서 그 게를 보고 놀라서 소리를 지르는 사람도 있었다. 하지만 파비에는 별로 개의치 않았다. 도망치려는 괴물의 몸뚱이를 능숙한 솜씨로 잡아 올렸다. "이 녀석은 내가 잘 알지, 바르나(Varna)[2]에서 먹어 본 적이 있는데 참 맛있었거든." 그리고 주위 사람들에게 좀 비웃는 눈초리를 보

---

[2] 불가리아 흑해 연안의 최대 도시

내며 이렇게 말했다. "당신들은 자기 집 우물 밖으로 한 발짝도 나간 본 일이 없지."

그의 이야기를 하나만 더 하고 끝내자. 근처에 사는 한 여자가 세트(Cette→Sète)[3]의 바닷가로 해수욕을 갔다가 돌아오는 길에, 특수 열매처럼 보이는 신기한 물건을 가져왔다. 그녀는 그것이 대단한 물건이라고 생각했다. 귀 가까이 대고 흔들어 보면 무슨 소리가 났다. 속에 씨앗이 들었다는 표시이다. 모양은 둥근데 가시가 돋았고, 속에 알맹이가 들어 있었다. 한쪽은 흰색의 작은 꽃 모양이 오므라든 단추 구멍처럼 보였고, 반대쪽은 약간 오목하게 들어갔으며 구멍 몇 개가 있었다. 그녀는 파비에에게 달려가 이상한 물건을 보여 주며, 내게 말하는 것이 어떠냐고 했단다. 그리고 그 값진 열매를 내게 주어도 좋다는 생각을 내비쳤단다. 우리 정원에 심으면 뜰을 멋지게 장식할 거라는 생각이었다. 그녀는 파비에에게 앞뒤를 보여 주며 "봐끼 라 훌루 봐끼 루 뻬꾸(Vaqui lă flou vaqui lou pécou, 이것은 꽃이고, 이것은 꼭지이다.)" 하였다.

그 말에 파비에는 웃음을 터뜨렸다. "이것은 꽃이 아니라 성게, 바다밤송이(Châtagne de mer: Echinoidea)라네. 나는 콘스탄티노플(Constantinople)에서 먹어 봤다네." 그리고 성게가 무엇인지 잘 설명해 주었다. 하지만 그녀에겐 파비에의 말이 전혀 통하지 않았다. 계속 자기주장만 폈다. 그녀는 파비에가 자기를 속인다고 생각했다. 이유는 이 귀중한 열매를 자기 말고 다른 사람의 손을 거쳐 나에게 전달될까 봐 질투한 것이다. 그들은 싸움 끝에 나에게 가져왔다. 착한 그 여

---
[3] 몽펠리에 서남쪽 24km 지점의 유명한 해수욕장

자는 '봐끼 라 훌루 봐끼 루 뻬꾸'라고 되풀이했다. 나는 그녀에게 설명했다. 꽃이라고 한 것은 5개의 성게 이빨이고, 꼭지라고 한 것은 입의 반대쪽이라고. 그녀는 돌아갔으나 완전히 이해하지는 않은 것 같았다. 혹시 지금쯤 열매라고 믿었던 그 껍데기 속에서 소리를 내던 모래알이 싹트고, 주둥이는 깨진 팽이처럼 되어 버린 건 아닌지 모르겠다.

파비에는 아는 것이 많았다. 특히 안 먹어 본 것이 없었고, 모든 일을 속속들이 잘 파악하고 있었다. 오소리의 등살이 맛있고, 여우 허벅다리가 별미라는 것도, '숲 속의 장어'라고 불리는 구렁이의 제일 맛있는 부분도 알고 있었다. 또 프랑스 남부 지방의 기분 나쁜 눈깔녹색장지뱀(Rassade du midi: *Lacerta lepida*)으로 튀김 요리를 했다. 메뚜기 튀김을 생각해 내기도 했다. 그러나 방랑 생활을 할 때 만들었던 맛없는 요리들에는 정말 손들었다.

나는 무슨 물건이든 잘 찾아내는 그의 예리한 눈과 뛰어난 기억력에도 감탄하지 않을 수 없다. 가령 그가 이름도 모르고 특색도 없으며, 홍밋거리도 아닌 어떤 식물 이야기를 했을 때 그 풀이 근처 숲에 있으면 그것을 꼭 찾아내거나 어디에 있다고 알려 준다. 아주 작은 식물이라도 그의 날카로운 눈을 피할 수가 없다. 나는 곤충들이 쉬는 겨울에는 확대경을 들고 식물채집에 나선다. 전에 출판했던 보클뤼즈(Vaucluse) 지방의 핵균류(核菌類, Sphériacées→核菌綱, Pyrenomycetes)에 관한 연구를 보완하기 위해서이다. 땅이 얼어서 단단하거나 비가 와서 진흙탕이 되었을 때는 밭일을 쉬는 대신 나와 함께 숲으로 갔다. 거기서 가시덤불 속에 뒹구는 작은 나뭇가지에 붙어사는 식물을 찾는다. 그것은 현미경으로나 잘 보이는 검은색 점이다. 그 중 가장 큰 종을 파비에는 대포화약이라고 불렀다. 사실상 그가 그렇게 정확하게 표현한 이름을 벌써 식물학자들이 핵균류라는 특정 종류의 식물을 지칭하는 데 쓰고 있었다. 그는 나보다 훨씬 많이 찾아내고 또 아주 기뻐한다. 만일 포도 빛깔 솜털로 덮인 풍만한 검정색 유방 모양의 아름다운 로젤리니아 콩버섯(Rosellinie: *Rosellinia*, 콩버섯科)을 찾는 날이면, 우선 파이프를 한 대 피운다. 그야말로 기쁨을 보상하려고 담뱃값이라는 항목의 세금을 바치는 셈이다.

그는 특히 내가 여기저기 돌아다니며 채집하다 마주치는 귀찮은 인간들을 쫓는 요령이 대단했다. 농부들은 늘 호기심이 많아서 어린애처럼 자꾸 물어보려 한다. 그런데 그들의 호기심 속에는 짓궂은 데가 있고, 질문의 밑바탕에는 희롱하려는 눈치가 엿보인다. 하지만 파비에는 그들이 모르는 것을 쌀쌀하게 비웃는다. "포충망으로 잡은 파리나 땅에서 주운 나뭇가지 끝을 돋보기로 들여다보는 나리보다 더 우스운 게 어디 있겠나?" 하며 빈정댄다. 단 한마디의 질문으로 그들을 싹 물리치는 것이다.

산의 남쪽 경사면에는 선사 시대의 유물인 사문석(蛇紋石) 도끼, 검은 질그릇 조각, 규석의 화살촉, 창의 날과 파편, 갈던 부스러기, 씨앗 등이 많이 남아 있다. 우리는 허리를 굽히고 한 발씩 앞으로 나가며 그것들을 찾고 있었다. 갑자기 나타난 사나이가 "너의 주인은 이런 돌 조각으로 무얼 하지?" 묻는다. "아, 유리그릇장이 덕분이지. 유리 접착제를 만드는 데 쓰는 거야." 하며, 아주 엄숙하고 날카롭게 비꼬며 되받아친다.

　나는 토끼 똥을 한 줌 채취했다. 나중에 조사하면 은화식물(Cryptogamique: Cryptogames, 隱花植物)이 보인다. 이 귀중한 물건을 종이봉투에 조심스럽게 담는다. 그것을 보고 쓸데없이 참견하는 자가 불쑥 끼어든다. 그자는 돈벌이가 되거나, 어처구니없는 물건으로 돈을 버는 사람쯤으로 생각한 모양이다. 시골 사람들은 이런 모든 것을 돈 문제와 결부시킬 수밖에 없다. 그의 눈에는 내가 토끼 똥 장사꾼으로 보였나 보다. "자네 주인은 그 뻬뚤뜨(*pétourtes*, 토끼 똥의 방언)로 무얼 하지?"라는 질문으로 파비에에게 올가미를 씌운다. 파비에는 "그걸 증류해서 향수를 만들지." 하며 투박스럽게 대답한다. 어리둥절해진 사나이는 등을 돌리고 사라진다.

　정말 산뜻한 수완을 발휘해서 상대방을 꼼짝 못하게 만드는 우리 졸병 출신 파비에 이야기는 이쯤 해두고 아르마스 연구소에서 나의 시선을 끈 이야기로 돌아가자. 나나니 몇 마리가 풀밭에서 맨땅 위를 찔끔찔끔 날면서 무엇인가 열심히 찾고 있다. 3월 중순부터 날씨가 화창하면, 벌써 먼지투성이 좁은 길 위에 나와서 기분 좋게 해바라기하는 녀석들이 보이는데 모두 쇠털나나니

쉬고 있는 쇠털나나니 3/4

(*Podalonia hirsuta*)이다. 나는 『곤충기』 제1권에서 이 나나니의 겨울나기와 다른 사냥벌은 활동하지 않는 봄철에 사냥한다는 이야기를 했다.[4] 새끼를 위해 송충이(회색벌레)를 수술하는 방법과 여러 신경중추를 따로따로

[4] 『파브르 곤충기』 제1권 256, 260쪽 참조

나나니 주로 한여름에 땅굴을 파 놓고, 입구를 덮어 숨긴 다음 애벌레의 먹잇감을 사냥하러 나가는 벌이다. 마취시킨 나비류 애벌레를 힘겹게 물어 와 굴을 열어 사냥물을 들여놓고 산란한 다음 다시 덮어 주위 환경과 유사하게 은폐시킨다.
평창, 2. X. 02

침질한다는 이야기도 했다. 하지만 수술 장면을 한 번밖에 보지 못해서 다시 보고 싶었다. 혹시 관찰에 지친 내가 제대로 못 본 게 있는지, 제대로 보았다면 다시 확인해서 지난번 관찰에 대한 반론의 여지가 없게 증거를 확보하고 싶었다. 더 보태고 싶은 말은 내가 그 장면에 백 번을 참석해도 관찰에 싫증을 내지는 않겠다는 것이다.

그래서 나나니가 처음 모습을 드러냈을 때부터 신경을 집중하고 있었다. 벌은 우리 집 현관에서 몇 걸음 안 되는 곳에 있다. 따라서 내가 끈기만 있다면 사냥하는 모습을 반드시 보게 될 것이다. 3월 말도 4월 초도 보람 없이 지나갔다. 둥지 틀 시기가 아직 안 돼서 그럴까, 아니면 내 감시가 소홀해서 그럴까? 5월 17일, 드디어 기회가 왔다.

나나니 몇 마리가 아주 분주한 모습이다. 모두 조사할 게 아니라 가장 활발한 녀석 한 마리만 추적하자. 뚫어 놓은 둥지에다 송

충이를 잡아다 넣기 전에 단단하게 다져진 오솔길을 갈퀴 같은 앞발로 긁어 땅굴을 찾아냈다. 입구는 아주 넓어서 매우 큰 사냥감이라도 쉽게 들어갈 것 같고, 벌써 송충이를 마비시켜 몇 미터 앞의 둥지 근처에 잠시 놓아둔 게 틀림없다. 그런데 놓아둔 송충이에 벌써 개미들이 꼬인다. 먹잇감을 놓고 개미와 쟁탈전이 벌어지면 그것은 이미 사냥꾼에게 쓸모가 없어진다. 그래서 둥지를 살피려고 사냥물을 잠시 내려놓는 사냥꾼은 그것을 숨기려고 높은 곳이나 잡초 위에 올려놓는다. 나나니 자신도 이렇게 조심해야 하는 전략은 잘 안다. 그런데 이런 조심성을 잊었는지, 아니면 희생물이 너무 무거워서 놓쳤는지, 지금의 호화판 식량을 개미들이 서로 앞 다투어 끌고 간다. 이 도둑들을 쫓기란 불가능하다. 벌은 한 마리를 쫓으면 열 마리가 달려와 공격에 가담할 것이라 생각한 것 같다. 녀석들이 꾀어들면 쟁탈전을 포기하고, 다시 사냥하는 것으로 보아 그렇게 판단된다.

나나니는 둥지 주변의 반경 약 10m 안에서 사냥한다. 서둘지도 않고 걸어 다니며 땅거죽을 차례차례 탐색한다. 활처럼 길게 구부러진 더듬이 끝으로 땅바닥을 계속 두드린다. 맨땅, 자갈밭, 풀이

밤나방 애벌레 밤나방은 원체 종류가 많아서 애벌레를 만나도 종을 알 수 없는 경우가 허다하다. 한편 이 애벌레들은 말벌이나 쌍살벌 무리, 나나니 무리, 호리병벌 무리의 사냥 대상이며, 기생파리의 사냥감이기도 하다.

난 곳도 가리지 않는다. 저녁에 비가 부슬부슬 내리다가 내일은 본격적으로 올 것처럼 푹푹 찌는 날씨에, 대낮 3시간 동안 한눈팔지 못하고 녀석의 행적을 뒤쫓았다. 지금 벌에게 당장 필요한 송충이(ver gris)[5]를 찾는다는 게 얼마나 힘든 일이더냐!

사람 역시 송충이를 찾기란 어렵다. 못 움직이되 죽지는 않은 나방 애벌레를 새끼의 식량으로 제공하려는 나나니가 그 희생물에게 실행하는 수술 과정에 내가 입회하려면 어떤 방법을 써야 하는지 여러분은 이미 잘 알 것이다. 나는 이 벌에게도 똑같은 전략을 생각하여 사냥꾼의 희생물을 슬쩍 훔친 대신 그와 비슷한 사냥감을 주었다. 송충이를 희생물로 제공해서 수술을 반복시킬 계획이니 여러 마리의 재료가 필요했다.

뜰에서 일하는 파비에를 불렀다. "어이, 빨리 좀 오게. 송충이가 필요하다네." 사정을 설명했

[5] 『파브르 곤충기』 제1권에서는 ver gris를 '회색 송충이'로 번역했다. 그런데 제2권에 들어서는 마치 박각시 나방의 애벌레 같은 느낌을 주며, 이 애벌레의 우리말 이름은 '깻망아지 또는 맹충'이다. 그래서 초벌 번역 때는 '깻망아지'로 했으나, 다음 장에서 이들의 성충은 거세미나방(*Agrotis segetum*)*임이 밝혀진다. 그래서 이제부터는 모두 '송충이'로 번역한다.

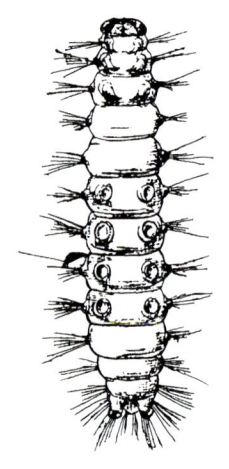

밤나방 애벌레 복면

다. 그는 얼마 전부터 이 실험에 대해 잘 알고 있었다. 이 조그만 벌이 사냥하는 이야기를 했었다. 그래서 그도 이 벌레의 습성을 대충 알고 있었다. "알았습니다." 곧 수색을 시작했다. 상추(Laitue: *Lactuca serriola*) 뿌리 밑, 딸기(Fraisiers: *Fragaria*) 그루터기, 그루 사이를 헤쳐 보고, 길가의 붓꽃(Iris: *Iris*)도 들춰 본다. 그의 육감과 솜씨는 정말 놀랍다. 수완도 좋아서 나는 안심했다. 하지만 시간만 흘러갔다. "어때, 파비에 군. 송충이는 어찌 됐나?" "안 보입니다. 선생님." "저런 저런! 이제 청원 부대다. 클레르(Claire), 아글라에(Aglaé)[6], 모두 다 나와서 찾아 다오!" 온 집안 식구가 징발되었다. 모두 지금 준비하는 중요한 실험에 걸맞게 각자에게 분담된 임무에 열성을 발휘한다. 나나니를 놓칠까 봐 자리를 뜨지 못하는 나 자신도 한 눈은 사냥꾼을, 다른 한 눈은 송충이를 쫓는다. 성과 없이 3시간이 지나갔으나 아무도 송충이를 찾지 못했다.

나나니 역시 못 찾는다. 녀석도 땅이 말라서 갈라진 여기저기의 틈새에서 열심히 찾는 게 눈에 띄었다. 녀석은 몸을 조금도 아끼지 않고 흙덩이를 긁는다. 살구 씨 크기의 마른 흙덩이도 쉽게 치운다. 지금 포기하기는 너무 이르다. 우리 네댓

[6] 파브르의 첫 자녀가 일찍 사망하여 다섯째인 클레르는 사실상 셋째 딸이며, 78세까지 장수한 둘째 딸 아글라에는 평생 아버지 곁에서 집안 살림을 도맡았다.

명이 송충이를 한 마리도 못 잡았다고 해서, 나나니까지 제 실수를 괴로워하지는 않을 것이다. 사람은 녹초가 되어 포기하더라도 벌은 반드시 해낸다. 벌레의 예민한 직감은 결코 여러 시간을 빗나가게 일을 시키지는 않을 것이다. 틀림없다. 비가 올 것 같으니 송충이가 땅속으로 깊이 들어갔을 것이다. 사냥꾼은 그가 어디 있는지 잘 안다. 하지만 깊은 곳에 숨은 녀석을 끌어내지는 못한다. 한 곳을 몇 번 파다가 포기하는 것은 지혜의 부족이 아니라 힘이 모자라서이다. 나나니가 긁던 장소는 어디든 송충이가 한 마리는 숨어 있을 게 틀림없다. 그곳을 파다 포기하는 것은 파기 어렵다는 것에 원인이 있다. 이런 사정을 좀더 일찍 눈치 채지 못한 내가 정말 바보였다. 경험 많은 밀렵꾼이 아무것도 없는 곳으로 눈을 돌리겠나? 자, 다시 해보자!

그래서 나는 벌을 도와주기로 했다. 나나니는 지금 밭 한 귀퉁이에서 아무것도 없는 맨땅을 파고 있다. 그러다가 다른 곳을 버렸던 것처럼 이곳 역시 버린다. 나는 녀석이 하던 일을 칼끝으로 계속했다. 하지만 나도 찾지 못하고 돌아선다. 벌이 다시 돌아와 내가 파던 곳 중 한 곳을 다시 긁는다. 녀석은 내게 '선생은 참으로 서툰 분이군요. 봅시다. 내가 송충이 있는 곳을 알려 드리지요.' 하는 것만 같았다. 가리키는 장소마다 파 본다. 틀림없이 송충이 한 마리가 나온다. 와 멋지다, 멋져! 완벽해! 아아! 앞을 훤히 꿰뚫어 보는 나나니로구나. 정말 내가 생각한 그대로, 너의 갈퀴 손은 토끼 없는 토끼 굴을 상대하지 않는구나!

이쯤 되면 개가 냄새를 맡아 찾아낸 송로(Truffe: *Tuber melanosporum*,

松露)버섯을 사람이 파내는 격의 사냥이다. 나나니가 장소를 알려 주면 계속 칼로 파냈다. 둘, 셋, 넷, 송충이 네 마리를 손에 넣었다. 모두 몇 달 전에 가래질로 파냈던 곳이다. 곁에서 보면 송충이가 들어 있는지, 없는지 아무 표시도 없는 땅이다. 자, 그러면! 파비에, 클레르, 아글라에, 이 점에 대해 어떻게 생각들 하나? 너희는 3시간을 허비했어도 한 마리도 못 잡았지. 하지만 직감이 뛰어난 이 사냥꾼은 이제 내가 원하기만 하면 언제든지 필요한 만큼 제공할 것이다.

이제는 바꿔치기 할 재료가 충분하다. 내가 도와 파낸 다섯 번째 송충이는 사냥꾼 몫으로 넘기자. 내 눈앞에서 벌어진 이 굉장한 연극, 이 연극을 마당별로 번호를 붙여서 차례차례 설명하겠다. 관찰은 제일 좋은 조건 아래서 진행되었다. 나는 벌 바로 옆의 땅바닥에 엎드려서 그가 수술하는 장면을 관찰했다. 자질구레한 것 하나라도 놓치지 않았다.

1. 나나니는 구부러진 집게 모양의 큰턱으로 송충이의 목덜미를 꽉 문다. 송충이는 맹렬히 날뛴다. 엉덩이를 비틀기도 몸통을 둥글게 말았다 폈다 하기도 한다. 벌은 그런 것에 조금도 개의치 않는다. 미리 옆으로 살짝 비켜서서 그가 엉덩이로 한 방 쳐도 피할 수 있다. 머리와 첫째 몸마디 사이의 관절, 배의 정중선 바로 위, 다시 말해서 피부가 가장 얇은 곳을 침으로 한 방 쏜다. 꽉 찌른 침은 잠시 그 자리에 머문다. 아무래도 중요한 일격으로 송충이를 정복하고 다루기 쉽게 하려는 행동인 것 같다.

2. 다음, 나나니는 희생자를 버린다. 그리고 배를 땅바닥에 납작 깐 채

몸을 부들부들 떨며 뒹굴기도, 다
리를 발버둥치기도 한다. 날개까
지 떨며 마치 죽을 것 같다. 격투
중에 어느 급소를 맞았나 보다. 내
근심은 점점 커진다. 용감한 벌이 이렇게 무참하게 쓰러진다면 내가 그
렇게도 많은 시간을 소비한 실험도 실패로 끝날 것이다. 그래서 걱정했
다. 하지만 벌은 곧 진정한다. 날개에 빗질도 하고, 더듬이를 흔들어 본
다음, 다시 경쾌하게 운동한다. 곧 송충이에게 덤벼든다. 좀 전의 행동은
죽기 직전의 경련 같아 보여 근심까지 했는데 그게 아니었다. 그것은 승
리의 환희였다. 괴물을 땅에 쓰러뜨리고, 승리에 도취했던 것이다.

3. 벌은 조금씩 뒤로 물러서며 송충이의 등을 문다. 그리고 제2체절의
배 쪽을 침으로 찌른다. 뒤쪽으로 차차 물러서면서 큰턱으로 등을 잡고, 그
때마다 다음 체절을 쏜다. 매번 자로 잰 듯 정확하게 등을 물고, 다음 마디
에 침을 꽂는다. 모두 9번 찔렀는데, 다리가 없는 뒤쪽 4마디 중 3마디와
배다리를 가진 마지막 마디는 그대로 놔둔다. 수술은 어려움 없이 진행되
며, 제일 처음 찔렀던 단 한 방의 침으로 송충이는 거의 저항하지 못했다.

4. 끝으로, 나나니는 큰턱을 최대한 크게 벌려 송충이의 머리를 문다.
하지만 우물우물 씹는 것처럼 누르면서 문다. 되도록 상처를 내지 않으
려는 행동이다. 이 조이기 작업은 천천히 계속 진행된다. 결과를 확인하
려는 듯, 멈춰 기다렸다가 다시 한다. 사냥을 목적에 맞추어 성공하려면
희생물의 머리 관리에 주의할 어떤 제한이 있는 것 같다. 그 한도를 넘으
면 희생물이 죽어서 썩을 것이다. 그래서 벌은 물기의 횟수를 늘려 대개
20번까지 반복한다. 집게 사용법을 그런 식으로 조절했다.

수술은 끝났다. 몸을 절반쯤 구부린 송충이는 땅바닥에 엎어져 꼼짝 않는다. 굴로 끌려가는 동안 저항도 못하고, 자신을 먹을 벌 새끼에게 피해를 줄 수 없을 만큼 맥이 빠졌다. 벌은 그 자리에 놓아두고 굴로 돌아간다. 나는 계속 지켜본다. 사냥물을 넣으려고 곳간을 한창 정리 중이다. 천장에서 불쑥 솟은 돌을 빼낸다. 다루기 거북한 짐을 넣을 때 방해가 될 것 같은가 보다. 날개 쓸리는 소리가 들리는 걸 보니, 일이 꽤 힘든 것 같다. 충분치 못한 방을 좀더 넓힌다. 시간이 오래 걸렸다. 녀석의 행동을 하나도 놓치지 않으려고 지켜보는 사이 사냥물에 개미들이 꾀어들었다. 나나니와 내가 다시 돌아왔을 때, 부지런히 내장 뜯어내기 일꾼들이 잔뜩 모여들어 송충이가 새까매졌다. 이 사건은 나도 애석하지만 나나니는 참을 수 없는 일이다. 더욱이 같은 실패를 두 번이나 저질렀으니 말이다.

벌도 진력이 났나 보다. 잃은 것 대신 비축했던 송충이를 주었으나 손도 대지 않는다. 게다가 해질녘이 다가오니 하늘에는 어둠이 몰려오고, 빗방울도 한두 방울씩 떨어진다. 상황이 이런 판에 대신 사냥하는 것 자체가 무의미하다. 그러니 오늘은 틀렸다. 내가 계획한 송충이 이용 실험은 더 할 수가 없어졌다. 그런데도 이 관찰은 점심때가 지날 무렵인 1시경부터 6시까지 나를 한순간도 쉬지 못하며 꼼짝 못하게 만들었다.

3 미지의 감각기관
- 나나니의 송충이 찾기

나나니(*Ammophila*) 사냥터에서의 사냥법에 대해 모든 것을 방금 자세하게 말했고, 여러 사실이 증명되어 나는 큰 수확을 얻었다고 생각한다. 이제는 아르마스 연구소가 내게 아무것도 주지 않아도, 이 관찰만으로 충분한 보상을 받았다고 생각한다. 나나니가 송충이를 마취시키려고 행한 수술법 역시 지금까지 알았던 본능의 세계에 대한 최상의 표현이었다. 어떻게 이런 과학기술을 타고났는지, 우리로 하여금 곰곰이 생각하게 하는 문제가 아니더냐! 어떻게 이런 무의식의 생리학자가 이론적으로 정확한 기술을 갖추게 되었는지도 문제로다!

누구든 이렇게 불가사의한 탑을 직접 둘러보고 싶어서 저 너머의 들판에서 천천히 걸으며 둘러보아도, 아마도 거의 미루어 생각할 수 없는 바깥세상의 일일 것이다. 둘러보기 좋은 기회는 나타나지만 그 시간을 맞추기는 어렵다. 나는 그런 기회를 잡으려고 5시간을 쉬지 않고 끈질기게 늘어붙었지만, 결국은 계획된 실험을 못하는 때도 있었다. 관찰을 잘하려면 자기 집에서 품을 들여 가며 노력해야 한다. 내가 성공한 것은 이곳 시골의 연구소 덕분이다. 이렇게 멋진 연구를 계속하고 싶은 사람이 있다면, 나는 그에게 이 비밀을 아낌없이 공개하련다. 수확은 무진장일 것이다. 모든 사람이 수확의 다발을 골고루 가질 것이다.

나나니의 사냥 행동을 차례대로 지켜보면, 먼저 이런 질문이 생긴다. 땅 밑에 숨어 있는 송충이를 확인하려는 나나니는 어떤 방법을 쓸까?

맨눈으로는 땅거죽에서 송충이가 숨은 장소라고 눈치 챌 만한 곳이 어디에도 없다. 이 벌레가 숨을 곳은 빈 땅, 풀이나 낙엽이 덮인 자갈밭의 지표면, 말라서 갈라진 곳, 평탄한 곳 등으로 겉모습이 각양각색이다. 하지만 사냥꾼은 그런 것에 구애받지 않는다. 이런저런 것 가리지 않고 어디든 조사한다. 벌이 얼마쯤 파낸 곳이라도 주의 깊게 살펴보지 않으면 특별히 눈에 띄는 게 없다. 그렇지만 거기는 반드시 송충이가 있었고, 그것을 부정할 수가 없었다. 조금 전 벌이 힘에 부쳐 단념했던 곳을 우리가 도와주자 5번이나 계속 녀석들이 숨어 있음을 확인했다. 이런 곳에서 우리의 눈은 별로 쓸모없는 기관이었다.

그러면 나나니는 어떻게 그것을 느낄까? 후각? 조사해 보자. 송충이를 찾는 기관이 더듬이인 것은 확실하다. 찾을 때마다 긴 활처럼 구부린 끝을 떨며 부지런히 땅을 두드렸다. 그러다가 갈라진 곳을 만나면 거기에 꽂고 조사했다. 풀 무더기든 식물의 뿌리든 그것이 지표면을 거의 덮을 만큼 자라서 그물처럼 서로 얽혔으면,

더듬이를 더 요란하게 떨면서 구석구석 살폈다. 틈바구니에 더듬이 끝을 조금 꽂았다가 이번에는 거기에 꼭 맞게 구부려서 들여보낸다. 사람의 손으로는 만질 수 없는 곳을 나나니는 촉감을 느끼는 두 가닥의 가는 실로 조사했다.

마치 사람이 두 손가락으로 만져 가며 조사하는 모습이다. 그렇다고 해서 더듬이가 땅 밑의 모든 것을 알아맞히는 것은 아닐 것이다. 끝내는 송충이를 만져 봐야 할 텐데, 녀석은 몇 센티미터 깊이의 땅속, 말하자면 광에 틀어박혀 있다.

냄새로 찾는지도 알아보자. 곤충은 후각기관이 대단히 발달한 경우도 많다. 곤봉송장벌레(Nécrophores: *Nicrophorus*), 송장벌레(Silphes: *Silpha*), 풍뎅이붙이(Histers: *Hister*), 수시렁이(Dermestes:

큰수중다리송장벌레 수컷은 뒷다리 넓적다리마디가 매우 굵은 알통다리이다. 봄부터 가을까지 주로 밤에 활동한다. 시흥, 10. VII. '98

매끈넓적송장벌레

Dermestes) 따위는 작은 시체만 있어도 사방에서 달려와 그것을 말끔히 처리한다. 이런 매장충(埋葬蟲)들은 죽은 두더지를 냄새로 찾는다.

하지만 곤충도 후각기관이 있다면 그것이 어디에 있는지 알아야겠다. 많은 학자는 더듬이에 있다고 주장한다. 더듬이는 각질의 막대기들이 양 끝을 서로 관절로 이어 사슬 모양을 이룬 구조인데, 이런 구조가 어떻게 콧구멍 역할을 한다는 것인지 이해하기 어렵다. 하지만 우선 그렇다고 하자. 코와 더듬이의 구조 사이에는 비슷한 데가 전혀 없는데, 받은 감각의 질이 같을 수 있을까? 연장이 다른데 같은 기능을 보유할 수 있을까?

한편 벌에게도 한 가지 중요한 이의가 제기된다. 후각은 능동보다는 수동적 감각이므로 촉감보다 앞설 수는 없다. 후각이란 오직 영향을 받을 뿐이다. 후각은 냄새를 찾는 것이 아니라 냄새가 와서 닿을 때 그것을 맞아들일 뿐이다. 그런데 나나니 더듬이는 계속 떨고 있다. 떤다는 것은 조사가 진행 중임을 말하고, 이 행동은 인상(印象=감각)보다 먼저 작용하고 있음을 말한다. 그렇다면 그것은 도대체 어떤 인상일까? 그것이 진짜 냄새의 인상이라면 계속 떠는 것보다 가만히 있는 편이 더 효과적일 듯하다.

더 좋은 예가 있다. 냄새가 없으면 후각기관은 필요가 없다. 그래서 나는 송충이를 직접 감정해 보았다. 내 코보다 훨씬 냄새를 잘 맡는 어린애 코로도 맡아 보게 했다. 후각이 예민하기로 유명한 개가 땅속 송로버섯의 유무를 아는 것은 송로결절 냄새가 그의 후각기로 전해져서이다. 이 냄새는 우리도 흙의 두께에 따라 느낄 수 있다. 개의 코가 우리 코보다 예민하고, 먼 거리의 냄새도 잘 맡는다는 점은 나도 인정한다. 하지만 그것은 개가 인간보다 인상을 더 강하게 받은 것에 원인이 있다. 그러니 적당히 가까운 곳에서는 이 냄새의 흐름을 우리의 코로도 알 수 있어야 한다.

나나니가 개보다 예민한 코를 가졌다고 하자. 그렇더라도 냄새 자체는 있어야 한다. 그런데 우리는 코끝에서도 못 맡는 송충이 냄새를, 더군다나 흙이 두껍게 가로막는 땅 밑의 냄새를 나나니가 어떻게 맡을 수 있는지 의문이다. 감각이 가진 작용이 같다면 원생동물에서 인간에 이르기까지 같은 자극 수용체를 가졌어야 할 것이다. 우리 눈에 아주 깜깜한 어둠이라면 어느 동물의 눈이라도 못 보기는 마찬가지일 것이다.

내 짐작에 혹시 이렇게 말할 사람이 있을 것 같다. 동물마다 감각은 본질적으로 같아도 예민한 정도는 동물별로 차이가 있다. 그 기능이 어떤 동물은 높고 어떤 동물은 낮다. 그래서 한 동물이 느끼는 것을 다른 동물은 못 느낄 수도 있다. 이보다 옳은 답안이 있을 수는 없다. 그런데 곤충에 대해 막연하게 생각하면 그들의 코는 예민

수시렁이 사마귀 알집에 기생한 일종의 수시렁이 애벌레이다. 촬영된 종은 가을에 사마귀 알에 산란하며, 봄에 애벌레 시대를 끝낸다. 5월 중순경 사마귀가 부화하지 않은 알집을 열어 보면 수십 마리의 종령애벌레와 번데기가 들어 있다. 5월 말에서 6월 초에는 우화한 성충이 사마귀 알집의 밖에 모여 있다.

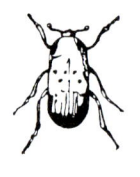
수시렁이

한 것 같지가 않다. 왜냐하면 곤충을 유인하는 냄새들은 특별히 코가 예민하지 않아도 느낄 만큼 매우 강력하니 말이다. 수시렁이, 송장벌레, 풍뎅이붙이 따위가 썩은 송장 냄새를 피우는 천남성과(Araceae, 天南星科) 식물의 깔때기 모양 꽃 냄새를 맡고 찾아왔다가 빠져서 다시는 헤어나지 못하는 경우나, 배가 빵빵하게 부푼 개의 시체 주변에 파리가 꼬여 든 경우 모두 그 근처는 코를 들 수 없을 만큼 지독한 냄새가 퍼져 있다. 곤충도 썩은 고기나 분해된 치즈가 어디에 있는지 알아내려면 아주 예민한 후각기관이 필요할까? 곤충이 후각의 안내를 받아 떼거리로 모여드는 경우라면 우리도 냄새가 나는 곳을 어느 정도는 알

천남성 많은 종이 뿌리에 독이 있어서 여러 가지 병을 치료하는 한약재로 쓰였다. 예전에는 사약의 재료로 쓰이기도 했다.

게 마련이다.

 이제 남은 감각기관은 청각뿐이다. 곤충은 청각에 대해서도 별로 연구된 게 없다. 어쨌든 이 기관은 어디에 있을까? 더듬이일 거라는 사람도 있다. 진동이 일어날 수 있는 실을 고음으로 자극하면 실제로 떨린다는 것은 알고 있다. 그렇다면 나나니가 더듬이로 어떤 장소를 조사했을 때 땅 밑에서 올라오는 희미한 소리나 애벌레가 나무뿌리를 갉아먹을 때 내는 이빨 소리, 또는 몸뚱이 움직임의 바스락 소리를 나나니가 듣고 그 밑에 송충이가 있음을 안다는 이야기이다. 그렇게도 미약한 소리가 전해진다면, 더욱이 두꺼운 해면처럼 가로막은 흙을 통과해서 전해진다면, 그게 과연 얼마나 어려운 일이겠더냐!

 송충이 소리는 아주 희미하다기보다 차라리 없다고 하는 편이 더 옳을 것이다. 낮에는 그들이 둥지 안에 틀어박혀 꼼짝 않는다. 갉아먹는 일도 없다. 나나니가 알려 준 땅속을 파내서 꺼낸 송충이 역시 갉아먹은 흔적이 없다. 그뿐만 아니라 그 주변에는 갉아먹을 것이 전혀 없었다. 송충이는 흙 속에서 꼼짝 않고 있었다. 그러니 낼 소리가 없다. 나나니의 감각기관에서는 귀 역시 코처럼 물러나야겠다.

 이제는 점점 더 이해되지 않으니 문제로다. 도대체 나나니는 그곳의 지하에 송충이가 있음을 어떻게 알까? 더듬이가 안내하는 것에는 의심의 여지가 없다. 하지만 더듬이가 코의 역할을 하지는 않았다. 물론 그가 정밀한 후각기관의 구조는 갖추지 못했어도 낡은 가죽처럼 질기고 까칠한 더듬이 표면이 우리는 감지하지 못하는 냄새까지 감지하는 것으로 인정한다면 가능하다. 그 구조는 매우 허술해도 역할은 완전하다고 믿는 것이다. 감지해 낼 소리가 없으니 더듬이는 귀의 역할도 하지 않는다. 그렇다면 더듬이의 역할은 도대체 무엇일까? 모르겠다. 더욱이 언젠가는 그것을 알아낼 것이라는 희망조차 없다.

인간은 무슨 일이든 자신이 약간 아는 것만을 기준 삼아 생각하려는 경향이 있음은 어쩔 수 없다. 다른 동물도 사람과 똑같은 지각 수단만 가졌다고 작정(가정)해 놓고 다른 수단은 생각조차 안 하려 한다. 그런 수단이 없으니 다른 수단이 있을 것은 생각조차 않는다. 만일 우리가 장님이라면 실제로 존재하는 빛에 대한 감각을 상상도 못한다. 이처럼 우리가 상상도 못하는 감각기관이라면 곤충도 그것이 없다고 장담할 수 있을까? 우리에게 숨겨진 어떤 비밀의 또 다른 주체는 없을까? 동물에게는 오직 빛, 소리, 냄새, 형상만이 주어졌다고 단언할 수 있을까? 물리학과 화학이 탄생한 역사는 얼마 안 되었어도 미지의 어둠 속에 숨겨진 무한히 많은 것을 보여 주었다. 이것과 비교할 때 동물의 지각에 대한 지식은 정말로 초라하다. 새로운 감각, 가령 관박쥐(Rhinolophe: *Rhinolophus*)의 콧속에 있다는 감각, 어쩌면 나나니의 더듬이에 있을지 모르는 어떤 감각에 대한 연구는 우리에게 또 하나의 연구 분야를 열어 줄 것이다. 물론 이 새로운 감각이 사람들에게 조롱거리가 될 만큼 대단한 능력은 아닐 수도 있을 것이다. 하지만 혹시 우리는 우리 육체의 기본 체제에 얽매여서 이런 것들을 조사하지 못하는 것은 아닐까? 사물에 따라서는 그것의 성질을 나타내는 자극을 우리는 지각할 능력이 없을 수도 있다. 그렇다면 우리와 아주 다른 기관을 가진 동물일 때는 그 자극을 지각하고 반응할 가능성도 있지 않을까?

관박쥐 2/3

스팔란짜니(Lazzaro Spallanzani)[1]는 벽에 밧줄을 걸치고 중간을 나뭇가지로 잔뜩 걸쳐 미로가 된 방안에 박쥐 한 마리를 풀었다. 박쥐는 방에 널린 장해물에 전혀 부딪히지 않고, 마치 정확한 목표를 세운 듯 온 방안을 재빨리 날아다녔다. 이 박쥐도 우리의 감각과 비슷한 감각이 유도했을까? 누가 나를 이해할 수 있게 설명해 주려나? 또 나나니는 어떻게 더듬이로 송충이를 찾는지 설명해 주었으면 좋겠다. 특별히 냄새 감지기관이 갖춰지지는 않은 것 같지만 누구의 무엇과도 비교할 수 없는 민감한 감각기관이 있음을 예상해야 할 것이다.

그 밖에도 곤충의 후각에 관해서 이해가 안 되는 말이 얼마나 많이 나돌더냐! 하지만 그런 것들은 말장난에 불과할 뿐 열심히 연구하지도 않고 갑자기 지어낸 말이다. 이런 말을 앉아서 생각만 하고 있으면 알 수 없는 험한 절벽이 우뚝 가로막는다. 그래서 우리가 통과하려고 고집했던 작은 길로는 도저히 지나갈 수 없다. 그럴 때는 가던 길을 바꾸자. 그리고 그 동물은 우리와 다른 통신수단을 가진 것으로 인정하자. 우리의 감각이 모든 동물의 외부 환경 감지능력 전체를 대변하는 것은 아니다. 다른 동물은 우리가 가진 감각과는 완전히 다른 감각을, 그것도 여러 종류를 가지고 있을

---

[1] 1729~1799년. 이탈리아 동물학자, 실험생물학의 창시자, 자연발생설 부정. 인공수정으로 강아지 3마리 출산시킴.

3. 미지의 감각기관 - 나나니의 송충이 찾기 55

것이다.[2]

만일 나나니의 행동 중 한 가지 사실만 문제였다면 이렇게 장황하게 늘어놓지는 않았다. 아주 까다로운 사람이라도 확신을 심어 줄 희한한 이야기를 하고 싶어서 길어진 것이다. 이 이야기 다음에는 우리에게 아직 알려지지 않은 특수감각을 주제로 삼아 보려 한다.

이제 송충이 이야기로 돌아가자. 이 벌레를 좀더 자세히 이해하기 좋은 기회이다. 나에게 4마리가 있다. 모두 나나니가 알려 준 곳에서 칼로 파낸 것이다. 실험 계획은 벌에게 수술시키려고 희생물과 이 벌레를 바꿔치기하려던 것이다. 계획대로 잘되지 않은 덕분에(?) 병 속에 모래를 깔고, 그 위에 채소를 넣고 송충이를 넣었다. 낮에는 벌레가 모래 속으로 파고 들어가 숨었고, 밤이 되면 나와서 잎을 갉아먹었다. 8월에 들어서자 4마리가 모두 모래 속으로 들어갔다가 나오지 않았다. 제각기 고치를 지었는데, 아주 조잡하고 크기는 약간 작은 비둘기 알만 했다. 8월 말경 나방이 나왔는데 거세미나방(*Noctua→Agrotis segetum*)이었다.

쇠털나나니(*Podalonia hirsuta*)는 땅속에 사는 송충이를 제 새끼의 밥상에 차려 놓는다.

[2] 파브르는 자극의 수용기관이 감각세포라는 점을 몰랐던 것 같다. 그래서 더듬이에도 청각이나 후각 수용세포가 분포할 수 있다는 점을 이해하지 못했다. 따라서 매우 억지 같은 문구가 이 장뿐만 아니라 『파브르 곤충기』 제1권에서도 여러 번 있었고, 앞으로도 자주 나온다. 그래도 다른 동물은 인간처럼 반드시 오감만 갖지는 않았을 것이라는 예견은 매우 훌륭했다.

쌍줄푸른밤나방 밤나방 종류인데 모습이 날씬해서 자나방과 혼동할 수 있겠다. 밤나방은 과수원이나 농작물에 피해를 주는 해충이 많다.
주금산, 30. Ⅵ. '96

  이 송충이는 대개 회색 차림이라 흔히 '회색벌레'라는 이름으로 널리 알려졌는데, 큰 농장이나 밭에서는 최악의 무서운 유행병을 퍼뜨리는 귀신이나 다름없다. 낮에는 둥지 속에 틀어박혔다가 밤이 되면 땅속에서 올라와 농작물을 뿌리째 갉아먹는다. 채소든 꽃 식물이든 녀석들의 구미에 안 맞는 것이 없으니, 이 밭 저 밭 가릴 것 없이 모두 망친다. 확실한 원인을 모르는데 작물이 시들어서 살짝 뽑아 보면 뿌리가 완전히 잘린 채 뽑혀 나온다. 녀석들이 밤중에 식물에게 흉기를 휘두른 것이다. 굶주린 큰턱이 식물체를 치명적으로 망가뜨린다. 이들에 의한 피해는 굼벵이(풍뎅이 애벌레)에 의한 피해 못지않다. 만약 녀석들이 사탕무 경작지에 퍼지는 날이면 그 피해는 수백만 프랑도 넘을 것이다. 그야말로 무서운 외적이나 다름없건만, 곧 녀석들의 천적인 나나니가 우리를 도와주러 나타난다.

  봄이 오면 송충이가 숨어 있는 구멍을 열심히 재주껏 찾아다니는 쇠털나나니, 이 이로운 곤충을 나는 농사꾼에게 몇 번이고 추

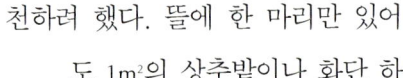
천하려 했다. 뜰에 한 마리만 있어도 $1m^2$의 상추밭이나 화단 하나쯤은 녀석들의 피해로부터 벗어날 수 있을 것이다. 하지만 지금 추천해서 무엇 하겠더냐! 이 길 저 길을 경쾌하게 날아다니며, 뜰에서도 이 구석 저 구석 돌아다니며 송충이를 찾는 이 벌을 일부러 죽이려는 사람은 없을 것이다. 하지만 번식시켜서 이용하려는 사람 또한 없다. 사실상 번식시키기란 유감스럽게도 성공하지 못할 것이다.

우리는 다량의 곤충을 배양시킬 수 없다. 해로운 벌레라고 해서 모두 죽이거나 이로운 벌레라고 모두 번식시키기는 불가능하다. 힘 있는 자와 없는 자의 대조가 묘하게 조화를 이루듯 이 경우도 마찬가지다. 인간은 대륙을 잘라 두 바다를 내통시킨다. 알프스 산맥을 뚫기도 하고, 태양의 무게를 재기도 한다. 하지만 사람들이 그렇게도 하찮다고 생각하는 구더기 따위가 버찌를 따먹어도, 지겨운 벌레가 포도 잎을 망쳐도, 그들을 어찌할 도리가 없지 않더냐! 마치 거인이 소인에게 정복당하는 격이다.

이곳의 곤충 세계에 한 마리의 뛰어난 재주꾼인 이로운 벌레 쇠털나나니가 있다. 이 벌은 사람에게 큰 손해를 끼쳐 고약한 해충인 송충이에게 무서운 적이다. 어떻게 하면 우리의 경작지나 정원에서 이로운 벌들을 번식시킬 수 있을까? 하지만 절대로 안 된다. 벌을 번식시키려면 우선 선결 조건이 있다. 그의 새끼에게 단 하나뿐인 식당 메뉴, 즉 송충이를 먼저 번식시켜야 한다. 그런데 이런 곤충을 기르는 게 얼마나 힘든지, 웬만해서는 성공하지 못할 것이다. 나나니는 무리 생활을 하며 둥지도 함께 지키는 꿀벌과는 전혀 다르다. 그렇다고 해서 누에처럼 바보 같은 삶을 살지도 않는다. 누에는 뽕잎에서 살다가 몸이 무거워지면 나방이 되고, 나방 역시 무거운 몸으로 날개를 조금 파닥거렸나 싶더니, 어느새 짝짓기를 끝내고 알을 낳는다. 산란이 끝나면 곧 죽는데 나나니는 이런 식으로 살지 않는다. 나나니란 녀석은 변덕스럽게 떠돌아다니길 좋아하고, 재빨리 날며 행동도 제멋대로다.

이런 선결 조건이야말로 모든 희망을 단번에 무너뜨린다. 나나니를 도와주고 싶다면? 그럼 송충이 박멸을 포기하자. 우리는 순환론(循環論)의 법칙 안에서 맴돌고 돈다. 좋은 일을 하려면 악의 도움을 받아야 한다. 우리의 적군(송충이)이 우리 군대(나나니)를 밭으로 진격하게 하였다. 하지만 적이 없다면 군대도 태어날 수 없다. 양 군대의 숫자는 서로 비슷하다. 만일 송충이 수가 많아지면 나나니 새끼에게 풍부한 먹이가 공급될 것이므로 양쪽이 모두 번영한다. 송충이 수가 줄면 나나니도 줄거나 없어진다. 이와 같이 번영과 몰락의 리듬은 먹는 녀석과 먹히는 녀석과의 비율을 조절하는 절대적 법칙이다.

4 본능론

먹잇감 벌레가 살아서 날뛰는 날이면, 그의 몸에 붙여 놓았던 알이나 어린 애벌레가 중상을 입을 수도 있다. 그래서 각종 사냥벌의 애벌레에게는 움직이지 못하는 요리가 필요하다. 한편 애벌레는 썩은 고기를 먹지는 못하니 식품이 움직이지는 못해도 살아 있어야 한다. 이렇게 움직이지 못하나 죽지 않은 모순된 두 조건은 『곤충기』 제1권에서 분명히 밝혔으므로 반복해서 설명하지는 않겠다. 벌이 어떻게 상대를 움직이지 못하게 마비시켰고, 생명을 유지한 조건은 어땠는지도 말했다. 가장 고명한 해부학자가 부러워할 만큼 뛰어난 솜씨로 운동의 중추부를 독침으로 찔렀다. 더욱이 신경절의 수와 위치를 파악하여 한 번 또는 여러 번 침놓기를 했다. 다시 말해서 희생자의 신체적 구조에 따라 그에 맞추어 침을 놓았다.

쇠털나나니의 식량인 송충이는 신경절들이 각각 분리되어 있고, 각 체절은 각각의 신경절에 의해 어느 정도 독립적으로 운동한다. 이 송충이는 힘이 아주 센 요릿감이다. 따라서 녀석을 꼼짝 못하게 하지 않으면, 설사 창고로 들여갔더라도 알을 붙여 놓기는 곤란하다. 꽁무니를 한 번만 뒤척여도 알은 벽에 부딪혀 깨질 것이다.

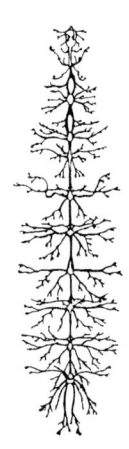

송충이 신경계

송충이는 몸의 한 마디가 마비되어도 옆 마디를 지배하는 신경중추는 별도로 독립해 있다. 따라서 그 마디가 마비되어도 다른 마디들은 마비되지 않아, 모든 마디를 따로따로 수술해야 한 개체 전체를 마비시킬 수 있다. 나나니는 최고로 훌륭한 생리학자가 명령을 내려야 할 만큼 복잡한 수술을 누구의 지시도 받지 않고 혼자서 척척 해낸다. 다시 말해서 나나니는 몸의 제1체절부터 제9체절까지 9번의 침을 따로따로 놓는다.

나나니가 할 일은 아직 또 있다. 송충이는 머리마디가 아직 멀쩡하므로 큰턱을 움직인다. 그렇게 큰 짐은 운반하다 풀에 걸리는 수도 있는데, 그때 신경중추의 대들보인 뇌에서 반사작용이라도 일으키는 날이면 큰일이다. 이런 훼방은 피해야 하고, 피하는 방법은 저항하지 못할 만큼 뇌를 마비 상태에 빠뜨리는 것이다. 그래서 이빨로 머리를 깨물어 그 목적을 달성한다. 하지만 독침을 놓지는 않는다. 혹시라도 뇌신경을 쏘는 날이면 송충이가 죽을 수도 있으니 이것만은 절대로 피해야 한다. 그래서 큰턱으로 잘 조절해 가며 압박한다. 너무 압박해서 적당한 마비 수준을 지나치면 죽을 테니, 자주 멈춰 가며 매번 상태를 잘 살핀다. 송충이가 저항력과 운동력

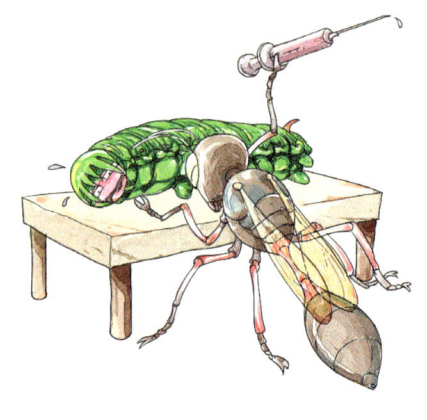
을 잃었을 즈음 목을 물린 채 둥지로 끌려간다. 군소리를 더 했다가는 지금 진행되는 행동에 생동감을 깰 것 같으니 그만 하자.

쇠털나나니는 수술 방법을 두 번 보여 주었다. 첫번은 벌써 오래전 일로 이미 설명했다. 그때는 갑자기 만난 상태에서 관찰하여, 지금처럼 미리 계획하고 충분한 시간을 할애하여 관찰한 것만큼 확실치는 못했다. 각 배마디를 앞에서 뒤로 차례대로 찌르기는 지난번도 마찬가지였다. 찌른 횟수도 같았을 텐데 이번에는 분명히 아홉 번이었다. 레 장글레(Les Angles) 고원에서 수술할 때는 몇 번 찔렀는지 몰랐는데 아마도 더 많이 찔렀던 것 같다. 사실상 침질의 횟수는 희생물의 크기와 힘에 따라 다소 차이가 있는 것 같다. 몸통의 뒤쪽 마디가 크게 중요하지는 않아도 그곳을 움직이지 못하게 하려고 더 찌르는 것 같다.

두 번째 수술에서는 뇌를 강하게 압박하는 것도 보았다. 이것은 희생물을 운반하거나 창고에 넣을 때 적당한 혼수상태가 되도록 하는 것이다. 지난번 관찰에서도 이 행동을 못 보지는 않았을 것 같은데 혹시 그때는 이 행동이 없었는지도 모르겠다. 뇌를 바짝 죄는 수술은 그것이 필요할 때 즉 사냥물의 운반 도중 저항할 것이 예상되면, 실행하는 벌 나름대로의 수술법인 것 같다.

뇌신경 압박하기와 새끼의 장래와는 무관하며, 단지 어미벌이 사냥물을 쉽게 운반하려는 것뿐이다. 옛날에 홍배조롱박벌(*Palmodes occitanicus*)은 나를 많이 고생시킨 끝에 작업 광경을 여러 번 보여 주었으나, 내 눈앞에서 유럽민충이(E. ephippiger)의 목덜미에 이런 식으로 수술한 것은 단 한 번뿐이었다. 결국 이 수술은 최소한의 필요성에 따라 그때그때 실행되는 요소이다. 그런데 쇠털나나니는 배의 정중선을 따라 각 마디에 분포된 모든 또는 거의 모든 신경절에 침을 놓아야 한다.

소나 양 같은 가축을 빨리 도살하는 게 직업인 백정의 도살 기술과 벌의 사냥 기술 중 누가 더 기술자인지 비교해 보자. 여기서 나는 내 소년 시절을 회상한다. 겨우 12살짜리 어린 학생이었던 그 당시 우리는 멜리브(Melibee)[1]가 치즈와 밤(栗), 그리고 싸늘한 풀 침대를 보내 주며 위로하는 티티르(Tityre)[2]의 가슴에 자기 슬픔을 털어놓는 수많은 불운에 대해 배웠다. 선생님은 또 프랑스의 극작가 장 라신(Jean Racine)의 아들이며 시인인 작은 라신의 시 「종교」를 외우라고 했다. 신학보다는 구슬치기에 더 정신이 팔렸던 우리에게는 그 얼마나 괴상한 시였던가! 겨우 두 줄하고 절반이 기억에 남았구나.

[1] 베르길리우스의 『목가』에 등장하는 양치기 소년
[2] 『그리스 로마 신화』에 나오는 헬렌의 아버지 티티르가 멜리브와 대화하는 내용이다.

"……
흙탕의 늪마저도, 곤충들은 우리를 부른다.
그리고 자신들의 가치를 확신하며, 대담하게 물어본다.
우리가 하찮게 보는 이유를……"

멋쟁이딱정벌레 러시아의 양코브스키와 인연이 있어서 고 조복성 박사께서 우리 이름에 '양코브스키'를 붙였는데, 어느 후학의 착오로 이름이 바뀌게 되었다.
속리산, 15. VII. '96

홍다리사슴벌레 참나무류의 수액을 좋아하며, 밤에 등불에도 날아오는 아름다운 종이다. 지금은 매우 희귀해졌다.
시흥, 20. VII. '96

　나머지는 전혀 생각나지 않는데 왜 이 두 구절 반은 아직도 기억에 남았을까? 사실은 그때 벌써 나는 왕소똥구리(*Scarabaeus*)와 친구였을 뿐 이런 시 따위는 마음에도 없었다. 곤충들은 차림새도 말쑥하고 몸가짐도 단정하다. 그런데 너희를 진흙탕 속에 살게 하다니 그건 정말 너무했다. 나는 딱정벌레(*Carabus*)가 누런 구릿빛 갑옷을 입었고, 유럽사슴벌레(Russie du Cerf-volant: *Lucanus cervus*, 유럽, 러시아 분포)는 가죽조끼를 입었다는 걸 벌써 알고 있었다. 너희 중 제일 눈에 띄는 녀석은 반들반들 윤이 나는 검정색이었다. 그런데 너희를 흙탕물에 살게 하였으니 우리는 시인 같은 사람들에게 화가 날 만도 했다. 장 라신의 아들이 할 말이란 게 고작 그 정도밖에 아니었다면, 차라리 아무 말도 안 했던 게 더 좋을 뻔했다. 사실 그는 너희에 대해 아는 것이 없었다. 게다가 당시는 겨우 몇 사람만 너희에 대해 생각하기 시작했을 정도였다.

다음 수업 시간 숙제로 이런 따분한 몇 구절의 시를 되풀이해 외우면서도, 나는 내 나름대로 또 하나의 공부를 하고 있었다. 내 키만 한 노간주나무 숲에 둥지를 튼 어미 홍방울새(Linotte: *Carduelis*, 되새과)를 방문했다. 땅바닥에서 도토리를 줍는 어치(Geai: *Garrulus glandarius*)를 몰래 엿보기도 했다. 지금 막 허물을 벗어 말랑말랑한 가재(Écrevisse: Cambaridae, 가재과)도 보았다. 왕풍뎅이(Hanneton: *Melolontha*)가 찾아오는 정확한 계절도 조사했고, 제일 먼저 피는 석죽류(Coucou, 석죽과) 꽃도 찾아다녔다. 동물과 풀, 이것들 자체가 나에게는 훌륭한 시였다. 이 시는 나로 하여금 막연하나마 젊은 가슴속에 어떤 메아리를 쳤고, 글자 수 따위에 규격을 맞추느라 불편하기 짝이 없던 시행(詩行)에서 나를 해방시켜 주었다. 가끔 삶이란 무엇인가 하는 문제, 그리고 암흑에 대한 공포, 죽음에 대한 문제가 내 머리를 스치기도 했다. 하지만 이런 것들은 흔들리기 쉬운 젊은 날의 일시적 고민이었고, 곧 사라질 문제들이었다. 그래도 어떤 사건이 발생하면 잊었던 어둠 문제가 되살아나기도 했다.

어느 날 도살장 앞을 지나다 백정이 소 한 마리를 끌고 오는 것을 보았다. 나는 언제나 피에 대한 공포를 이겨 낼 수가 없었다. 어렸을 때는 피가 흐르는 것만 보아도 심하게 충격을 받아 정신을 잃었고, 그래서 여러 번 죽을 뻔도 했었다. 그런데 어찌 된 일인지 그렇게 무서운 도살장으로 찾아들 용기가 왜 생겼는지 모르겠다. 아마도 죽음이라는 암흑 문제가 내 마음을 자극했나 보다. 나는

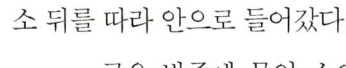
소 뒤를 따라 안으로 들어갔다.

굵은 밧줄에 묶인 소의 눈매는 착한데, 외양간의 구유 쪽으로 침을 흘리며 끌려간다. 밧줄을 잡은 백정이 앞에서 끌고 간다. 내장과 피에 절은 바닥에서 심하게 피비린내가 풍기는 통로를 거쳐 죽음의 방으로 들어간다.

소는 이곳이 외양간이 아님을 눈치 챘다. 그리고 공포에 찬 눈에서 핏발이 선다. 강하게 저항하며 도망치려 한다. 하지만 이미 때는 늦었다. 돌로 포장된 바닥에 작은 쇠고리가 박혀 있었고, 그 구멍을 통해 밧줄이 당겨졌다. 소는 이마가 아래로 떨어지고, 코끝이 땅바닥에 닿는다. 이런 자세가 되자 백정은 뾰족한 칼을 잡는다. 날이 크고 무서운 부엌칼이 아니라 바지 뒷주머니에 차고 다니는 휴대용 작은 식칼이다. 다음, 소의 목덜미를 가다듬으며 더듬다가 갑자기 어딘가에 칼을 꽂는다. 그 커다란 소가 한순간 떨다가 마치 벼락을 맞은 듯 쓰러진다. 당시 우리가 흔히 쓰던 라틴어를 빌리자면, 푸로쿰비 후미 보스(*procumbit humi bos*, 소가 땅에 엎어졌다).

나는 거기서 미친 듯이 뛰쳐나왔다. 그 뒤 나는 그렇게 조그만 칼, 밤 껍질을 벗기거나 호두를 깔 때 쓰는 그런 작은 칼에 찔린 소가 어떻게 그렇게 빨리 엎어졌는지 생각해 보았다. 소는 큰 상처도 없었고, 피도 흐르지 않았으며, 울지도 않았다. 사람이 손가락으로 목의 뒷덜미를 더듬다가 칼을 꽂았다. 그것으로 끝장이다. 소는 무릎을 꺾고 쓰러졌다.

이 갑작스러운, 그리고 벼락을 맞은 듯한 죽음은 무서운 불가사의로 남아 있었다. 그러고 나서 한참 뒤의 일이었지만, 우연히 해부학 책을 읽다가 눈에 띈 부분이 있는데 그때 도살장의 비밀을 알게 되었다. 백정은 두개골 밖으로 연결되어 나오는 척수를 찌른 것이다. 그 장면을 내가 지금 보았다면, 백정은 벌과 똑같은 방법으로 신경중추에 칼을 꽂아 처리했다고 말했을 것이다.

더욱 역동적인 상황에서의 두 번째 광경을 보자. 남아메리카 살라데로(Saladeiros)[3]의 이야기이다. 거기는 방대한 시설의 넓은 도살장으로 매일 소 1,200마리를 잡아 고기를 처리한다. 그곳을 견학한 사람의 말을 들어 보자.

[3] Saladero, 남아메리카의 염장 쇠고기 저장소
L. Couty. 1881년 8월 6일자, Revue scientifique

한 무리의 커다란 소 떼가 도착한다. 도착한 소는 다음 날 죽이며, 그때까지는 울타리 안이나 마르게이라(margueira)라고 불리는 곳에 갇힌다. 말을 탄 몰이꾼들이 소를 울타리가 튼튼하고 점점 좁아지는 공장 안으로 50~60마리씩 차례차례 몰아넣는다. 거기는 벽돌, 판자, 시멘트로 된 바닥을 모두 매끄럽고 경사지게 해놓았다. 한 사람이 울타리 밖에서 안에 갇힌 소를 향해 길고 튼튼한 올가미 밧줄을 던진다. 그러면 소의 머리나 뿔이 걸린다. 밧줄의 중간은 윈치에 묶여 한 필의 말이나 두 마리의 소로 끌어당기면 올가미에 걸린 소가 꼼짝 못하고 윈치까지 끌려

온다. 다음, 저항도 못하고 등을 구부린 자세가 된다.

그때 플랫폼에서 기다리던 다른 남자 데스뉴카도르(Desnucador)가 뒷머리와 척추 사이에 칼을 꽂는다. 그러면 소는 맥없이 폭삭 쓰러지며, 대기하던 차로 실려 간다. 곧 비스듬하게 경사진 마룻바닥으로 던져진 소는 각 뜨기 전문 일꾼들이 피를 빼거나 가죽을 벗긴다. 하지만 칼에 찔린 척수의 상처 크기와 넓이에 따라 소가 죽는 정도는 약간씩 다르다. 가끔 심장박동과 호흡을 아직 계속하는 불쌍한 소도 있다. 이러면 가죽을 벗기려고 칼로 찌르거나 배를 가를 때 비명을 지르며 다리를 허우적거린다. 이렇게 살아 있는 소를 백정들이 가죽을 벗기고, 각을 떠 모양이 바뀌는 광경만큼이나 애처로운 것도 없었다.

살라데로 도살장도 우리 동네 도살장과 정확히 똑같은 도살법을 썼다. 두 도살장 모두 두개골 밑의 척수에 상처를 주었다. 나나니도 비슷하게 수술한다. 그러나 송충이는 신체 구조가 달라 처리하는 게 훨씬 복잡하고 힘들다는 차이가 있다. 수술이 훨씬 정교한 점을 생각한다면 기술의 승리는 벌 쪽이다. 나나니에게 당한 송충이는 척수가 잘려서 죽은 소의 시체와는 다르다. 움직이지는 못해도 살아 있다. 어느 모로 보나 벌의 기술이 사람보다 우월하다.

그런데 큰 소, 우리가 위험을 감수하지 않고는 죽일 수 없을 만큼 커다란 소가 척수를 칼에 찔리면 즉사한다는 사실을 우리 마을의 백정이나 아르헨티나 팜파스(Pampas) 지방의 데스뉴카도르는 어떻게 알았을까? 이 방면에 전문가나 학자가 아니면 그곳의 상처에 따른 즉사에 대해 알 사람이 전혀 없고, 그런 상상을 할 수도 없다. 대다수의 사람은 내가 어렸을 때 호기심으로 도살장에 들어갔던 것처럼 이 문제에 대해 아무것도 모른다. 백정이나 데스뉴카도르는 전통과 옛 관습에 따라 그 기술을 알았다. 그들에게는 선생이 있었을 것이고, 그 선생은 또 그의 선생에게서 배웠다. 그렇게 전통의 흐름을 따라 시초까지 거슬러 올라가면 아마도 이 방법은 사냥할 때 배웠을 것이고, 그때 뒷덜미에 상처를 내면 그렇게도 무서운 결과가 나타난다는 것을 알았을 것이다. 우연한 기회에 순록(Renne: *Rangifer tarandus*)이나 매머드(Mammouth: *Mammuthus*)의 척수에 부싯돌처럼 뾰족한 돌 조각이 꽂히자 그 자리에서 쓰러지는 것을 데스뉴카도르의 조상 중 누군가에게 주의가 끌리지 않았다고 장담할 사람은 있을까? 우연한 사실이 최초의 생각을 낳게 했고, 그런 장면의 관찰이 그 결과를 확증시켜 주고, 심사숙고한 결과가 그 생각을 완성시킨다. 그것을 전통이 유지했으며, 선행된 실례가 그 사실을 전파시킨다. 뇌척수 찌르기 기술을 유전(遺傳)이 전해 주지는 않는다. 이런 방법은 이런 식으로 미래에도 전승될 것이다. 아무리 세대가 거듭했더라도 데스뉴카도르의 자손들은 선생이 없었다면 과거의 무지 상태로 되돌아갔을 것이다. 사람은 태어나서부터 데스뉴카도르의 방법으로 소를 죽이지는 않는다.

지금 나나니는 좀더 높은 지식을 동원한 방법으로 송충이를 죽인다. 녀석에게 칼 쓰는 방법을 가르친 선생은 어디에 있을까? 없다. 어디에도 없다. 벌이 지하의 고치에서 나와 지상으로 올라왔을 때 그의 조상은 죽은 지 이미 오래다. 그 자신도 곧 죽을 것이므로 후손 따위는 생각할 여지가 없다. 둥지 속 창고에 식량을 채우고 알을 낳기만 하면 이제 자식과의 관계는 끝난다. 올해의 성충이 죽을 때쯤이면 내년에 나올 성충은 아직 땅속에서 애벌레 상태이거나 명주실 고치의 보금자리 안에서 깜빡깜빡 졸고 있을 시기이다. 따라서 조상한테서 배울 것도 자손에게 물려줄 것도 없다. 우리가 세상에 나오자마자 어머니의 젖을 빨 줄 알았듯이, 나나니는 처음부터 훌륭한 데스뉴카도르가 되어 태어난다. 젖먹이는 빨아들이는 펌프를 이용한다. 대신 나나니는 칼을 쓴다. 펌프질이든 칼질이든 배운 것이 아니다. 두 가지 모두 태초부터 몸에 지닌 고귀한 기술이다. 이 기술은 심장박동이나 허파의 운동처럼 유전에 의해 전해진다.

　가능하다면 나나니 본능의 기원으로 거슬러 올라가 보자. 오늘날은 새로운 욕구가 생겼는데, 그것은 바로 과거에 없었던 것을 억지로 설명하려는 설명욕구이다. 이런 욕구는 나날이 그 수가 늘어나는 것 같고, 매우 거창한 문제를 아주 대담하게 해결하는 사람들도 있다. 대여섯 개의 세포와 약간의 원형질, 삽화용 그림만 갖춰지면, 그들은 모두 그럴듯한 이유를 붙인다. 생명의 세계도 예지와 도덕의 세계도 모두가 자신의 고유한 힘으로 발전하는 최초의 세포로부터 발생한단다. 이 정도는 대단한 것이 아니다. 본능이란 우연한 행위 중 그 동물이 유리한 것으로 판단해서 얻어진 획득적(獲得的) 습성이란다. 그 밖에도 자연선택(自然選擇), 격세유전(隔世遺傳), 생존경쟁(生存競爭) 따위의 거창한 이론을 들고 나온다. 하지만 나는 그렇게 거창한 단어보다는 아주 작은 사실을 관찰하고, 진지하게 이야기해 보고 싶다. 나는 벌써 40년 전부터 이 작은 사실들을 벌레들에게 물어보고 수집해 왔다. 그런데 결과들은 요즈음 유행하는 이론들에게 유리한 답변을 주지 않았다.

그대들은 본능이 하나의 획득습성이라고 했다. 또 동물의 자손에게 유리한 우연의 사건이 첫 자극이라고 했다. 그럴듯한 말인지 더 조사해 보자. 내가 만일 그 말을 옳게 이해하고 있다면, 아주 먼 옛날에 어디선가 나나니가 우연히 송충이의 신경중추를 몇 군데 찔렀다. 이렇게 찌름으로써 어미벌은 위험한 싸움을 별로 하지 않아도 되었고, 생활력이 넘치는 새끼벌레는 먹이가 살아 있지만 자신을 해칠 힘은 없는 녀석을 얻었다. 그래서 이렇게 훌륭한 수술법을 반복하고 그 습성을 동족에게 전했다. 하지만 어미벌이 전한 선물이 자손들에게 골고루 혜택을 주지는 못했다. 자손 중 어떤 녀석은 칼 쓰는 솜씨가 서투른 풋내기였고, 어떤 녀석은 솜씨가 아주 좋았다. 여기서 생존경쟁이라는 것이 일어났다. 저 불쌍한 패자여, 그대는 보이 빅티스(*voe victis*, 불행할지어다). 약자는 멸망하고, 강자는 번성한다. 이런 식으로 세대를 거듭함에 따라 생존경쟁에서의 선택은 일찍이 사라지기 쉬웠던 어떤 흔적을 깊게, 또한 지워지지 않는 흔적으로 바꾸어 놓았다. 오늘날 벌의 세계에서는 이렇게 깊이 바뀐 흔적이 바로 본능으로 나타나 우리에게 보여주며 감탄하게 만들었다.

솔직히 털어놓자면 우연을 너무 강조한 것 같다. 나나니가 송충이를 처음 만났을 때 아무도 침놓는 방법을 알려 주지 않았다. 침놓을 자리 찾는 것만의 문제가 아니다. 처음으로 맞붙어 싸웠을 때는 침을 아무렇게나 마구 휘두르며 등, 배, 옆구리, 앞, 뒤 가릴 것 없이 아무 데나 찔렀을 것이다. 꿀벌이나 말벌 역시 찌르고 싶으면 여기저기 가리지 않고 아무 데나 찌른다. 이처럼 자신의 기술을 아직 몰랐을 때는 나나니도 그렇게 행동했을 것이다.

그런데 송충이는 몸의 겉이든 속이든 찌를 곳이 몇 군데나 될까? 수학적으로 엄밀히 따지자면 무한대이겠지만 여기서는 수백 군데 정도라고 해두자. 이 수백 중 아홉, 어쩌면 조금 더 많은 곳을 택해야 한다. 침으로 여기저기를 아무렇게나 쏘면 안 된다. 정해진 위치보다 약간 위쪽이나 아래쪽 또는 그 옆을 찔러도 침의 효과는 거의 나타나지 않는다. 만일 성공적 침질이 우연의 결과로 일어났다면, 이런 성공이 일어나는 데 어느 정도의 확률적 조합이 필요할까? 최대의 확률적 조합이 모두 일어나려면 얼마만큼의 시간이 필요할까? 인간이란 대단히 어려운 문제를 만나면, 비록 수 세기에 걸쳐진 문제라도 저 구름 속으로 도망쳐 버린다. 그리고 거기서 환상을 만들고, 환상은 그 옛날의 어둠 속으로 다시 후퇴함으로써 결국은 시간에 구원 요청을 한다. 인간이 가진 시간은 아주 조금밖에 안 된다. 그러니 우리의 망상을 감추기에는 아주 편리한 조건이다. 거기에다 활동 무대를 마련하고, 수많은 세기의 시간을 낭비한다. 투표함에 서로 값이 다른 수백 장의 패가 들어 있는데, 그 속에서 무턱대고 9장을 꺼내 보자. 그러면 미리 정한 단 하나의 배열에 맞추어, 그 배열의 패를 잡을 기회는 과연 언제쯤 올까? 이 문제야 수학적으로 계산하면 곧 답이 나올 것이다. 그런데 가능성이 너무도 희박해서 답이 제로(0)로 표시된다면, 원하는 배열은 결코 나오지 않는다고 말할 수 있을 것이다. 그런데 그 옛날의 나나니는 이런 시도가 길게 1년이라는 시간 간격을 두고 한 번씩 행해졌을 뿐이다. 그렇다면 나나니의 투표함에서는 어떻게 지정된 아홉 곳의 선택 지점에 아홉 번의 침놓기 배열이 추첨될 수 있었을까? 만일 내가 무한한 시간의 도움을 청한다면, 그때는 불합리하다는 것을 깨달을 뿐이다.

그대들은 이렇게 답변하겠지. 이 벌은 단 한 걸음에 오늘날과 같은 외과수술을 한 것이 아니다. 여러 번 시도했고, 실습을 거쳐 능력이 차차 향상되었다. 자연선택은 재주 없는 녀석을 없애고, 유능한 자만 골라냈다. 그리고 개인적 능력이 유전능력에 합쳐져서 쌓이고 쌓여, 점점 오늘날 우리가 보는 것과 같은 본능으로 발달한 것이다.

이렇게 논리적으로 조작된 증명은 부정확하다. 본능이 점진적 발달로 형성된다는 것은 절대로 불가능하다. 새끼의 먹이를 준비하는 기술은 어미만 가졌는데, 이 기술이 수습생에게도 허용될 수는 없다. 벌은 애당초부터 이 기술에 숙달했어야만 가능하다. 숙달이 안 되었다면 시도하는 것조차 안 된다. 여기에는 절대적으로 두 가지 조건이 필요해서 안 된다. 하나는 어미벌이 자신보다 훨씬 몸집이 크고 힘센 사냥감을 잡아 자신의 둥지까지 운반해 창고에 집어넣을 수 있어야 하고, 또 하나는 좁은 방안에서 깨어난 애벌레는 이렇게 큰 식량을 아무 탈 없이 조용히 먹을 수 있어야 하는 조건이다. 결국 사냥물의 운동력을 모두 없애는 것이 이 두 조건을 실현하는 수단이며, 수단은 단 한 가지뿐이다. 그런데 운동력을 모두 없애려면 각각의 운동중추에 한 번씩 독침을 놓아야 한다. 만일 송충이가 완전하게 마비되지 않아 충분한 혼수상태에 빠지지 않았다면 끌려가다가 필사적으로 도전해 올 것이다. 물론 벌이 계획했던 목적지까지 끌려가지도 않을 것이다. 이 거대한 몸집의 희생물이 몸을 뒤트는 날이면, 그에게 붙여 놓았던 알이나 어린 새끼가 떨어져 죽을 것이다. 따라서 먹잇감은 절대로 움직이지 못해야 한다. 이 수술 과정에서 하던 일을 중간에 적당히 얼버무린 채 끝낸다는 것은 절대로 허용되지 않는다. 절반의 성공 따위는 존재할 수 없다. 송충이가 원리원칙대로 수술을 받아 벌의 후손이 영원히 번성하거나, 불충분한 수술로 덜 마취된 송충이를 얻은 알 단계에서 멸망하거나, 두 길 중 하나밖에 없다.

이렇게 냉혹한 논리에 따라 최초의 쇠털나나니가 송충이를 잡았을 때도 지금의 방법과 똑같이 정확한 수술법을 써서 희생물을 마취시켰을 것임을 인정해야 한다. 사냥물의 목덜미를 꽉 잡고, 배 쪽 신경중추를 하나씩 독침으로 찌른다. 만일 이 괴물이 반항할 조짐을 보이면 이빨로 뇌를 강하게 압박한다. 사냥의 모든 과정은 이렇게 진행되었을 것이다. 다시 한 번 강조하지만, 이 과정을 엉성하게 처리하는 미숙한 살육자라면 그의 알은 살아남지 못했을 것이고, 따라서 이 기술의 상속자는 존속되지 않았을 것이다. 커다란 송충이에게 완전히 몸에 밴 수술법을 쓸 줄 모르는 살육자라면 그 세대는 당대에서 대가 끊길 것이다.

이런 이야기도 들었다. 쇠털나나니는 회색 송충이를 사냥하기 전에 좀더 허약한 송충이를 선택하여 여러 마리를 잡아 새끼의 식량 창고에 비축했을 수도 있다는 것이다. 힘이 약한 사냥감이라면

한 번이나 몇 번만 칼을 휘둘러도 충분할 것이다. 하지만 더 큰 먹잇감을 사냥했더니 그 횟수가 줄어들어서 큰 것 사냥하기를 즐겼다. 세대를 거치면서 점점 더 큰 녀석을 택하자 희생물의 저항이 늘어났고, 이 저항에 비례해서 칼 휘두르는 횟수도 늘었다. 결국 처음의 본능은 졸렬했지만, 점점 발전해서 오늘날과 같은 완벽한 본능으로 변했다는 것이다.

나는 먼저 새끼의 먹이를 단일 식단에서 복잡한 식단으로 바꿨다는 주장에 대해 분명히 반대라는 답변부터 하겠다. 벌의 세계에서 사치스럽기란 엄격한 법령으로 단속되는 범주이며, 이 법령은 결코 어겨지는 일이 없다. 어렸을 때 어미로부터 바구미를 받아먹은 녀석은 자신도 제 새끼의 방에 바구미만 넣는다. 비단벌레를 받아먹은 새끼는 비단벌레 식단만 고수하고, 그 새끼도 비단벌레만 먹는다. 어떤 조롱박벌(*Sphex*)은 귀뚜라미가 필요하다. 다음 조롱박벌은 민충이, 세 번째 조롱박벌은 다른 직시류가 필요하다. 그들 각자는 자기 식단 이외의 요리는 수용하지 않는다. 어떤 코벌(*Bembix*)은 오직 등에를 사냥할 뿐 다른 종류는 본 척도 않는다. 붉은뿔어리코벌(Stize ruficorne : *Stizus ruficornis*)은 황라사마귀(Mante religieuses : *Mantis religiosa*)만 저장할 뿐 다른 종류의 먹이는 아주 싫어한다. 누구에게나 좋아하는 것, 싫어하는 것이 있다.

물론 먹잇감의 종류가 달라도 상관없는 곤충 역시 많다. 그렇지만 이 경우도 같은 종류 범위 안의 곤충만 식량이 된다. 바구미나 비단벌레 사냥꾼은 제 힘으로 처리할 수 있으면 어느 종이든 사냥한다. 송충이만 사냥하던 쇠털나나니가 먹잇감을 바꿨다고 해보

자. 몸집이 작으면 여러 마리, 크면 한 마리를 저장했고, 여기까지 만사가 잘되었다고 하자. 하지만 여전히 복잡성 대신 단순성이라는 문제가 남는다. 벌의 경우, 나는 이렇게 변화한 예를 전혀 알지 못한다. 이들은 고급요리를 많이 쌓아 놓을 생각을 하지 않는다. 여러 마리를 여러 번 사냥해서 한 창고에 저장하는 종은 애초부터 한 번의 원거리 원정에서 대형을 잡아 단번에 일을 끝내는 방법을 모른다. 적어도 이 점에 관해 내가 관찰하고 메모한 목록에는 전혀 예외가 없다. 모둠요리를 좋아하던 나나니가 지금은 단일요리를 선택하는 것은 한낱 공상에 지나지 않는다.

혹시 식단을 바꾼 것에 동의하면 문제가 해결될까? 역시 천만의 말씀이다. 일단 처음의 사냥감은 침을 한 방만 맞아도 혼수상태에 빠지는 허약한 송충이였다고 가정해 보자. 그렇더라도 아무렇게나 침질해서는 안 된다. 성과를 얻기는커녕 더 해로울 수 있다. 찔린 상처가 희생자를 마비시키기는커녕 자신을 위험하게 할 수 있다. 염주처럼 배열된 신경절 중 꼭 필요한 중추만 찔러야 한다. 오늘날 허약한 애벌레만 열심히 사냥하는 나나니 역시 적어도 이렇게 해 왔을 것이다. 칼을 다룰 줄 모르는 칼잡이가 칼을 마구 휘둘렀을 때 찔리는 곳은 어디이며, 꼭 찔릴 자리에 찔릴 확률은 얼마나 될까? 이 확률이야말로 참으로 가소롭다. 이론적으로 본다면 공간적인 그 자리에 벌의 장래가 달렸고, 그 자리란 바늘 끝에 세워진 건물의 평형을 유지하려는 것과 같지 않겠더냐!

여기까지도 동의하고 이야기를 계속해 보자. 목표 지점을 찔렀다. 희생물은 적당히 혼수상태에 빠졌고, 그의 몸통에 붙여 놓은 알도 잘 자랐다. 자, 이제는 되었을까? 사실 지금은 벌의 영구한 존속에 필요한 과정의 절반만 이루어진 셈이다. 후손이 계속 이어지려면 적어도 암수 한 쌍을 만들어야 하니 한 번 더 산란해야 하고, 이 2개의 알은 짧은 시간 간격으로 낳아야 한다. 결국 머지않아 전번과 똑같은 방법으로 다시 한 번 칼질을 성공해야 한다. 하지만 똑같은 일이 반복될 가능성은 존재할 수 없을 것이다. 존재불가 정도의 불가능이 아니라 불가능 곱하기 불가능의 존재불가이다.

불가능의 제곱이라고 실망할 게 아니라 끝까지 문제를 더 끌고 가 보자. 현재의 나나니 조상인 어떤 벌이 우연히 새끼에게 절대적으로 필요한 사냥감을 두 번 또는 그 이상 무력하게 만드는 일에 성공했다고 가정하자. 벌은 가장 중요한 중추신경을 바로 찔렀지만 자신은 그런 사실을 인식하지 못한다. 따라서 일 처리를 멋있게 했다는 생각도 하지 못할 것이다. 누군가가 거기를 선택하라고 알려 준 게 아니라, 우연히 일어난 일이니 모를 수밖에 없다. 본능론을 수용해서 본격적으로 논의하고 싶다면 이런 것들을 인정할 수밖에 없을 것이다. 벌 자신은 인식하지 못했는데, 우연히 이루어진 행동이 그에게 깊은 인상과 뚜렷한 흔적을 남겼다는 것이다. 더욱이 신경중추의 손상으로 희생물을 마비시키는 정통한 수술법도 후대로 유전될 만큼 깊은 흔적을 남겼다. 이 나나니의 자손은 어미가 갖지 못한 놀라운 특권을 상속받은 것이다. 상속받은 자손은 깊이 남겨진 흔적의 결과로 한 군데 또는 몇 군데의 침 놓을 지점을 안다. 이렇게 해서 본능이 형성되었다고 하자. 아직

침 솜씨가 서투른 초보자라면 자손이 후손에게 더 깊은 흔적을 물려주고자 또다시 우연한 기회를 얻어야 한다. 하지만 또 다른 우연이란 전혀 기대할 수도 없고, 계산상으로는 수많은 세기 동안 매년 '0'이라는 값밖에 나오지 않는다. 가능하려면 매번 지극한 행운이 따르는 기회가 항상 존재해야만 한다. 행운의 기회가 한 번 일어나기란 불운의 기회가 엄청나게 버려지지 않고는 기대할 수 없는 일이다. 게다가 이렇게 불합리한 일이 장구한 세월 동안 반복되어 획득되는 습성, 나는 이런 것들을 절대로 믿지 못하겠다. 이런 것은 두 줄만 계산해도 이론이 아니라 엄청난 감정의 극치임을 알게 될 것이다.

  아직도 문제는 끝나지 않았다. 비록 우연히 일어난 행위였지만 동물이 선천적으로 그 행위를 받아들일 소질이 없다면, 어떻게 그것이 유전으로 전해질 정도의 습성의 기원이 될 수 있을까? 하는 문제도 생각해 보아야 한다. 만일 남아메리카의 데스뉴카도르 아들이 간단한 교육이나 들고 본 것이 없는데, 백정의 아들이라 소를 능숙하게 죽인다면 우리는 그를 비웃거나 망나니 취급을 할 것이다. 그의 아버지는 어쩌다 몇 번만 칼잡이를 한 것이 아니다. 매일 같은 일을 반복하다가 솜씨가 야무지게 되었고, 그 야무짐이 그의 직업이 된 것이다. 이런 솜씨와 직업으로 일생 일했다고 해서 그 솜씨가 유전적 습성으로 만들어질까? 그의 아들, 손자, 증손자는 별도의 칼질을 배우지 않고도 백정의 길을 갈 수 있을까? 이런 것들은 모두 잘 생각해 봐야 할 문제이다. 사람이 도살하는 법을 태어날 때부터 갖기란 어림없는 일이다.

어느 벌이 어떤 기술에 뛰어난 솜씨를 가졌다면, 그 벌은 이미 그 기술을 실행하도록 만들어진 것이다. 그 벌은 필요한 도구를 몸에
지녔을 뿐만 아니라 사용법까지 잘 알고 있
다. 타고난 재질은 본래부터 지닌 것이며, 원초적으로 완전한 것이다. 원래 가진 재질에 새로 보태진 것은 아무것도 없다. 미래에도 더 보태질 것은 없다. 최초의 기술도, 현재의 기술도, 미래의 기술도 항상 같을 것이다. 당신들이 주장하듯이 그것이 획득습성이라 개량되고 유전으로 전해진다면 형질(形質)진화의 최고 단계라는 인간은 어째서, 즉 여러분은 어째서 그런 특기를 지니지 못했는지 설명해 보기 바란다. 곤충 역시 자신의 일솜씨는 전혀 자손에게 넘겨주지 못한다. 사람도 그런 능력이 없다. 혹시 사람도 게름뱅이가 근면한 사람으로, 바보가 유능한 사람으로 바뀔 수 있다면 이 얼마나 유익한 일이겠더냐! 아아! 정말로 원형질이 자체 능력으로 한 생물에서 다른 생물로 진화했다면, 그토록 혜택 받은 곤충이 왜 그 탁월한 능력 중 단 한 가지라도 다른 곤충에게 넘겨주지 않더란 말이더냐! 그 이유는, 생물계의 진화는 세포의 진화가 전부는 아니라서 그런 것이다.

   이상의 이유뿐만 아니라 또 다른 많은 이유로 나는 본능에 대한 오늘날의 이론을 배척한다. 그것들은 방안에 틀어박힌 박물학자들이 세상의 모습을 자기네 입맛과 취향에 맞게 멋대로 조작하려는 발상에서 나온 이론일 뿐이다. 실존하는 대상과 직접 씨름하며 살아온 관찰자가 본 대로 견해를 설명해 주어도 듣는 자는 그 말귀를 알아듣지도 보지도 못한다. 그토록 어려운 문제들을 가장 간단하게 단정적으로 처리하는 사람들은 사실상 진실을 가장 조금밖에 못 본 자들임을 나는 잘 알고 있다. 그들은 바로 내 주변 사람들이다. 차라리 그들보다 용기가 적은 사람 중에는 자신의 이야기에 대해 조금은 알고 있는 사람이 있다. 협소한 내 주변, 이 좁은 주변 밖에서도 세상은 늘 이런 식으로 굴러가지 않을까?[4]

4 찰스 다윈은 종의 기원(起源)만 분석해서 1859년에 발표한 것이 아니다. 인간의 성 선택(性選擇)이나 동물의 감정 표현도 자연선택에 의해 진화함을 주장했다. 현대의 행동학자들은 동물 종이 형태적 차이와 유연관계로 분류되듯이 행동도 분류학적 유형으로 분류됨을 발견하고 있다. 따라서 행동도 유전되는 형질로 해석된다. 파브르는 범세계적으로 연속된, 시대적으로 연결된 곤충계의 행동이 아니라 한 시대 한 지역의 곤충만을 행동분석의 대상으로 삼아 다윈의 진화 사상을 받아들이지 못한 것 같다.

5 호리병벌

호리병벌(*Eumenes*)은 검정색 바탕에 여러 개의 노란 줄무늬가 교대로 배열된 복장을 갖췄다. 날씬한 몸매에 걸음걸이도 우아한데 쉴 때는 날개를 등 위에 얌전히 포개 놓는다. 배는 화학자가 증류할 때 쓰는 (켈달)플라스크처럼 뒤쪽이 뭉툭한데, 여기서 앞쪽으로 표주박의 손잡이처럼 기다란 것이 점점 가늘게 이어지다가 마침내 실처럼 가늘게 가슴의 뒷부분과 연결된다. 앉았다가 날 때의 모습도 얌전하고, 소리도 내지 않으며, 항상 혼자 살아간다. 이상이 호리병벌을 대충 그려 본 용모이다. 이 지방에는 큰 것과 작은 것 2종이 사는데, 큰 종은 몸길이가 엄지손가락 한 마디만 한 아메드호리병벌(Eumène d'Amèdée: *E. amedei* → *arbustorum*)이며, 작은 종은 그 절반 크기인 애호리병벌(*E. pomiforme*: *E. pomiformis*)ⓐ이다.

※ 나는 애호리병벌, *E. bipunctis* → *paillarius*(두점애호리병벌), *E. dubius*(붙이호리병벌)의 3종을 서로 혼동했었다. 이들은 겉모습이 너무 비슷해서 연구를 처음 시작했을 때는 구별하지 못한 것이다. 이런 상태에서 관찰했고, 기록도 한꺼번에 했으나, 이제는 기록 내용을 각 종별로 분리하기가 곤란해졌다. 다행히도 3종의 습성은 거의 같아서 같이 설명해도 별 문제가 없다는 생각으로 이 장을 마련한 것이다.

배추벌레 배추흰나비의 애벌레이며, 일명 청벌레라고도 한다. 배추, 무, 갓 등의 십자화과 작물을 해쳐서 농민들을 크게 괴롭힌다. 연중 4~5회 발생하여 그 피해가 더욱 크다. 시흥. 15. X. '93

 큰 종, 작은 종 모두 모습이나 색깔이 비슷하며 둥지 짓는 솜씨까지도 비슷하다. 둥지가 정말 기막힌 솜씨의 예술품 수준이라 문외한이 보아도 매료당한다. 그야말로 둥지가 하나의 예술작품이다. 이런 예술가와는 걸맞지 않게 그들은 독침이라는 무기로 사냥감을 찔러 날치기하는 직업을 가졌다. 직업이야 어쨌든 제 새끼의 구미에 당기는 먹이를 마련하려고 나비나 나방 애벌레인 배추벌레나 송충이 따위를 사냥한다. 그들의 생활 습성이나 송충이 수술 장면을 관찰하는 것도 흥미진진한 일일 것이다. 두 종의 본능은 서로 다를 것이며, 사냥감의 종별 차이를 발견하는 영광을 얻을지도 모른다. 혹시 그들 사이의 둥지 건축양식이 조사된다면 그것만으로도 가치가 있을 것이다.

 지금까지 조사된 사냥벌들은 모두 독침 휘두르기에 탁월한 기술을 보여 주었다. 그들이 수술하는 솜씨는 정말 우리를 놀라게 했고, 고매한 생리학자에게 배웠다고 의심할 정도였다. 하지만 과학적으로는 훌륭한 살육자들이나 집 짓는 솜씨는 형편없었다. 녀석들의 둥지란 겨우 땅에 구멍을 판 지하갱도로서 건물의 외관과는 상관이 없었다. 갱도의 끝 방이 식량 창고인 광부에 지나지 않는 솜씨이거나 억지로 떠맡은 미장이로밖에 볼 수 없었다. 작업 능력은 어떤지 몰라도 예술적 감각은 전혀 없는 녀석들이었다. 곡괭이질을 하거나 갈퀴로 긁거나 지렛대로 돌을 세우긴 했어도, 다리미질하듯 세밀한 공정으로 마무리할 줄은 몰랐다. 하지만 호리병벌은 바위나 흔들리는 나뭇가지를 받침대로 하여 그 위에 둥지를 트는데 비바람을 맞는 곳이라도 상관없다. 어떤 곳이든 반죽한 진흙과 석재로 건축하는 진짜 건축가이다. 결국 호리병벌은 비트루비우스(Vitruve)[1] 겸 님로드(Nemrod)[2]인 셈이다.

우선 이 건축가들은 과연 어떤 택지를 둥지의 건설 장소로 택할까? 혹시 나지막하게 흙벽으로 둘러쳐진 담장 옆을 지나가다 남향이라 햇볕은 잘 들지만 눈에는 잘 안 띄는 후미진 곳으로 제법 크고 흙이 덮이지 않은 돌이 보이면 거기를 관찰해 보시라. 땅바닥에서 별로 높지 않은 곳이며, 따가운 햇볕으로 찜질방의 돌멩이만큼이나 뜨겁게 달아오른 돌을 자세히 관찰해 보시라. 안 보인다고 싫증 내지 말고, 잘 찾아보면 틀림없이 아메드호리병벌의 둥지를 발견할 것이다. 혼자 사는 녀석들이 매우 드물어서 둥지를 만나는 것 자체가 하나의 사건일 정도이다. 그러니 찾기 시작하자마자 곧 눈에 띈다고 생각했다면 큰 오산이다. 이 종은 아프리카에서 도입되었으며, 캐롭나무나 대추야자(Datte: *Phoenix dactylifera*)의 열매가 잘 익을 정도로 더운 환경을 좋아한다. 따라서 이 벌이 좋아하는 둥지 장소는 양지바른

---

1 Vitruvius pollio, Marcus. 아우구스투스 황제 시대 건축가로 그가 남긴 『건축서』(전10권)는 르네상스 건축을 연구하는 데 중요한 자료가 되고 있다.
2 메소포타미아의 최초 정복자로 전설적 영웅이며 사냥꾼

호리병벌

1. 모래가 섞인 사질토를 둥지 재료로 선택한다. 팥알 크기로 둥글게 뭉쳐서 운반한다.

2, 3. 네 번째 방을 만들고 있다.

4, 5. 집짓기의 마지막 과정인 입구를 호리병 모양으로 만들고 있다. 호리병 모양은 사냥물을 넣을 때 저항을 줄여 주어 보다 쉽게 집어넣을 수 있다.

6. 둥지에 금이 가면 물을 물어다 적셔 놓고, 다시 흙을 물어 와 보수 작업을 한다.
7. 집 안에 배 끝을 밀어 넣고 벽의 천장 쪽에 산란한다.

8. 산란한 지 1시간 뒤 사냥한 자벌레를 집 안에 밀어 넣고 있다.
9. 세 마리 이상의 사냥물을 저장한 다음 호리병 모양이던 입구를 부수고 봉하는 중이다.

10. 주로 6월에 나뭇가지에다 둥지를 짓기도 한다. 집 안에 자벌레가 보관된 모습이다.
11. 자벌레를 다 먹고 자란 종령 호리병벌 애벌레의 모습이다.

12, 13. 종령은 실을 토해 고치를 짓고 탈바꿈 준비를 한다.

14. 한여름에 우화하여 집을 뚫고 나오는 중이다.

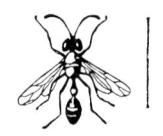

애호리병벌

아메드호리병벌

곳의 바위나 고정된 돌이다. 아주 드물게는 담장진흙가위벌(Chalicodome des murailles: *Chalicodoma muraria*→ *Megachile parietina*)처럼 작은 조약돌 위에 짓기도 한다.

아주 흔하고 널리 분포한 애호리병벌은 받침대의 성질에 별로 신경 쓰지 않는다. 담벼락이나 뾰죽한 돌 위나 절반쯤 닫힌 덧창문의 안쪽 나무에도 지을 뿐만 아니라, 관목의 나뭇가지나 마른 풀줄기를 받침대 삼아 공중가옥을 짓기도 한다. 마른풀도 가능하니 무엇이든 받침대만 있으면 된다는 이야기이다. 아메드호리병벌처럼 추위를 타지 않아 별도의 은신처나 비바람의 가리개가 필요하지도 않다.

아메드호리병벌은 방해물이 전혀 없는 매끈한 바닥 위에 둥지를 트는데, 건축물은 위쪽으로 일정하게 둥글어서 거의 공 모양의 술 항아리 같다. 위쪽은 깔때기처럼 넓어서 아름다운 술잔 모양인데, 그 가운데의 짧은 목 부분에 작은 구멍이 뚫려 있다. 구멍은 술이 엎질러지지 않을 만큼 작고, 벌이 겨우 통과할 정도로 좁은 쪽문이다. 이런 둥지는 마치 지붕 가운데로 굴뚝이 솟은 에스키모의 얼음집인 이글루나 옛날 켈트족의 반구 모양 천막을 연상케 한다. 지름은 약 2.5cm 내외, 높이는 2cm 정도이다. 받침대가 수평이면 건물 모양이 둥근 지붕의 돔 모양이며, 출입구는 둥지 위쪽의 깔때기에서 위로 향한다. 방바닥은 아무것도 없는 돌 자체가 마룻바닥이므로 손질할 필요가 없다.

집터가 정해지면 건축기사는 우선 높이 3mm 정도의 둥근 고리 모양 울타리를 쌓는데, 재료는 진흙과 작은 돌이다. 흙은 좁은 길이든 넓은 길이든 많은 사람의 발길에 밟혀 잘 마르고 단단하게 굳은 곳을 골라 억센 이빨로 긁어낸다. 긁어낸 가루에 침을 섞어 반죽하면 곧 굳어서 물에 적셔도 풀어지지 않는다. 따라서 집이 무너질 염려는 없다. 사실상 진흙가위벌도 같은 시멘트, 같은 방법으로 둥지를 지었다. 사람들이 밟아서 단단해졌거나 도로 보수공사 때 인부들이 롤러를 굴려 부서진 가루를 재료로 삼았다. 밖에서 일하든 날씨가 나빠 건물 안에서 기념물을 제작하든 모든 건축기사에게 필요한 재료는 잘 마른 흙가루이다. 혹시 덜 말라 습기가 조금이라도 남아 있으면 끈끈이 액체인 침을 충분히 흡수하지 못한다. 그런 재료로 집을 지었다가 비를 맞으면 곧 허물어질 테니 그런 흙은 절대 사절이다. 보통 품질의 석회로도 충분하면 굳이 로마식 시멘트를 구하려는 노력이 필요 없겠지만, 아메드호리병벌은 진흙가위벌보다 질 좋은 시멘트가 필요하다. 진흙가위벌은 마지막에 두꺼운 덮개 공사로 방들을 보호하나, 호리병벌은 덮개 공사가 없어서 그렇다.

회반죽에 자갈도 필요하다.

굵기는 대부분 후추 알 크기인데 질과 모양은 그것을 가져온 장소에 따라 다르다. 석회질도 규석도 있으며, 모가 났거나 개천 바닥에서 비벼져 동글동글한 것도 있다. 하지만 그들이 선호하며 둥지 근처에서 잘 발견되는 것은 작고 매끈매끈하며, 반투명한 석영(石英)질의 모래알이다. 이런 모래는 고를 때부터 잘 조사해 보고 고른다. 마치 돌을 손 위에 놓고 저울질하는 것 같다. 사실상 크기는 큰턱 컴퍼스로 재고 그에 맞는 것을 고르며, 단단한 것이 아니면 선택하지 않는다.

벌거숭이 돌이나 바위 위에 동그란 울타리의 설계도를 만든다. 너무 늦으면 회반죽이 굳으므로 아직 덜 굳어 말랑말랑할 때 그 울타리에다 몇 개의 돌을 박아 넣는다. 반죽 두께의 절반쯤 박아 넣어 바깥쪽은 돌이 우툴두툴 드러나지만, 안쪽 벽까지 들어가지는 않는다. 그래서 애벌레는 매끄러운 방안에서 편히 살 수 있다. 필요할 때는 돌을 박은 다음 다시 시멘트를 발라 더욱 매끈하게 만들기도 한다. 층을 새로 쌓을 때마다 돌도 새로 박아 넣는다. 건물 벽이 높아진 다음에는 점점 안쪽으로 둥글게 구부러져 끝내는 둥근 항아리 모양이 된다. 사람들은 둥근 천장의 돔 건물을 지을 때 보조 받침대를 설치한 다음 공사하는데, 이 대담한 호리병벌은 받침대 따위도 없이 공중에서 작업한다.

항아리 모양의 천장 위쪽에 구멍을 만드는데, 가장자리에는 돌을 쓰지 않고 술잔 모양의 시멘트 테두리를 얹어 놓는다. 마치 에트루리아(Etrurie)[3] 사람들이 만든 항아리의 목처럼 생겼다. 이렇게

3 기원전 9세기경 소아시아에서 이탈리아로 이동한 주민과 그 지방을 통칭하는 말이다.

생긴 둥지 안에 먹잇감을 잡아다 넣고, 알을 낳은 다음 시멘트 마개로 봉한다. 그런데 이 마개에는 반드시 한 개의 돌을 박아 놓는다. 이런 관습은 대대로 전해 내려오는 비법이다. 비록 작품은 소박하지만 비바람 따위에도 전혀 걱정 없으며, 손가락으로 눌러도 눌리지 않는다. 칼로 긁어 내면 단단하게 버티다가 끝내는 부서진다. 겉은 비록 여인네의 유방 같은 모습이나 밖으로 돌출한 돌들은 마치 크롬렉(Cromleches)[4]으로 둘러싸인 유적을 연상시킨다.

둥지의 건물이 독채일 때의 외관은 이런 모양이나 녀석들은 항상 제일 먼저 지은 항아리에 잇대어서 대여섯 개나 더 많은 방을 만든다. 벽은 옆방과 공동이라 일손을 많이 줄였다. 덕분에 처음의 규칙적이고 우아했던 아름다움이 없어져 전체가 하나의 덩어리처럼 된다. 언뜻 보기에는 모래알이 붙은 진흙덩이 같다. 이런 모습의 흙덩이를 좀더 가까이서 자세히 살펴보자. 이 주택단지에 모여 사는 방의 수는 술잔 모양의 입구 수로, 즉 각각의 문에 박아 놓은 돌 알맹이 수로 확실하게 알 수 있다.

담장진흙가위벌(*M. parietina*)도 둥지를 지을 때는 아메드호리병벌처럼 시멘트의 바깥층에 잔돌을 박아 넣었다. 첫번째 방은 투박하긴 했어도 작은 탑 모

---
[4] 신석기와 청동기 시대에 큰 돌을 둥글게 늘어놓은 거석비(巨石碑)

양이라 별로 눈에 거슬리지 않았으나 방들이 차례로 늘어난 다음의 건축물 전체의 모습은 흙덩이 모양일 뿐 건축 기술이라곤 없어 보였다. 방 전체를 두꺼운 시멘트로 씌워 처음에 박아 놓았던 돌들이 흙덩이 모양의 작품 속에 숨겨져서 그렇다. 반면에 호리병벌은 집이 튼튼해서 그런 덧씌우기 작업이 없다. 그래서 돌이 울퉁불퉁 솟았고, 각 방의 입구마다 튀어나온 것도 그대로이다. 따라서 두 미장이벌의 둥지는 같은 재료로 지어졌지만 겉모습은 쉽게 구별된다.

호리병벌의 항아리는 정말로 예술가의 작품인데, 이런 걸작이 나중에 덧칠 밑으로 사라진다면 건축가 자신도 애석하게 생각할지 모르겠다. 내 생각이 좀 애매하고 조심스럽긴 하나 말하는 것을 허락해 주기 바란다. 거석비 크롬렉 건축가인 아메드호리병벌은 제 솜씨의 증거물을 보고, 그 작품이 마음에 들어서 스스로 만족하거나 솜씨에 어떤 애착을 느끼지는 않을까? 호리병벌은 작품을 아름답게 만들려는 성향이 있어 보였는데 곤충에게는 미학(美學)이란 것이 없을까? 둥지는 무엇보다도 튼튼해야 하며, 외부에서 침입할 수 없어야 한다. 따라서 벽이 튼튼한 것은 중요하지만 장인들이 이런 벽에다 장식하고 싶은 마음이 없으란 법이라도 있을까? 누가 그것을 부인할 수는 있을까?

사실을 말해 보자. 둥지 위쪽 구멍은 여닫을 일밖에 없는 대문에 불과한데 매우 공들여 만들었음을 알 수 있다. 물론 벌이 드나들기에 전혀 불편한 점이 없는 출입구이다. 석공 일은 좀 덜했지만, 목 부분은 마치 도자기나 질그릇 도공이 회전 원반에 걸어서 세련되게 작업한 물 항아리의 주둥이 같다. 얇은 술잔 모양의 테

두리를 만들려면 특별히 주문된
시멘트와 정성이 깃든 가공이
필요하다. 도공이 단순히 튼튼
한 둥지만 원했다면 왜 그렇게
정교한 작품을 만들었을까?

　더 상세히 말해 보자. 대문의 뚜
껑으로 사용된 모래알은 석회질보다 석영 모래가
훨씬 많다. 반투명한 석영이 이리저리 닦여서 약간 광택이 나는
듯 아름답다. 그들의 둥지 근처에 쓸 만한 모래의 양은 석회질이
든 석영이든 거의 비슷하다. 그런데 어째서 석회 조각보다 석영
알을 더 많이 골라서 썼을까?

　이번에는 더 신기한 것을 보자. 작은 달팽이의 빈껍데기가 햇빛
에 산화되어 흰색으로 변한 것을 지붕에 박아 놓은 것도 흔하게
발견된다. 호리병벌들이 습관적으로 고르는 것은 건조한 벼랑에
서 자주 볼 수 있으며, 프랑스의 헬릭스달팽이(Hélice: *Helix*) 중 아
주 작은 줄무늬달팽이(H. striée: *H.→Helicopsis striata*)였다. 이 달팽이
로 전체를 장식한 둥지를 본 적도 있다. 마치 끈질긴 세공으로 조
개껍데기 상감기법을 써서 장식한 작은 함 같았다.

　이와 비슷한 경우를 보자. 오스트레일리아의 어떤 새, 특히 초
당새(Chlamydères: *Chlamydera, Ptilonorhynchidae*, 일명 정원사새)는 나뭇
가지를 엇갈려 세우고, 그 밑으로 드나들 수 있는 별장을 짓는다.
별장의 입구 주변 현관 양옆에는 반짝이는 것, 빛깔이 강렬한 것,
예쁜 것 등 특별히 눈에 띄는 것이면 무엇이든 다 물어다 늘어놓

5. 호리병벌 **91**

는다. 이 희한한 새는 매끈한 돌, 각종 조개나 달팽이 껍데기, 앵무새 깃털, 상아 모양의 뼛조각, 심지어 집안의 골동품까지 녀석의 박물관에 진열해 놓았다. 어쩌다 사람들이 잃어버린 골동품이나 잡동사니를 그 박물관에서 찾아내기도 한다. 담배 파이프, 쇠단추, 솜뭉치, 심지어는 토마호크(Tomahawk)[5]까지 물어다 놓은 것을 보았다.

현관 옆에 쌓인 것은 13*l*들이 통에 가득 찰 정도인데 새에게는 무용지물이다.[6] 아마도 무엇인가의 수집벽을 만족시키려는 것이 수집의 동기인 것 같다. 유럽까치(Pie Vulgaire: *Pica rustica*)도 이와 비슷한 취미를 가져 반짝이는 것은 무엇이든 모아서 잘 보관한다.

자, 그렇다면! 호리병벌 역시 반짝이는 자갈과 달팽이 껍데기만 보면 도취하는, 즉 곤충 초당새인 셈이다. 하지만 이 컬렉터(수집가)는 새보다 똑똑해서 아름다움과 실용성을 잘 배합할 줄 안다. 수집한 물건들을 건축에 이용함으로써 방어요새인 둥지가 되기도, 박물관이 되기도 한다. 반투명한 석영이 눈에 띄면 다른 재료는 거들떠보지 않는다. 석영으로 지은 건물이 더욱 아름답다. 흰색 작은 달팽이 껍데기를 만나면 그것으로 지붕을 장식한다. 이 껍데기를 많이 발견하는 행운을 얻으면 둥지 전체를 상감기법의 작품으로 만드는 데 모두 써 버린다. 이런 취미를 가진 아마추어로서의 표현 중 가장 훌륭한 작품들이다. 그러면 정말 그럴까? 아닐까? '그렇다, 아니다' 라는 결정은 누가 할 수 있을까?

애호리병벌 둥지는 버찌(벚나무 열매)만 하다. 이 둥지 역시 회반죽으로 지었는데 곁에

---

5 북아메리카 원주민이 사용하는 도끼
6 현대의 동물 행동학에서는 암컷을 유인하는 수단으로 본다.

는 돌이 없다. 모양은 앞에서 설명한 대로이다. 넓고 편편한 대지 위에 지었을 때는 지붕 쪽의 둥근 부분 중심에 가느다란 목이 있고, 그 위에 물 항아리의 주둥이 같은 테두리가 너부죽하게 열려 있다. 하지만 집터가 관목의 가지여서 받침대가 하나의 점밖에 안 되면, 이때의 둥지는 둥근 공 모양의 작은 상자에 지나지 않는다. 그래도 위에는 역시 가느다란 목이 있어 마치 작고 배가 불룩한 질그릇 물 항아리 같다. 이 질그릇의 두께는 종잇장처럼 얇아 손가락으로 조금만 눌러도 부서진다. 겉에는 울퉁불퉁한 곳이 있는데, 이것은 회반죽 공사 때 생긴 흔적으로 마치 꼬아 놓은 새끼줄의 고랑과 이랑 무늬처럼 보인다.

이상 두 호리병벌은 둥근 지붕의 술병 모양 창고 안에 새끼의 식량인 벌레를 잡아다 넣는데, 그 식단의 차림표를 보자. 사실상 이것이 특별히 흥밋거리는 아니다. 하지만 호리병벌을 연구하려는 사람에게는 시대와 장소에 따른 먹이본능의 차이를 어느 정도는 알려 줄 것이니 그 나름대로 의의는 있다. 식량 재료가 풍부하긴 해도 다양하지는 않았다. 매우 작은 벌레인데 그 구조가 나비목 곤충의 애벌레임을 잘 말해 준다. 2종의 호리병벌이 먹는 애벌레의 몸 구조에는 공통점이 있다. 즉 머리를 제외한 몸마디는 총 12마디인데 앞쪽 3마디에는 진짜 다리가 있고, 다음 2마디에는 다리가 없다. 또 그 다음 4마디에는 배다리(가짜 다리)가, 다시 그 다음은 없고, 마지막 마디에 배다리가 있다. 이런 구조는 나나니 때의 송충이와 정확히 일치하는 체제이다.

옛날 내 노트에는 아메드호리병벌 둥지에서 본 벌레의 특징이 적혀 있다. 몸은 연한 초록색, 가끔 담황색을 띠며, 흰색의 짧고 빳빳한 털들이 있다. 머리는 검정색인데 앞쪽 몸마디보다 크고, 역시 빳빳한 털로 덮였다. 몸길이는 16~18mm, 너비는 3mm라고 적혀 있으며, 스케치 된 지 25년이 지났다. 그런데 그때 카르팡트라(Carpentras)에서의 먹이와 똑같은 종류를 세리냥(Sérignan)의 호리병벌이 요즈음 저장한 것에서도 발견했다. 결국 이들의 먹이는 세월이 지나고 지리적으로 거리가 있어도 다르지 않았다.

나는 아메드호리병벌의 조상 대대로 유지되어 온 가전(家傳)요리 중 예외는 단 하나, 즉 내가 작성한 목록과 다른 품목은 한 종류만 알고 있다. 그것은 3쌍의 배다리가 제8, 9와 12체절에만 있는 자벌레였다. 몸의 양 끝은 약간 가늘고, 각 체절의 연결 부위는 잘록하며, 표면을 확대경으로 보면 옅은 녹색의 대리석 무늬 모양에 검정색 점무늬가 있고, 드물게 털이 나 있다. 몸길이는 15mm, 너비는 2.5mm였다.

애호리병벌도 자신의 기호가 따로 있다. 요리 재료의 몸길이는 약 7mm, 너비는 1.3mm가량의 작은 송충이였다. 엷은 녹색인데 각 체절의 연결 부위가 뚜렷하게 잘록하다. 머리는 몸통보다 좁고 갈색 점무늬가 있다. 중간 체절에는 희미한 눈알 모양 점무늬들이 있어서 마치 그물 무늬처럼 보이는 2줄의 가로무늬가 있고, 그 사이에 1개의 털이 난 검정색 점무늬가 있다. 대개 제3, 4 및 11체절에도 2개의 검정색 그물 무늬에 털이 2개씩 나 있다.

작성된 총목록에서 2마리만 예외였다. 몸통은 엷은 노랑인데 5개의 붉은 세로줄 무늬가 있고 털은 드물었다. 머리와 앞가슴은 갈색에 광택이 있고, 몸 크기는 전 종과 같다.

내게는 요리의 질보다 새끼 한 마리당 먹는 수에 더 관심이 있었다. 아메드호리병벌은 둥지에 따라 5마리 또는 10마리의 사냥물이 들어 있어 둥지별로 2배의 양적 차이를 보였다. 한쪽 새끼벌레의 양보다 다른 쪽은 2배이다. 상차림의 크기가 왜 이렇게 다를까? 혹시 암수 차이가 아니라면 양쪽 식구의 식욕이 같고, 서로 요구하는 양도 같을 것이다. 그런데 성충 수컷은 암컷보다 작다. 몸무게도 크기도 암컷의 절반밖에 안 된다. 따라서 수컷은 발육하는 동안 필요한 먹이가 암컷의 절반이라도 상관없을 것 같다. 이렇게 따지면 큰 밥상이 준비된 방에서는 암컷, 작은 밥상이 차려진 방에서는 수컷이 자랄 것이다.

하지만 식량을 모두 저장한 다음 산란하는데 알은 아무리 세밀하게 조사해 봐도 차이가 없다. 이미 그들 간에 암수가 결정되어 있을 텐데 어느 알이 암수인지 알 수가 없다. 이러쿵저러쿵해야 결국은 이런 희한한 결론에 도달할 수밖에 없다. 어미벌은 지금 낳으려는 알의 성별을 알고 있으며, 그에 따라 애벌레가 자라는 데 필요한 양의 먹이를 준비한다. 이런 예견이나 준비 능력이 전혀 없는 우리 인간세계와 비교하면 그들의 세계는 얼마나 희한한 세계이더냐! 나나니가 어떤 예감으로 식량을 사냥하는지 알고 싶으면 그 해답은 도대체 어디에다 구원을 부탁해야 할까? 이렇게 이해하기 어려운 문제를 해결할 이론이라도 있는 걸까? 목적은 예측할 수 있어도 거기서 논리적으로 끌어낼 방편이 없거나 그 목적을 행하는 모습은 보여도 실체는 보이지 않는다면 우리는 그것을 어떻게 찾아낼 수 있을까?

좁은 애호리병벌의 방안은 그야말로 식량으로 꽉 찼다. 비록 매우 작은 녀석들이긴 해도, 노트에는 방안에 초록색 벌레 14마리, 다음 방은 16마리라고 적혀 있다. 나는 이 벌에 대한 완전한 식당 차림표를 갖지는 못했다. 그저 둥근 벽의 지붕 위에 자갈이 박힌 둥지는 똑같이 조사했으니 정확히 애호리병벌에 대한 조사였다고 말할 수도 없다. 그렇지만 전반적인 성격은 같았다. 큰 밥상이 차려진 방의 주인은 암컷이고, 수컷의 밥상은 이보다 작다고 생각하면 된다. 물론 눈으로 직접 확인하지는 못했어도 이런 추측 자체로 만족하고자 한다.

내가 자주 관찰한 둥지는 돌로 장식했고, 그 안에 들어 있는 애벌레가 일부를 먹기 시작했을 때였다. 이 애벌레를 집으로 옮겨 기르면서 계속 관찰해야 하는데, 무엇보다 중요한 일은 날마다 자라는 것을 게을리 살펴서는 안 된다는 점이다. 사실상 그런 것쯤은 별로 힘든 일도 아니며, 나는 내 스스로 양부모의 재능이 있다고 자부했었다. 코벌(*Bembix*), 나나니(*Ammophila*), 구멍벌(*Tachytes*)들, 또 다른 종류의 벌들과도 친하게 사귀어 왔었기에 나는 그런대로 쓸 만한 사육사가 되어 있었다. 헌 상자를 몇 개의 작은 방으로 나누고, 바닥에 모래를 깔아 침대를 만들어 주고, 어미벌이 만든 방에서 자라던 애벌레를 그리 옮긴 다음, 맛있는 요리를 제공하면 되었다. 그런 기술에 이미 풋내기가 아니었고, 거의 매번 성공했었다. 애벌레가 먹는 모습을 지켜보기도 했고, 그 벌레가 자라서 고치를 짓는 것도 보았다. 이런 경험들 덕분에 자신감을 가져 호리병벌의 사육도 잘되리라 믿었다.

그러나 결과는 아주 딴판이었다. 모든 시도가 실패로 끝났다. 애벌레는 먹이를 입에 대보지도 못하고 불쌍하게 죽었다.

실패의 원인이 무엇인지 이리저리 여러모로 생각해 보았다. 틀림없이 단단한 요새를 허물 때 부드러운 피부를 건드렸을 것이다. 둥글고 단단한 지붕을 칼로 비집는 동안 시멘트 부스러기에 상처를 입었을 것이다. 깜깜한 방안에 있던 녀석을 끌어냈으니 너무 밝은 햇빛이 원인일지도 모른다. 둥지 밖의 공기가 애벌레 몸의 수분을 빼앗았을 수도 있다. 이렇게 실패의 원인이 될 만한 것들을 생각한 끝에, 여러 원인을 동시에 해결하는 최선의 대책을 세우기로 했다. 둥지에서 꺼낼 때도 조심했고, 애벌레가 일사병에 걸리지 않도록 내 몸의 그림자로 그늘도 만들었다. 애벌레와 먹이는 유리관으로 옮기고, 이 관을 즉시 상자로 옮겼다. 걸어서 운반하는 도중 좌우로 흔들리지 않도록 손으로 모시고 왔다. 하지만 효과는 없었다. 둥지 안의 애벌레를 밖으로 꺼내면 바로 기운이 빠져 곧 죽어 버렸다.

아주 오랫동안 나는 실패의 원인이 벌을 옮기기 어려운 것에 있다고 생각했었다. 아메드호리병벌 둥지는 보석 상자처럼 단단해서 그것을 부수면 두드림의 충격이 있게 마련이다. 게다가 이런 건물을 부술 때는 파편이 생기고, 애벌레가 그 파편 조각에 찔려 상처를 입었을 것으로 생각했었다. 둥지는 대개 꿈쩍도 않는 벌판의 바위 덩이나 담벼락 밑의 큰 돌을 받침대로 삼았으니, 말짱한 둥지를 받침대까지 통째로 옮길 수도 없다. 어쨌든 사육의 실패

원인은 둥지를 부술 때 애벌레가 사고를 당한 것에 있다고 믿었기에 나는 이제 거기에 매달리지 않게 되었다.

그러다가 한 가지 의문이 떠올랐다. 실패의 원인이 언제나 나의 서툰 솜씨로 생긴 사고였을까? 호리병벌 집 안에는 식량이 가득 찼다. 송충이가 아메드호리병벌 방에는 10마리, 애호리병벌 방에는 15마리 내외였으니, 이들도 분명히 칼이나 파편에 찔렸을 텐데 웬일인지 이들은 조금씩 움직였다. 주둥이에 무엇을 갖다 대면 이빨로 물었다. 꽁무니를 둥글게 말았다 폈다 하거나, 바늘로 자극하면 뒷몸을 채찍처럼 힘차게 휘두르거나 두드렸다. 이렇게 꿈틀거리는 여러 마리의 송충이 뭉치, 즉 새끼벌 몸통에 구멍을 낼 30개의 이빨과 몸통을 갈기갈기 찢으려는 120쌍의 다리가 기다리는, 이런 벌레 뭉치 중 어떤 녀석에게 알을 붙여 놓았을까? 식량이 한 마리뿐이면 별로 위험하지 않다. 알은 그 먹이 위에, 그것도 멋대로가 아니라 정확하게 선정된 장소에 붙여 놓는다. 쇠털나나니는 회색 송충이의 첫번째 배다리가 있는 마디의 등 쪽에 알을 뉘어서 붙여 놓는다. 만일 다리의 옆이라면 위험이 없지도 않을 것이다. 하지만 송충이는 신경중추의 대부분을 이미 독침에 찔렸으니 옆으로 가만히 누워 있다. 꽁무니를 비틀거나 뒷몸으로 두드릴 힘도 없어졌고, 큰턱으로 물려고 해도, 다리를 움직이려고 해도 잡힐 만한 것이 없다. 쇠털나나니의 알은 그것들의 반대쪽에 있어서 어린 구더기 모습으로 부화했어도 거물의 배를 위험 없이 마음껏 파헤쳐 가며 먹을 수 있다.

그렇지만 호리병벌은 나나니 방안의 상황과 얼마나 다르더냐!

덜 마취된 녀석들은 아마도 독침에 한 방만 쏘여서 바늘로 조금만 건드려도 꿈틀거렸다. 만일 녀석들이 벌의 애벌레를 깨물면 그대로 쭈그러들 것이다. 한 마리뿐인 먹이에 알을 붙여 놓았을 때는 그가 쓸 수 있는 공격 무기의 위치만 조심하면 된다. 하지만 그 먹이 옆에는 다른 녀석들이 있는데 그들에게 방어 수단, 즉 애벌레에게 공격 수단이 모두 없어진 게 아니다. 지금 이 식량 뭉치 중 어떤 녀석이 움직인다고 가정해 보자. 그래서 위쪽에 있던 알이 떨어지는 날이면 그 알은 녀석들의 큰턱이나 발톱 함정으로 빠질 것이다. 빠진 알에 어떤 불운이 닥칠까?

 이런 사고가 일어나지는 않겠지만 그래도 멋대로 움직이는 식량 더미 속에서는 사고가 일어날 수도 있을 것이다. 가는 원통 모양의 벌 알은 유리처럼 투명하며, 매우 연약해서 조금만 건드리거나 눌리면 찌부러진다.

 그런데 알을 붙여 놓은 곳이 식량 뭉치의 가운데는 아니다. 이제 본론으로 돌아가자. 요리 재료들은 덜 마비되어서 아직은 많이 탈진한 상태가 아니다. 조금만 건드려도 비틀어 대서 이런 상태임을 알 수 있다. 그런데 이보다 훨씬 중요한 사건이 불완전 마비라는 사실을 증명했다. 아메드호리병벌의 방안에 있던 녀석 중 몇 마리가 절반쯤 번데기(Chrysalids)로 탈바꿈한 것을 꺼낸 적이 있다. 이들의 탈바꿈은 분명히 어미벌의 독침수술을 받은 다음에 일어난 것이다. 도대체 어떻게 수술되었기에 이런 일이 벌어졌을까? 나는 번데기를 수술하는 사냥꾼은 본 적이 없으니 정확히 말할 수는 없다. 하지만 수술 당한 송충이도 충분한 생명력을 가졌으니 때로는 이들도 허물을 벗고 번데기가 되는 것이 아닐까? 어쨌든 모르겠다. 이런 생각들을 하면 어떤 전략으로 알을 위험에서 구출해야 할지의 문제뿐만 아니라, 모든 게 우리를 미심쩍게 하는 것들뿐이다.

그 전략이 도대체 무엇인지 도저히 참을 수가 없다. 그것을 꼭 밝혀내고 싶다. 이 욕망은 둥지가 매우 드물어서 찾기가 너무 고생스럽다는 점, 따가운 햇볕 아래서 장시간을 소비해야 하는 점, 적당한 둥지를 파내지 못해 효과가 없는 점 등의 어려움마저도 나를 굴복시키지 못했다. 나는 그 전략을 꼭 보고 싶었고, 기어이 보고야 말았다. 보게 된 방법은 이렇다. 허리춤에 차고 다니던 칼과 핀셋으로 두 종류의 호리병벌 둥지에 창문처럼 구멍을 냈다. 전에는 지붕에 해당하는 위쪽을 뚫었는데, 이번에는 위쪽의 둥근 면이 아니라 바로 그 아래 옆구리를 뚫었다. 물론 벌레들에게 상처를 입히지 않도록 조심했고, 둥지 안에서 일어나는 일이 잘 보일 만큼 충분히 넓게 뚫었다.

자 그런데, 안에서 어떤 일이 벌어졌을까? 여기서 잠시 펜을 멈추도록 허락해 주기 바랍니다. 그래서 여러분도 좀 쉬면서 그동안 말했던 것처럼 위험한 환경에서 알이나 어린 새끼를 어떤 방법으로 보호할지 생각해 보기 바랍니다. 독자의 발명 정신으로 그것을 궁리하고, 연구하고, 찾아내십시오. 됐습니까? 아직 아닌가 보죠. 무슨 말이든 좀 해보시죠.

벌이 살아 있는 먹잇감에 산란해서는 안 될 일이었다. 거미줄처럼 가느다란 실이 둥지의 천장에서 아래쪽 공간으로 늘어졌고, 그 끝에 알이 매달려 있다. 바람이 조금만 불어도 알이 반원을 그리며 흔들린다. 마치 지구의 자전을 증명하려고 팡테옹(Panthéon) 사원의 둥근 천장에 드리운 저 유명한 추를 연상시킨다. 그 아래쪽에 식량이 쌓여 있다.

이 기막힌 광경의 제2막. 행운이 우리에게 미소를 던졌다. 이제 다른 방의 창문 안쪽을 들여다보자. 알이 부화해서 새끼벌레가 벌써 많이 자랐다. 새끼 역시 알처럼 천장에서 수직으로 늘어진 실에 매달려 있다. 다만 실이 훨씬 더 길어졌고, 처음의 실과 이어져 리본처럼 되었다. 새끼벌레가 식탁을 차지했는데, 거꾸로 매달려서 요리의 물렁물렁한 배를 파헤친다. 아직 손대지 않은 송충이를 지푸라기로 건드렸더니 버둥거린다. 그러자 새끼벌레가 서둘러 도망친다. 이 어찌 된 일이더냐! 이 불가사의에 또 한 가지의 불가사의가 있다. 그 줄의 위쪽은 칼집 모양의 주머니로 되어 있고, 주머니는 새끼가 도망칠 때 안으로 기어오르는 통로 역할을 했다. 부화할 때 빠져나온 알껍질은 본래의 형태대로 원통 모양인데, 어쩌면 막 태어난 새끼벌레가 특별히 작업해서 피난용 터널을 만들었는지도 모르겠다. 우글거리는 식량 더미에서 위험의 징조가 보이면, 곧 터널을 통해 천장으로 올라간다. 밑에서 꿈틀거리는 녀석들이 천장까지 미치지는 못한다. 아래가 조용해지면 다시 터널 속을 미끄러져 내려가 식탁을 차지한다. 머리는 아래로, 꽁무니는 위로 향한 자세이다. 먹다가 필요하면 뒤로 퇴각할 준비가 되어 있는 것이다.

5. 호리병벌 101

마지막으로 제3막. 새끼벌레는 자라면서 점점 힘이 강해져서 송충이의 꽁무니 흔들기 따위는 문제도 안 될 만큼 튼튼해진다. 반면에 송충이는 계속 굶주린 탓에 피부도 식어 가고, 오랫동안의 혼수 상태로 기운이 점점 빠진다. 방어적 공격 행동은 생각조차 못할 처지에 이른다. 위험이 많았던 새끼벌레는 어린애에서 활기찬 청년이 되었다. 지금까지 새끼벌레는 후퇴용 터널에 신세를 지며 살아 왔지만, 이제 그런 터널 따위에는 관심도 없이 남은 식량 더미로 내려간다. 그리고 정상적으로 먹기를 계속한다.

이상이 내가 두 종의 호리병벌 둥지에서 관찰한 결과였다. 이런 내용을 친구들에게 이야기하면, 그들은 이것을 발견한 나보다 그 교묘한 전술에 더 놀랄 것이다. 알은 위험한 먹이와 멀리 떨어진 천장에서 드리워졌으니, 밑에서 날뛰는 송충이 따위는 조금도 걱정할 필요가 없다. 막 태어난 새끼벌레는 줄이 알 길이만큼 길어져서 식탁에 닿으니 조심하며 먹기 시작한다. 하지만 위험해지면 뒷걸음질로 터널을 통해 천장으로 올라간다. 지금에 와서야 왜 내가 처음에 사육에 실패했는지를 알았다. 이렇게 가늘고 끊어지기 쉬운 구멍 밧줄을 미처 몰랐었기에 파괴된 천장에서 송충이 뭉치 속으로 떨어진 알이나 어린 벌레들을 데려왔던 것이다. 알이든 애벌레든 위험한 먹이와 직접 맞대고 있었으니 살 수가 없었다. 좀 전에 내가 부탁했던 독자 중에서 호리병벌 이상으로 묘안을 생각해 낸 분이 계시다면, 제발 나에게 통보해 주기 바랍니다. 이성의 영감과 본능의 영감과의 비교, 이것은 흔히 있을 수 없는 비교라서 그런답니다.

6 감탕벌

두레박처럼 늘어진 호리병벌(*Eumenes*)의 구명줄, 애벌레가 드나드는 피난용 터널, 이런 구조물들은 덜 마비된 식량이 너무 많이 공급됨에 따라 일어날 수 있는 새끼벌레들의 위험을 피하는 데 꼭 필요하고 기술적으로도 아주 절묘한 것이었다. 이 구조물과 기술이 원인과 결과와의 연계를 넌지시 암시했다. 하지만 나는 왜, 어떻게, 라는 문제에 대해서는 다른 사람들의 말을 믿지 않는 습관이 있다. 대지 위가 제대로 해석되었어도 경사진 언덕에서는 얼마나 넘어지기 쉬운지를 나는 잘 알기에 그렇다. 나는 관찰한 사실에 대한 이유를 수긍하기 전에 증거다발부터 찾는다. 만일 호리병벌이 알을 보호하는데 그렇게도 절묘한 방법을 동원한 이유가 바로 조금 전의 내 말대로라면, 즉 식량인 사냥물의 수가 엄청나게 많다는 조건과 불완전한 마취 상태에서 발생할 위험 조건까지 존재한다면, 이럴 때는 언제나 그 방법과 비슷한 보호법이 동원되거나, 아니면 똑같은 결과를 가져올 다른 방법이 존재할 것이다. 똑같은 행동이 다른 곳에서도 반복된다면 앞에서의 내 해석이 옳다는 이야기가 된다. 하지만 그 행위가 반복되지 않고 계속 달라진다면 내 해석은 의미가 없다. 어쨌든 좀더 확실한 증명을 하기 위해 보편성을 더 찾아보자.

자 그렇다면, 호리병벌과 가까운 친척은 감탕벌(Odynère: *Odynerus*)이다. 레오뮈르(Réaumur)가 '단독성 말벌'이라고 했던 종류이다. 옷차림도 거의 같고, 날개를 접는 방법, 사냥 본능, 특히 사냥물이 살아 있어서 새끼에게 위험한 식량을 잔뜩 쌓는 점 등이 호리병벌과 똑 닮았다. 만일 내가 호리병벌에서 말했던 근거에 일리가 있다면, 또 내 예상이 맞는다면 감탕벌 알도 호리병벌 알처럼 천장에 매달렸을 것이다. 나는 논리에 근거를 둔 것이나 내 확신은 정말 틀림없을 것만 같다. 나는 마치 감탕벌 알이 구멍줄에 매달려 흔들거리는 것을 벌써 본 사람처럼 확신에 차 있었다. 그래서 그렇게 믿고 있었다.¹

아아! 어디서 무엇인가를 찾겠다는 대담한 희망을 키워 나가려면 얼마나 강한 신념이 필요했던가. 정말 지금에 와서야 이 심정을 털어놓는다. 나는 레오뮈르의 '단독성 말벌'을 읽고, 또 읽었다. 레오뮈르는 곤충에 관한 한 헤로도토스(Herodotos)²라고 불릴 만큼 풍부한 자료를 가졌으나 공중에 매달린 알에 대해서는 한마디도 없었다. 뒤푸르(Dufour)의 저서도 참고했다. 그는 아름답고 숙련된 글로 이 문제를 이야기했고,

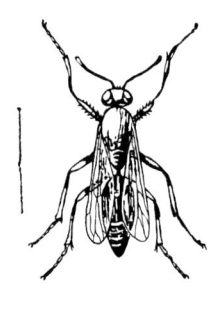

가시털감탕벌

알을 관찰하여 그림까지 그려 놓았다. 르펠르티에(Lepelletier), 오두앙(Audouin)[3], 블랑샤르(Blanchard)에게도 물어보았다. 그러나 그들 역시 내가 예상하는 보호 수단에 대해서는 한마디도 없었다. 그렇게도 중요한 사건을 이 관찰자들은 아무도 못 보고 빠뜨릴 수가 있을까? 혹시 내가 나 자신의 상상력에 속은 건 아닐까? 엄격한 논리에 근거해서 내가 증명한 이 보호법은 나의 환상에 지나지 않은 것일까? 과연 나의 희망은 올바른 것일까? 하지만 나는 성공했다. 정말로 성공했다. 탐구하던 것을 찾아냈다. 아니 그 이상을 찾아냈다. 이제부터 그 사연을 구체적으로 설명하련다.

이 근처에는 몇 종의 감탕벌이 살고 있다. 그 중 한 종은 아메드호리병벌의 헌 둥지를 찾아 거기서 산다. 그 둥지는 처음부터 아주 튼튼하게 지어져서 감탕벌이 이사 왔을 때도 황폐한 정도는 아니다. 다만 목이 떨어져 나갔을 뿐 둥근 지붕도 그대로여서 빈집으로 버려두기는 아까울 정도로 튼튼한 오두막이다. 거미가 그 집으로 이사 와서 명주실로 그물을 치기도 했다. 비가 오면 뿔가위벌(*Osmia*)이 기어들었고, 때로는 밤을 보내러 오기도 했다. 지금은 감탕벌 한 마리가 이사 와서 진흙으로 나눈 서너 개의 방을 애벌레의 방으로 이용한다. 다른 한 종은 청보석나나니(*Pélopée: Sceliphron*)의 헌 둥지를 이용한다. 세 번째 종은 마른 딸기나무 줄기 속 고갱이를 파내 긴

---

1 이 장에서는 레오뮈르의 문구가 인용됨에 따라 '말벌'이 매우 자주 등장한다. 그런데 이 말벌은 대개 말벌과의 말벌(*Vespa*)이 아니라 호리병벌이나 감탕벌을 지칭한 것들이다. 그래서 앞으로는 문장의 내용에 따라 후자들의 이름으로 번역한다.

2 기원전 5세기, 그리스 역사가. 키케로가 '역사의 아버지'라고 불렀다. 역사의 연구와 기술 방법 개발에 힘을 쏟았다.

3 Jeam Victor Audouin, 1797~1841년. 프랑스 박물학자, 곤충학자이나 새와 연체동물도 연구하였다.

감탕벌의 삶

1. 참치꽃에서 꿀을 빨고 있다.
2. 사냥감을 마취시킨 다음 머리를 물고 운반하려는 중이다.

3, 4. 물어 온 흙으로 둥지의 입구를 만드는데, 다른 벌과 달리 공사 중인 건물 안에서 밖을 향해 작업하는 것이 특징이다.

5. 집을 짓다가 허기져 갯갓냉이꽃에서 꿀을 빨아먹는다.

대롱을 만들고, 온 가족이 그 안에 살도록 각 층을 연결해 놓았다. 네 번째 종은 죽은 무화과나무(Figuier: *Ficus carica*)의 고목에 굴을 뚫었다. 다섯 번째 종은 잘 다져진 뜰 안의 흙에 우물 같은 구멍을 파고, 그 가장자리를 원통처럼 높이 쌓아 올렸다. 이런 능숙한 솜씨들은 모두 연구할 만한 가치가 있다. 하지만 무엇보다도 레오뮈르와 뒤푸르가 유명하게 만든 그 작품을 보고 싶었다.

붉은 황토색 진흙이 수직으로 잘린 것처럼 가파른 언덕에서 나는 감탕벌의 집성촌 표시가 나는 곳 몇 군데를 겨우 찾아냈다. 그 집들의 독특한 굴뚝은 두 사람의 박물학자가 기술한 모습 그대로였다. 다시 말해 격자무늬를 하고 구부러져 내린 대롱이 그 둥지의 입구였다. 언덕은 남쪽에서 햇볕을 받는다. 황폐한 작은 벽 하나가 있고, 그 뒤에는 소나무가 깊게 둘러쳐졌다. 이런 구조물은 뜨거운 벌 둥지에 절실하게 필요한 피난처가 되어 준다. 이제 5월도 중순이 지났으니 선배들의 말을 따르면 바야흐로 노동의 계절이다. 벌의 건축양식, 집터, 날짜가 모두 레오뮈르와 뒤푸르가 말한 그대로였다. 나는 정말 그들이 말한 두 감탕벌 중 한 종이라도 만날 수 있을까? 곧 만날 것 같은 예감이 드는데 아직은 격자무늬 복도를 만드는 건축가가 보이지 않는다. 사실상 아직은 도착하지 않았다. 기다려야지. 나는 근처에 자리를 잡고 눌러앉아서 망을 보며 찾아올 벌을 기다렸다.

아아! 시간은 왜 이리도 안 가느냐! 햇볕은 불타듯 쨍쨍 내리쬐는데 그 언덕 밑에서 꼼짝 않고 기다린다. 정말로 뜨겁게 달아오른 가마솥에 들어앉은 느낌이구나! 항상 내 곁을 떠나지 않던 강아지 뷜(Bull)마저 털가시나무 그늘로 도망가 버렸다. 녀석은 거기서 전에 비가 내려 축축한 모래층을 찾아내고는, 바닥을 긁어내 시원한 잠자리를 만들어 배를 깔고 엎드려 있다. 혀를 내민 채 꼬리로 나뭇가지를 툭툭 치며, 부드러운 시선으로 나를 바라본다. 그러고는 "주인어른, 거기서 무얼 하십니까. 햇볕에 시달리는 바보짓 그만 하시고 이 그늘로 오시지요." 데려온 개의 눈에서 나는 그것을 읽었다. 아아! 나의 개. 내 친구, 내가 네 말을 알아들을 수 있다면 너는 이렇게 말하겠지. "인간이란 녀석들은 알고 싶은 욕망으로 사서 고생한다니까. 우리의 고생이란 기껏해야 조각난 뼈다귀 토막과 일 년에 몇 번 연인을 만나고 싶은 욕망뿐인데." 우리는 친한 사이지만 이 점에서는 얼마간 차이가 있다. 오늘날 우리 사이는 혈연(血緣)이 있기는 해도, 두 혈연 사이는 아주 멀다고 말하는 사람도 있다. 어쨌든 나는 알려는 욕망 덕분에 기꺼이 햇볕에 몸을 태우고 있다. 하지만 너는 그런 욕심이 없다. 그래서 시원한 그늘로 물러나 있다.

그렇다. 오지 않는 벌을 숨어서 기다리자니 시간은 정말로 길고도 길구나. 맞은편 소나무 숲에서 후투티(Huppe: *Upupa epops*) 한 쌍이 서로 뒤쫓으며 봄날의 사랑을 즐긴다. 우우푸우푸우(Oupoupou)! 수컷이 날면서 지저귄다. Oupoupou! Oupoupou는 라틴 어로 Upupa(Huppe, 후투티)라는 뜻이다. 고대 그리스 어는 e를 a로 발음했다. 그런데 플리니우스(Pline)[3]는 u(유)를 ou(오)로 읽게 했으므로 '오오포오파아(Oupoupa)'라고 발음해야겠지. 하지만 그 녀석의 울음소리가 나에게 이름을 가르쳐 준 것이다. 나의 긴 지루함을 달래 준 아름다운 새여, 나는 너의 라틴 어 발음 레슨보다 더 권위 있는 레슨을 받아 본 적이 거의 없다. 너는 자신의 말을 충실히 지킴으로써 아리스토텔레스(Aristote)와 플리니우스 시대에 네가 하던 대로, 또 네 울음소리를 지상에서 처음 들었을 때처럼 오늘도 우우푸우푸우 하고 우는구나. 그런데 사람의 최초의 말은 도대체 어땠을까? 학자들은 그 흔적조차 찾아내지 못한다. 인간은 변한다. 하지만 동물은 조금도 변하지 않는다.

드디어 기다린 보람이 나타났다. 감탕벌이 왔다. 호리병벌처럼 조용히 날아온다. 배 밑에 벌레 한 마리를 안고 둥지 앞으로 다가와, 곧 구부러진 대롱 모양의 터널 안으로 사라진다. 되돌아 나오는 벌을 잡으려고 유리 시험관을 둥지 입구에 대 놓자 바로 잡혔다. 즉시 이유화탄소(이황화탄소)에 적신 종잇조각이 든 독병으로 옮겼다. 자, 벌아, 늘 혀를 내밀고 꼬리를 흔들던 벌아, 오늘은 성공했으니 이제 돌아가도 된다. 하지만 내일 다시 와야겠다.

잡힌 녀석은 기다리던 벌이 아니었다. 레오뮈르의 가시털감탕벌(*Odynerus spinipes*)도 뒤푸르의 레오뮈르감탕벌(*O. reaumurii→reniformis*=콩팥감탕벌)도 아니었다. 다른 종인 콩팥감탕벌(*O. reniformis*)인데 공사는 열심히 한다. 건축법, 먹이, 습성 등이 이미 랑드(Landes) 지방의 박물지에 기술된 것과 비슷해서 레오뮈르의 단독성 말벌(감탕벌)일 거라는 생각이 들기도 했다. 그런데 대롱 모양의 터널을 만드는 방법이 사실상 좀 독특했다.

이제 일꾼이 누군지 알았으니 작품을 관

3 大Pline, Gaius Plinius Secundus. 23~79년. 고대 로마의 정치가이자 학자. 당시 예술, 과학, 문명에 관한 정보가 담긴 『박물지(전37권)』를 편찬했다.

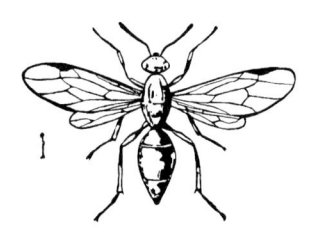
콩팥감탕벌

찰하는 일만 남았다. 둥지 입구는 언덕에서 수평으로 열렸다. 섬세한 흙일로 둥근 입구를 만들고, 이어서 얼마쯤 아래를 향해 구부러진 통로를 만든다. 대롱 같은 이 현관은 파 들어간 구멍에서 나온 흙으로 만들었는데 조금씩 틈이 있다. 이 틈은 빛이 새어 들도록 섬세하게 공사한 것이며, 진흙으로 만든 수공예품 같다. 길이는 엄지손가락 한 마디 정도, 안쪽 지름은 5mm 정도였다. 현관 안쪽으로 깊숙이 통로가 이어지는데, 지름은 거의 같고 대략 15cm 정도의 깊이에서 땅속으로 비스듬하게 들어간다. 그곳에서 작은 복도가 갈라져 따로따로 나뉜 방으로 연결된다. 따라서 새끼벌들은 각자 제 방에서 생활하며, 드나들 때도 제 길만 이용한다. 방의 수는 10개까지 세었는데 더 많을 것 같다. 각 방은 세공 정도나 넓이에 별 차이가 없고, 다만 방의 끝이 각 복도로 갈라진 것에 불과하다. 어떤 방은 편평하고, 어떤 방은 약간 경사져서 규칙적이지 않았다. 각 방안의 필수품인 식량이 차고 알을 낳으면 이 벌 역시 흙으로 입구를 막는다. 다음 넓은 통로 옆을 파내어 또 하나의 방을 만든다. 마지막에 공동 통로를 흙으로 막는데, 현관이었던 대롱을 부숴서 메우기 공사에 사용한다. 그러면 주택의 흔적이 완전히 사라진다.

벼랑의 표면층은 햇볕에 탄 붉은 흙으로, 거의 벽돌처럼 굳어 흙손으로도 잘 안 긁힌다. 그러나 속까지 그렇게 단단하게 굳지는 않았다. 어쨌든 허약한 광부가 이렇게 벽돌처럼 단단한 흙에 굴을 파려면 어떤 방법을 써야 할까? 이 벌 역시 레오뮈르가 적어 놓은 방법을 쓸 것이 틀림없다. 의심할 필요도 없다. 그래서 나는 선배의 글을 이 자리에 싣고자 한다. 집성촌이 많지 않아 내가 관찰을 세밀하게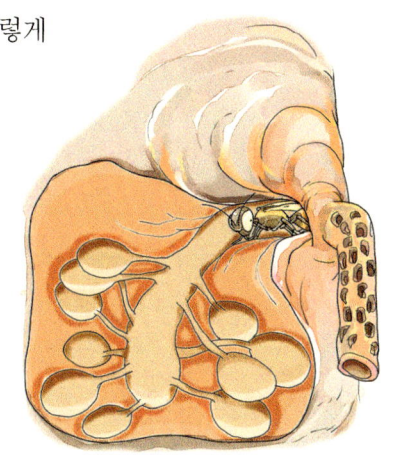
하지는 못했어도, 젊은 독자들에게 이 감탕벌의 습성을 얼마큼이라도 전하고 싶은 것이다. 관찰한 결과도 포함해 함께 대강 적어 보기로 한다.

감탕벌은 5월 말경 시작해서 6월 한 달 동안 부지런히 일한다. 흙 속으로 깊이 몇 센티미터, 지름은 자신의 몸통보다 조금 넓은 구멍을 파 들어가며, 밖에는 속이 빈 대롱을 세워 놓는다. 대롱은 구멍 입구와 수평이다가 직각으로 꺾여 아래로 이어진다. 구멍이 깊어질수록 거기서 파낸 흙이 많아서 그것으로 건설한 대롱도 더 길어진다. 대롱은 빛이 새어 들도록 허술하게 만들거나 격자무늬처럼 만든다. 마치 굵은 흙으로 만든 구불구불한 줄기 모양이 되는데, 사이사이에 틈새가 있어서 어떤 특수 기술을 이용한 것처럼 보인다. 하지만 이것은 사실상 일종의 공사장 비계에 불과하며, 이것 덕분에 벌이 더욱 빠르고 안전하게 작업할 수 있다.

두 개의 이빨은 제법 단단한 물건도 자를 만큼 편리한 도구라는 것은 이미 알고 있었다. 하지만 어미벌이 할 일은 몹시 힘들 것 같았다. 그들이 파내야 할 흙은 너무 단단해서 거의 돌이나 다름없다. 둥지 틀 장소는 다른 곳보다도 햇볕에 더 말라 완전히 굳었으니 표면을 발톱으로 긁어도 까딱도 하지 않을 것이다. 하지만 그들이 막 파기 시작한 장면을 보고, 그렇게 힘든 작업을 이빨이나 발톱이 괴로워할 필요가 없음을 깨달았다.

파낼 흙을 먼저 부드럽게 만드는 것을 본 것이다. 입에서 한두 방울의 물을 흙에 떨어뜨리면 순식간에 빨아들인다. 곧 부드러운 죽처럼 되며, 그것을 이빨로 간단히 긁어모은다. 다음 한 쌍의 앞발로 까치밥나무(Groseille: *Ribes rubrum*) 열매만 하게 뭉친다. 이 알맹이가 대롱의 기초 작업에 쓰이는데, 파낸 구멍의 가장자리에 놓인다. 그리고 이빨과 앞발로 평평하게 다진 다음 다시 길게 만든다. 끝나면 다시 알맹이를 가져온다. 마침내 상당히 많은 흙을 파내서 대롱이 되고, 굴 입구는 더욱 확실해진다.

하지만 흙을 적시는 시간이 많이 걸려서 세공품 제작이 빠르게 진행될지 의심된다. 다시 물로 흙을 반죽해야 하는데, 물을 길러 어딘가 시냇가로 가는지, 풀이나 열매에서 약간 끈적이는 물을 가져오는지 알 수는 없다. 내가 아는 것은 오직 그가 빨리 돌아오고, 새로운 열정으로 다시 일에 착수한다는 것뿐이다. 한 시간 동안 한 마리가 자기 몸길이만큼 구멍을 파고, 그 깊이와 같은 길이의 대롱을 세우는 것을 보았다. 대롱은 몇 시간 뒤 엄지손가락 두 마디만큼 길어졌는데, 벌은 아직도 구멍을 더 파들어가고 있었다.

감탕벌은 굴을 얼마나 깊이 파는지 모르겠으나 일정한 규칙은 없는 것 같다. 내가 본 것 중 어떤 것은 입구부터 엄지손가락 4개 폭 이상이었고, 어떤 것은 3개 폭도 안 되었다. 굴뚝(대롱)도 어떤 것은 다른 것의 두세

까치밥나무 2m까지 성장하는 낙엽관목이다. 5월과 6월 사이에 녹황색 빛의 꽃이 총상꽃차례로 핀다. 열매는 7~8월에 붉은빛을 내며 둥근 모양으로 익는다.

배나 길었다. 파낸 흙 반죽은 항상 대롱을 늘이는 데만 쓰지는 않았다. 대롱이 원하는 길이가 되면 머리를 대롱 밖으로 내밀고 둥근 흙덩이를 땅바닥에 던진다. 그래서 가끔 구멍 밑에서도 파낸 흙덩이가 보였다.

  모래와 흙이 섞인 석회질 땅에 구멍을 뚫는 것은 그 목적이 분명하므로 의심할 게 없다. 분명히 식량과 알을 넣기 위함이다. 그러나 왜 대롱을 만드는지는 잘 몰랐었는데, 벌의 작업을 계속 관찰하다가 마치 미장이가 벽을 쌓으려고 돌들을 제자리에 얹는 것과 같은 일임을 알았다. 파낸 구멍 전체를 새끼들의 주택으로 쓰는 것도 아니다. 그 중 일부면 충분했다. 한편 햇볕이 흙 표면을 쪼일 때 새끼들이 더위를 이용하지 못할 만큼 무작정 깊이 파낼 수는 없다. 게다가 너무 깊은 구멍에서 새끼들이 살게 해서도 안 된다. 벌은 비워야 할 공간의 넓이를 잘 알고 그만큼을 비운다. 나머지는 모두 틀어막아야 하는데, 이때는 구멍 밖에 꺼내 놓았던 흙더미를 다시 가져다 막는다. 그녀는 이 흙을 손이 닿는 곳에 준비해 두려고 굴뚝을 만들었던 것이다. 한 번 식량을 넣고 알을 낳으면 대롱 끝을 적셔서 잘라 낸 덩이를 계속 안으로 들이는 것이 보인다. 구멍이 가득 찰 때까지 작업이 계속된다.

레오뮈르는 방안에 가득 쌓인 식량에 대해 계속 설명하는데, 녹색벌레를 말할 때 베르(vers = 벌레)와 베르(verts = 녹색)로 발음이 같아서 매우 불편했다.[4] 그래도 그는 계속 '베르 베르'라고 불렀다. 내가 관찰한 감탕벌은 콩팥감탕벌이고, 그는 이 종을 보지 못했으니 이제부터는 내 이야기를 계속 해야겠다. 조사한 집성촌은 너무 초라해서 사냥된 희생물의 수는 겨우 3개의 방에서만 세어 보았다. 이 집성촌을 너무 크게 파괴하면 그들의 생활사를 끝까지 추적할 수 없어서 그랬다. 1개의 방안에는 손대지 않은 24마리의 요릿감이 있었다. 레오뮈르가 조사한 가시털감탕벌 창고에는 8~12마리밖에 없었고, 뒤푸르는 레오뮈르감탕벌 창고에서 10~12마리씩의 꼬치구이를 보았다고 했다. 내가 관찰한 콩팥감탕벌은 두 타(24개)로 저들보다 두 배나 양이 많다. 아마도 사냥물의 크기가 작아서 그런 것 같다. 내가 아는 한 먹이를 날마다 잡아다 주는 코벌(*Bembix*) 말고는 어떤 사냥벌도 이렇게 사치스러울 만큼 많은 숫자를 준비하는 예가 없다. 새끼벌레 한 마리를 위한 먹이가 24마리이니 단 한 마리의 송충이뿐인 쇠털나나니의 먹이와는 엄청난 차이가 난다. 이렇게 많은 희생자와 함께 머무는 알의 안전을 보장하려면 대단한 조심성이 필요하지 않겠더냐! 콩팥감탕벌의 알에게는 어떤 위험이 도사리고 있을지, 있다면 어떤 수단으로 구할지, 잘 모르면 이번 기회에 특별히 주의해서 조사할 필요가 있다.

우선 이 감탕벌의 사냥감은 어떤 종류일까? 희생물은 털실 뜨개질용 바늘 굵기로 길

---

[4] verts가 여성명사를 받을 때는 '베르 베르뜨'로 발음했을 것이나, 벌레는 남성명사이므로 '베르 베르'로 읽었다.

이는 비교적 일정치 않은 송충이 모양의 애벌레였다. 제일 큰 녀석의 몸길이는 1cm, 머리는 작고 새카만데 광택이 있다. 어느 몸마디에도 송충이 같은 진짜 다리도 배다리도 없다. 하지만 각 마디에는 예외 없이 젖

꼭지 모양으로 살이 두툼한 돌기 한 쌍씩이 있는데, 이것이 몸을 이동시키는 기관이다. 그들은 전체가 같은 종류였는데 몸 색깔은 조금씩 달랐다. 연한 초록색으로 등에는 2개의 폭넓은 세로 줄무늬가 있는데 더 짙거나 엷은 푸른색도 있고, 그 사이에 담황색 무늬가 있다. 전신에 짧고 거친 돌기가 흩어져 있고, 그 끝에는 빳빳한 털이 1개씩 나 있다. 털이야 어쨌든 다리가 없으니 나비목 곤충의 애벌레는 아니다. 오두앙의 보고에 따르면 레오뮈르의 녹색벌레(vers verts)는 토끼풀 밭의 손님인 알팔파뚱보바구미(*Phytonomus variabilis*→ *Hypera postica*)[5] 애벌레란다. 그렇다면 분홍이나 푸른빛 애벌레도 소형 바구미의 일종일까? 그럴 가능성이 매우 높다.

레오뮈르는 그의 감탕벌 식단은 살아 있었는데, 파리나 소똥구리가 태어 나올 희망으로 길러 보려 했다. 뒤푸르도 바구미 애벌레들이 살아 있는 것이라고 했다. 두 관찰자 모두 식단의 요리가 움직이고 있음을 확실히 관찰했다. 구더기 같은 그 벌레들은 두 사람

[5] 『파브르 곤충기』 제1권에서는 변경된 학명을 추적하지 못하여 임시로 과거 학명 피토노무스바구미라는 이름을 썼다. 이제 맞는 학명을 찾고 보니 뚱보바구미아과의 뚱보바구미족에 속하는 종이며, 목초로 유명한 알팔파의 중요한 해충이기에 우리말 이름도 이를 참작하여 개명하였다.

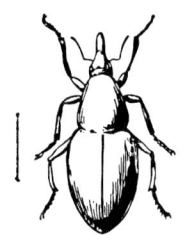
알팔파똥보바구미

의 눈앞에서 움직여 생명력이 충만하다는 징후를 보였다.

그들이 본 것을 나도 보았다. 작은 애벌레들이 팔딱팔딱 움직였다. 유리관 안에서는 몸을 구부려 고리처럼 말고 있지만, 관을 천천히 돌리면 고리를 풀었다 말았다 한다. 바늘 끝으로 살짝 스치면 갑자기 날뛴다. 어떤 녀석은 방향을 바꾸기도 했다. 감탕벌의 알을 길러 보려고 방을 길이로 열어 도랑처럼 만들었다. 다음 수평으로 놓인 도랑 안에 먹이를 조금씩 넣어 주었다. 다음 날은 벌레가 분명히 서로 떨어져 있는 것을 보았다. 그들이 쉴 때 방해를 받지 않으려고 날뛰거나 기어 다녔다는 증거였다.

벌이 겉치레로 칼을 차고 다니지는 않으니 나는 녀석들이 독침에 쏘인 것으로 확신한다. 무기란 쓰려고 있는 것이다. 그러나 상처가 가벼워서 레오뮈르도 뒤푸르도 거기까지는 주의가 미치지 못했고, 두 사람 모두 애벌레에게 상처가 없다고 생각했다. 그게 사실이라면 감탕벌이 웬만큼 신중하지 않고서는 알이 무슨 봉변을 당할지 모를 일이다. 같은 방안에 알이나 새끼벌레와 24마리나 되는 애벌레가 떼를 지어 꿈틀댄다. 사소한 일에도 큰일로 변할 수 있는 곳이다. 연약한 알이 어떻게 이 위험을 벗어날 수 있을까?

내가 추론했던 것처럼 알은 천장에서 드리워졌다. 아주 짧은 섬유를 천장에 고정시키고, 그 끝의 공중에 알을 매달아 놓았다. 조금만 움직여도 실 끝의 알이 흔들리고, 이 진자운동이 나의 이론적 예견이 맞았음을 뒷받침해 준다. 그동안 숱하게 겪었던 나의 고생에 대해 보상이 따른 이 기쁨의 순간을 처음으로 맛보았다. 이제부터 설명하겠지만 나는 이 기쁨을 만끽했다. 사랑과 인내와 숙련된 눈으로 조사하면, 벌레의 세계는 언제나 우리에게 무엇인가 불가사의한 것을 보여 주려 한다. 방금 말한 대로 알은 아주 짧고 가는 실 끝에 연결되어 공중에 매달렸는데, 아래쪽 끝은 먹이가 쌓인 마루의 위쪽 2mm 근처에 있다. 방이 경사졌을 때는 공중에 매달린 알의 축이 그만큼 기울어져 바닥과 직각이 되지는 않았다.

　나는 방안에 매달린 알의 발육 과정을 내 집에서 느긋하고 편하게 관찰하고 싶었다. 아메드호리병벌의 경우는 둥지 받침대인 돌을 옮길 수 없어서 실행 가망성이 없었다. 그런 둥지는 현장에서 관찰할 수밖에 없다. 하지만 감탕벌 둥지는 그렇게까지 불편하지는 않았다. 한 개의 방을 파 보니 정말 내 생각대로였다. 그래서 작은 방 둘레의 흙을 작은 칼로 파내서 방을 통째로 꺼냈다. 물론 그 안에서 일어나는 일을 모두 관찰하려는 것이지만 벽을 몽땅 드러내지는 않았다. 흙이 잘린 곳은 절반으로 갈라진 도랑 같다. 사냥물은 될 수 있는 대로 하나씩 살살 꺼내서 다른 유리관으로 옮겼다. 가능한 한 그렇게 해야 식량 더미를 옮기는 동안 일어날지 모르는 사고, 즉 요동질을 피할 수 있을 것이다. 식량을 비운 집에는 알만 공중에 매달려 있게 된다. 유리관에 이 원통 모양 흙덩이를 넣고 아래는 솜으로 괴어 받쳤다. 노획물이 든 관들은 양철통에 넣었다. 알은 수직으로 놓인 상태가 되어야 벽에

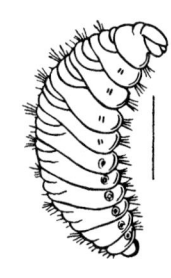

바구미 애벌레

부딪히지 않으므로 이 상태를 유지한 채 손으로 잡아 모셔 갔다.

　나는 한 번도 이렇게 까다로운 이사를 해본 적이 없다. 실이 너무 가늘어서 그것을 확인하려면 돋보기가 필요할 정도인데, 잘못 옮겨서 실이 조금이라도 꺾이는 날이면 매달린 알이 떨어질지도 모른다. 흔들림의 진폭이 너무 커도 알이 벽에 부딪혀 상할지 모른다. 알이 종칠 때 종 옆구리를 때리는 방울 채 신세가 되어서는 안 된다. 나는 완전히 뻣뻣해진 몸으로 한 발 한 발 조심하며, 느릿느릿 마치 로봇 인간처럼 어색하게 걸었다. 누군가 외면할 수 없는 친구가 불쑥 나타나, 걸음을 멈추고 한두 마디 인사말을 나누며, 악수라도 청하는 날이면 그야말로 큰일이다. 상대방에게 잠시라도 마음을 빼앗겨 벌레집을 깜빡 잊는다면, 실험은 끝장이 아니겠더냐! 상대가 곁눈질로 흘겨보는 것을 참지 못해도, 또 내 강아지 뷜이 원수진 개와 과거의 원한을 풀겠다고 서로 코를 맞대고 으르렁대는 날이면 그를 어떻게 해야 할까? 난동을 피하려면 착한 우리 개가 촌구석의 사나운 똥개와 난투극이 벌어지지 않아야 한다. 이런 소동이 내 실험을 몽땅 망칠 수도 있다. 멀쩡한 정신을 가진 사람의 집념으로 행하는 일인데 똥개들 싸움에 휘말려 성공과 실패가 좌우될 수는 없는 일이 아니더냐!

　이렇게 고마울 데가 있나! 다행히도 길에는 아무도 없었다. 그렇게 걱정하던 실도 끊어지지 않았다. 알도 다치지 않았고 온갖 일이 잘되었다. 안전한 장소에서 방이 수평을 유지하도록 작은 흙덩이로 받쳐 놓았다. 알 옆에는 거기서 걸어 온 서너 마리의 먹이를 놓아두었다. 새끼벌레의 방은 벽이 잘려 나가 반쪽짜리 도랑처럼 되었으니 먹이를 한꺼번에 모두 넣었다가는 사고가 일어날 수도 있다. 이틀 뒤 알이 부화했다. 갓 까나온 애벌레는 노란색이며, 머리를 아래로 향하고 엉덩이로 매달려 있다. 녀석은 벌써 피부가 처진 최초의 벌레를 먹기 시작했다. 매달린 줄은 알을 지탱하던 짧은 실과 주름살투성이 리본처럼 벗겨진 알껍질로 이루어졌다. 신생아가 이 주머니 모양의 리본 속으로 들어가려면, 먼저 엉덩이를 가늘게 했다가 그다음 둥글게 부풀린다. 새끼벌레는 휴식을 방해하거나 먹이가 움직이면 몸을 움츠린다. 하지만 호리병벌 애벌레처럼 위쪽 터널 속으로 들어가 숨지는 않았다. 그래도 천장에 매달린 줄은 새끼벌레의 구명용 밧줄이며, 몸을 움츠리면 위험하던 먹이와 거리가 생겨 몸을 보호하게 된다. 조용해지면 몸을 다시 펴고 먹이로 다가온다. 처음 얼마 동안은 이런 식으로 지낸다. 이상의 내용은 내 집의 사육조 안에서, 그리고 아주 어린 벌레가 들어 있는 둥지를 파낸 현장에서 관찰한 결과였다.

 24시간 뒤 맨 처음 먹이가 모두 먹혔다. 그 무렵 새끼벌레는 고통스러운 허물벗기를 하는 중인 것 같다. 한동안 웅크린 몸이 움직이질 않는다. 그런 다음 매달렸던 실에서 떨어져 내려온다. 이제 자유의 몸이 되어 살아 있는 식량 뭉치와 섞인다. 그동안 알을 보호하고 부화할 때도 지켜주던 구명용 밧줄이 오랫동안 쓰일 수는 없다. 그래서 이제는 도피

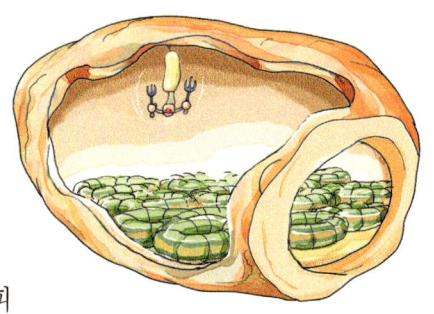

의 재주를 부릴 수도 없다. 그런데 어린 벌레는 아직도 몸이 가냘프고 위험은 조금도 줄어들지 않았다. 하지만 우리는 또 다른 보호 수단을 발견하게 된다.

이런 일은 정말 희귀하고 예외적인 경우로 다른 데서는 비슷한 예조차 본 일이 없다. 알은 식량을 방에 들여놓기 전에 낳는다. 먹이가 전혀 없는데 알이 천장에 매달린 방 몇 개를 보았다. 다른 방은 물론 알이 있고, 먹이는 겨우 두세 마리뿐이다. 이제 24마리의 꼬치구이를 모으기 시작한 단계이다. 이 감탕벌은 다른 사냥벌과 달리 먹이를 사냥하기 전에 알을 낳는 점이 특징인데, 다음에서 보듯이 여기에는 나름대로 그럴듯한 이유가 있다. 이런 논리가 존재하는 것에 우리는 찬사를 아끼지 않을 수가 없다.

빈방에 낳는 알은 벽이 비었다고 해서 아무 데나 낳는 것이 아니다. 입구 맞은편의 깊숙한 곳에서 얼마 멀지 않은 곳에 매달아 놓았다. 레오뮈르가 이미 애벌레는 여기서 태어났다고 지적하긴 했어도 그 중요성은 눈치 채지 못해 자세한 설명이 없었다. 그는 이렇게 말했다. "벌레는 구멍의 끝 방 깊숙한 곳에서 태어났다." 하지만 알에 대해서는 언급하지 않았다. 어쩌면 알은 발견하지 못했는지도 모르겠다. 그는 애벌레의 위치를 잘 알았으므로 자신이 직접 만든 유리방에서 사육했는데 애벌레는 밑에, 먹이들은 위쪽에 놓았다.[6]

유명한 감탕벌 이야기가 서너 마디로 간단히 끝낼 만큼 사소한 일이라서 내가 지금 쓰기를 멈추고 있을까? 사소하다니, 절대로 아니다! 사소한 게 아니라 정말 중요한 문제이다. 알은 깊은 곳에 낳는데, 방이 비어 있지 않으면 산란할 수 없다. 식량은 산란한 다음 넣는데 알 앞에 한 마리씩 차곡차곡 넣는다. 식량을 이렇게 방의 입구까지 채운 다음 문을 막는다.

먹이를 가득 채우려면 여러 날 걸리는데, 채운 식단 중 가장 오래된 녀석은 어느 것일까? 알 바로 앞에 놓인 녀석이다. 그다음 녀석도 알 수 있는데, 필요하면 직접 관찰해서 증명하면 된다. 살아서 저장된 먹잇감들이 날이 갈수록 힘이 빠지는 것은 당연하다. 상처가 악화되어 병이 깊어지는 경우가 아니라도 오랫동안의 단식 자체가 허약해짐의 원인이다. 어린 벌레는 깊숙한 방안에서 태어난다. 따라서 갓 태어났을 때는 바로 앞의 가장 오래되어 가장 기운이 빠져 위험이 가장 적은 먹이를 공급받은 셈이다. 산더미처럼 쌓인 사냥물 안으로 들어갈수록 새것, 다시 말해서 힘이 많이 남은 먹이를 만나지만, 어린 벌레도 이제는 강해져서 그들의 공격을 걱정할 필요가 없다.

제일 먼저 사냥되어 가장 오랫동안 저장된 요리부터 최근에 잡혀 신선한 것까지 차례대로 배열된 순서는 살아 있는 정도 역시 순서가 바뀌지 않는다는 뜻이다. 실제로 그렇다. 두 선배 학자도 새끼에게 제공된 식량이 가락지처럼 동글게 말려 있음에 대해 어떤 눈치를 채고 있었다. 레오뮈르는 "방은 12마리의 푸른 고리들로 점령되었고, 그 고리 하나하나는 지렁이 모양의 애벌레인데, 녀석들이 살았으므로 고리를 이룬 것이다. 녀석들은 담벼락에 바짝 붙여졌는데 빈틈없이 쌓여

6 애벌레를 위에, 먹이를 밑에 배치했을 것 같은데, 원문은 이와 반대로 쓰여 있다. 착각을 하여 잘못 썼는지 아닌지에 대해 확인할 수 없어 그냥 원문대로 번역했음을 감안하기 바란다.

서 마음대로 움직일 수가 없다."고 했다.

나도 두 타(24개)의 살아 있는 먹잇감에서 그런 사실을 확인했다. 벌레들은 둥근 가락지 모양이었고, 약간 흐트러지긴 했어도 대체로 줄 맞춰 차례대로 놓였으며, 등은 담벼락에 붙여졌다. 모두 침에 쏘인 것 같은데, 그래서 가락지 모양을 했다고 생각지는 않는다. 나나니에게 쏘인 벌레는 이렇게 말린 경우가 없었다. 녀석들이 고리 모양을 한 것은 아무래도 그들의 천성이며, 평상시에도 흔히 보는 자연적 자세라고 생각한다. 살아 있는 벌레들은 그들의 정상 자세인 고리 모양으로 돌아가고 싶었을 것이다. 그런데 각각의 벌레는 등으로 벽을 버텨서 방의 수평이 약간 기울었더라도 지금 점령한 위치에 그대로 머물러 있게 된다.

한편 방의 모양도 먹이를 가져다 넣는 방법을 고려해서 계산된 구조이다. 입구와 가까워 식량 창고에 해당하는 부분은 좁은 원통 같다. 따라서 여기는 고리 모양인 애벌레가 움직일 융통성이 없어서 미끄러져 떨어지지 않고 그 자리에 머물게 만들어진 구조이다. 물론 사냥물을 넣는 자세는 불편했겠지만 차례차례 안으로 밀어 넣게 된다. 입구의 반대쪽인 깊은 곳은 타원형으로 부풀어서 공간이 넓다. 그래서 태어난 어린 벌레가 활동하는 데 불편하지 않게 만들어졌다. 이 차이는 두 곳의 지름을 잰 실측치가 잘 설명해 준다. 입구 지름은 4mm, 깊은 곳의 지름은 6mm였다. 이런 넓이 차이로 방은 둘로 나뉜 셈이며, 앞쪽은 식량 창고, 안쪽은 식당인 셈이다. 넓고 둥근 지붕으로 덮인 호리병벌 둥지는 방안이 이런 식으로 정돈될 수 없는 구조였다. 사냥물은 새것이나 오래된 것이 뒤섞

였고 고리 모양도 아니었다. 오히려 제멋대로 구부러진 송충이들이 난잡하게 쌓인 상태였다. 하지만 이런 혼잡에서 오는 불이익은 구명용 자루가 잘 보완했다.

감탕벌은 식량을 쌓는 방법도 첫 먹이부터 마지막 꼭지까지 모두 차례가 정해져 있다. 아직 먹이에 손대지 않았거나 이제 막 먹기 시작한 방에서는 이런 장면을 볼 수 있다. 알이나 갓 부화한 벌레가 머문 식당은 완전히 빈 공간이다. 가장 먼저 먹힐 서너 마리는 그와 얼마큼의 거리로 떨어져 있다. 다시 말해서 안전지대가 마련된 것이다. 먹이를 먹기 시작하는 가장 위험한 시기에 무슨 일이 생기면, 구명 밧줄이 도피의 장을 열어 준다. 다음은 먹기 행렬이 계속된다.

어린 벌레가 자라서 좀 강해지면 식량 더미를 멋대로 쑤시고 다닐까? 천만에! 아니다. 약한 자부터 강한 자의 차례로 먹는다. 눈앞에 보이는 한 마리의 고리 모양을 식당 가운데의 약간 옆으로 끌어내서 뜯어먹는다. 그러면 다른 녀석들의 방해를 받을 염려가 없다. 그렇게 차례차례 한 꼭지씩 아무 걱정 없이 모조리 먹는다.

지금까지의 관찰 결과를 간단히 요약하련다. 방안에 식량이 많이 준비되었다. 혹시 그들이 덜 마비되었다면 벌의 알이나 갓 태어난 애벌레가 안전에 위협받을 것이다. 어떻게 이 위협을 피할까? 방법은 많다. 호리병벌 애벌레는 구명 자루를 통해 천장으로 올라가는 방법을 보여 주었다. 감탕벌도 같은 방책을 썼지만 더욱 복잡한 독자적 해결책도 있었다.

알이나 갓 태어난 새끼는 위험한 먹이와의 접촉을 피해야 한다.

황테감탕벌 호리병벌이나 감탕벌은 대개 진흙을 물어다 자기 나름의 독특한 둥지를 짓는다. 하지만 황테감탕벌은 다른 벌이 지었던 집이나 빈 구멍을 찾아서 벽에 진흙을 바르고 입구는 회나 모래 또는 목질섬유나 종잇조각으로 막는다.

천장에 매달린 실이 위험을 해결해 주는데, 이것은 호리병벌의 방법이다. 하지만 애벌레가 첫 먹이를 먹고 나면 도피했던 실에서 독립한다. 이제는 자신의 행복을 위한 매혹적인 조건들이 시작된다.

안전을 위해서는 가장 힘이 빠진 녀석부터 먹을 필요가 있다. 제일 먼저 잡혀 온 녀석, 즉 가장 오랫동안 굶어서 거의 죽어 가는 녀석부터 먹힌다. 이 원리에 따라 오래 묵은 먹이부터 먹기 시작해서 새것으로 옮겨 간다. 결국 감탕벌은 일반적인 사냥벌 사회와는 다른 목적에서 그들의 통상적인 규칙에 예외를 만들었으며, 식량을 저장하기 전에 산란했다. 그것도 방안의 가장 깊은 곳에 낳았으며, 먼저 잡힌 녀석이 더욱 안쪽에 놓인 것이다.

먹는 순서가 정해졌다고 끝난 게 아니다. 먹잇감들이 살아 있어서 그들끼리 움직여 순서가 바뀌지 않게 하는 것도 중요하다. 감탕벌 어미는 이 점도 예측했다. 이미 식량 창고를 좁은 원통처럼 만들어 잡혀 온 녀석들이 움직일 수 없게 해놓았다.

아직도 완전하게 갖춰지지 않았다. 새끼벌레는 자유로이 활동할 공간이 필요하다. 이 조건 역시 충족되었다. 식당 겸용의 안쪽 구석방은 비교적 넓어서 자유롭게 행동할 수 있다.

이제 다 되었을까? 천만에, 절대로 아직은 아니다. 식당이 창고처럼 막혀 있으면 안 된다. 하지만 이 점도 알고 있어서 아주 적은 양의 먹이만 식탁에 오를 수 있게 해놓았다.

이제는 끝일까? 결코 아니다. 먹잇감을 쟁여 놓은 창고가 아무리 좁은 원통이더라도 녀석들이 기지개를 켜는 날이면 새끼벌레에게 미끄러질 위험이 있다. 이 점 역시 감탕벌은 잘 예견했다. 잡혀 온 녀석들은 자기 몸을 스스로 고리처럼 마는 버릇이 있는 벌레들이니 자신의 탄력으로 제자리에 머물러 있게 되어 문제가 없다.

감탕벌은 이렇게 어려운 여러 단계의 문제를 교묘하게 헤쳐 나가 그 결과 훌륭하게 자손들을 후세로 남긴다. 이 벌이 보여 준 훌륭한 선견지명들, 우리는 이 선견지명 자체만으로도 매혹적인데 둔탁한 우리 눈이 이런 것들을 보았으니 이 얼마나 다행한 일이더냐!

과연 이 벌은 오랜 세월에 세대를 거듭하면서 우연한 시련과 맹목적인 시도로 조금씩 이어 오다가 이런 생활의 지혜를 획득했을까? 이들의 질서가 정말 혼돈 속에서 태어났고, 그들의 예견능력은 우연에서, 지혜는 무분별에서 생겨났을까? 세상은 세포 속에 응결된 단백질 분자의 숙명적 진화에 굴복하는 것일까, 아니면 하나의 예지에 의해 지배되는 것일까? 보면 볼수록, 관찰하면 할수록, 이 예지는 불가사의로 가득 찬 세상 만물의 저 뒤편에서 스스로 빛을 발한다. 사람들이 나를 밉살스러운 인간의 궁극적인 대상에 포함시킬 것임을 나도 잘 안다. 그래도 내게는 아주 작은 걱정거리가 있다. 어째서 미래에는 정론이 될 하나의 이정표가 오늘날은 유행의 밖에 머물러 있을까?

7 진흙가위벌에 대한 새로운 연구

이 장과 다음 장은 영국의 저명한 박물학자 찰스 다윈(Charles Darwin)에게 편지를 보내려던 내용이다. 그는 지금 웨스트민스터(Westminster) 사원에서 뉴턴(Newton)과 마주 누워서 잠들었다. 그와 오가던 편지에서 나는 그가 암시했던 몇몇 실험 결과를 알려 주기로 되어 있었다. 그것이 내게는 즐거운 일이었으나 실제로 관찰된 현상은 사실상 나를 그의 이론에서 멀어지게 했다. 그래도 그의 성품이 훌륭하며, 학자로서의 정직한 면을 가진 것에 깊이 존경하고 있었기에 그와의 교신은 즐거운 일이었다. 이 보고서를 준비하고 있을 때 비보가 날아들었다. 뛰어난 이 인물이 별세했다는 소식이다. 종(種)의 기원(起源)이란 엄청난 문제를 연구하고, 이해가 불가능한 최후의 문제인 내세(來世)라는 문제와 싸우고 있었다. 비보를 접했으니 이 글을 웨스트민스터의 묘지로 보낼 형편도 아니라서 글을 편지 형식으로 쓸 것조차 단념했다. 그러면 좀 더 학자다운 문체로 써야 하는지도 모르겠다. 하지만 나는 자유로운 문제로 여러분에게 설명하고자 한다.

이 영국 학자는 나의 『곤충기』 제1권을 읽고 특히 한 가지 사실에 강한 인상을 받았다. 그것은 진흙가위벌(*Chalicodoma*→ *Megachile*)을 멀리 데려가서 그곳에 놓아주어도 자기 둥지로 되돌아오는 능력이 있다는 이야기였다. 과연 무엇이 되돌아오는 데 나침반 역할을 하며, 무엇이 벌을 제 방향으로 인도할까? 진지한 그 관찰자도 언젠가는 비둘기로 실험해 볼 생각이었으나, 항상 여러 일에 쫓겨 실험하지 못했노라고 내게 털어놓았다. 나는 벌로 이 실험을 할 수 있고, 새 대신 곤충을 이용해도 문제는 없다. 그의 편지 중에서 실험에 관해 제시했던 부분을 발췌하여 여기에 옮겨 본다.

곤충이 제집으로 돌아가는 길을 찾아낸다는 당신의 훌륭한 실험과 관련하여 내가 제안하는 것을 허락해 주십시오. 나는 전부터 비둘기로 이런 실험을 해보고 싶었습니다. 곤충을 종이봉투에 넣고 데려갈 장소와 반대 방향으로 백 걸음쯤 걸어간 다음, 거기서 돌아오기 전에 중심축이 가운데 끼워진 원통상자 안에 벌을 넣고 한 방향, 다음은 반대 방향으로 빠르게 회전시키기 바랍니다. 그렇게 빠른 속도로 한동안 돌려서 곤충이 방향감각을 잃게 합니다. 나는 동물이 맨 처음 옮겨질 때 이미 자신의 방향을 인식했을 거라는 생각이 들 때도 있습니다.

요컨대 다윈의 제안은 다음과 같다. 벌을 한 마리씩 종이봉투에 넣고 — 내 실험에서 이미 한 것 — 그들을 놓아주려던 장소와 반대 방향으로 백 걸음쯤 이동하고 나서, 거기서 포로들을 원통상자에 넣고 중심축에서 한 방향과 반대 방향으로 회전시킨다. 그러면 벌의 방향감각이 마비될 것이다. 이때 목적했던 장소로 가서 놓아주라는 것이다.

이 실험 방법은 아주 훌륭하게 고안되었다고 생각했다. 나는 서쪽으로 가기 전에 동쪽으로 간다. 하지만 방향을 바꾸었어도 벌들은 이미 종이봉투의 어둠 속에서 데려가는 방향을 감지했을지도 모른다. 만일 벌에게 그 출발점에 대한 인상을 방해한 것이 없다면 되돌아올 때 그 느낌을 이용할 수도 있을 것이다. 3~4km 밖으로 데려갔던 진흙가위벌들이 둥지로 회귀(回歸)한 것은 느낌을 이용한 것이라고 답변할 수 있다. 하지만 벌이 처음에 운반된 곳에서의 방향에 깊은 인상을 가졌을 때 그 방향과 반대 방향으로 번갈아 가며 빨리 회전시킨다. 그러면 벌은 동쪽도 서쪽도 모르게 될 것이며, 내가 반대 방향으로 돌아선 것조차 눈치 채지 못하고 처음의 느낌만을 계속 가지고 있을 것이다. 어쩌면 서쪽으로 데려가도 동쪽으로 간다고 느낄 것이다. 방향의 잔상 덕분에 벌은 방향감각을 잃을 것이다. 따라서 이때 벌을 놓아주면 둥지와 반대 방향으로 날아갈 수도 있을 것이다. 그렇게 되면 이 벌은 영원히 자기 집으로 돌아오지 못할 것이다.

이런 결과는 내 실험에서도 있을 수 있다고 생각했다. 게다가 주변의 시골 사람들마저 이 생각을 충분히 뒷받침할 이야기들을 하고 있었다. 어디 그뿐인가. 이런 종류의 문제들에 대한 지식에는 돈을 주고도 살 수 없는 나의 친구 파비에가 먼저 첫 실마리를 던졌다. 그는 이런 이야기를 했다. 고양이를 데리고 아주 먼 동네로 이사를 하는데 출발 전에 고양이를 자루 속에 넣고 빠르게 몇 바퀴를 돌린다는 것이다. 그러면 고양이는 옛집으로 돌아오지 못한다고 했다. 파비에가 먼저 이런 말을 했고, 많은 사람이 똑같은

피레네진흙가위벌

말을 반복했다. "자루 속에 넣고 빙글빙글 돌리면 틀림없소. 고양이는 방향을 모르게 되어 돌아갈 수 없지." 나는 들은 대로 영국에 전했다. 영국 다운(Down) 지방의 철학자에게 백성이 과학자보다 앞선다는 말까지 했다. 다윈은 이 말에 재미있어 했고 나도 그랬다. 그래서 우리 둘은 실험이 대체로 성공할 것으로 생각했었다.

이런 이야기는 겨울철에 했다. 실험은 5월에 시작되므로 준비할 시간은 충분했다. 파비에가 돕겠다고 나섰다. "자네가 알고 있다는 둥지가 필요하네. 물역(物役) 가게에서 새 기와와 회반죽을 가져다 이웃집 광의 지붕 위에 올려놓게. 그리고 둥지가 가장 많이 지어진 기왓장을 한 타(12개)쯤 빼내고, 대신 새 기와로 바꿔 주게."

명령대로 준비하였다. 이웃집 사람도 기꺼이 기와를 교환해 주었다. 사실 그 사람도 가끔 미장이벌의 건축물을 떨어내야

만 하니 환영이었다. 벌집을 부셔 내지 않으면 언젠가는 지붕이 무너져 내리는 위험을 감수해야만 한다. 나는 올해나 내년쯤 보수 작업을 해야만 하는 그 집에다 선수를 친 셈이다. 저녁때 네모난 기와에 아름다운 둥지가 점령한 12장을 손에 넣었다. 둥지는 각 기와의 불룩한 면, 즉 아래쪽 광을 향한 면에 붙어 있었다. 무게가 궁금해서 저울로 달아 보았더니 16kg이나 되었다. 아마도 이것을 가져온 지붕은 70매의 기왓장이 모두 빈틈없이 이런 덩어리로 덮였을 것이다. 큰 덩이, 작은 덩이를 평균해서 16kg의 절반만 잡아도 벌 도시의 총 건축물 무게는 560kg이나 된다. 그뿐만이 아니다. 어떤 사람은 이 집 광보다 훨씬 많은 둥지가 지어진 광을 본 적도 있다고 했다. 진흙가위벌이 집성촌을 지을 장소가 마음에 들어서 몇 세대라도 쌓고 싶은 대로 쌓게 내버려 두면, 그 둥지의 무게로 지붕이 조만간 내려앉을 것이다. 둥지를 그냥 놔두고 습기가 스며들어도 그냥 놔두어 지붕이 내려앉는다면, 그야말로 골통이 깨질 만큼 큰 돌이 곧 머리 위로 떨어지는 격이다. 그런데도 이런 실상은 별로 알려지지 않은 이 곤충의 기념비적 건축물이다.

내가 제시한 주요 목표를 달성하려면 둥지가 이렇게 많아도 충분한 것이 아니다. 양의 문제가 아니라 질의 문제이다. 실험 재료

※ 『곤충기』 제1권의 진흙가위벌 이야기에서 나는 중대한 잘못을 범했으나 별로 알려지지 않았다. 나는 *Chalicodoma sicula*(시실리진흙가위벌)라는 이름으로 두 종류의 둥지가 있다고 했으나 잘못 안 것이었다. 하나는 민가, 특히 광의 기왓장 아랫면에, 다른 하나는 관목의 작은 가지에 둥지를 튼다고 했다. 전자는 몇몇 별명이 있는데, 그 이름들을 연대순으로 나열하면 *Ch. pyrenaica*(피레네진흙가위벌), *Ch. pyrrhopeza*(→*Megachile pyrrhopeza*, 피레네진흙가위벌), *Ch. rufitarsis*(붉은발진흙가위벌)로, 우선권을 가진 이름이 오해하기 쉬워 아쉬웠다. 피레네 지방산 벌에게 '피레네'라는 이름을 붙이려고 얼마간 망설이다가, '헛간진흙가위벌'이라고 했는데 불편한

는 작은 보리밭과 올리브 밭 사이의 이웃집에서 가져왔다. 이 벌들은 오랜 세월 그 집의 광을 차지하고 살아온 손님들인 만큼 이미 조상 대대로 유전적 영향을 받았을지도 모른다. 타향으로 끌려 온 벌들이 그 가족의 뿌리 깊은 습성에 이끌려 조상의 처마를 발견하고, 멀리서도 쉽게 그 둥지로 찾아갈지 모른다. 오늘날은 유전학 영향이 매우 큰 역할을 한다며 만사를 유전에 떠넘기는 시대이다. 따라서 내 실험도 이런 불리한 조건은 제거시키는 게 좋겠다. 멀리서 옮겨 온 낯선 벌이 고향으로 돌아가겠다고 새 집터를 버린다면, 나는 그런 벌로는 실험할 수가 없다.

적당한 실험 재료를 구하는 일은 파비에가 맡았다. 그는 마을에서 몇 킬로미터 떨어진 아이그(Aygues) 하천가의 버려진 가옥에 대단히 많은 식구를 거느린 진흙가위벌 집성촌이 있음을 알고 있었다. 손수레로 둥지가 지어진 돌담을 실어 올 참이다. 하지만 나는 말렸다. 돌이 많이 깔린 길로 덜커덩거리며 수레를 끌어 왔다가는 둥지가 모두 박살 날 것 같아서였다. 그래서 등짐 상자로 나르기로 하고 조수 한 사람과 함께 떠났다. 덕분에 나는 둥지가 매우 많이 지어진 기와 넉장을 손에 넣었다. 그 넉장은 건장한 두 어깨가 짊어질 만큼 짊어진 것이고, 그들이 돌아왔을 때는 지칠 대로 지쳤었다. 르바이양(Le Vaillant)[1]은 두 마리의

이름은 아니었다. 자, 독자 여러분은 곤충분류학의 요구에 따를 것인가, 아니면 이해하기 쉬운 쪽을 택할 것인가? 또 나뭇가지에 둥지를 트는 종은 Ch. rufescens인데, 같은 이유로 '관목진흙가위벌' 이라고 했다. 이렇게 종명이 정정된 것은 보르도(Bordeaux)대학 교수이며, 벌에 관한 지식이 풍부한 석학 페레(M. J. Perez) 씨의 덕분이다.〔역주: pyrrhopeza는 Megachile 속으로 옮겨졌고, pyrenaica와 동일종이다.〕

1 François Levaillant 또는 Le Vaillant, 1753~1824년. 프랑스 여행가, 박물학자, 동물 채집가. 특히 새를 많이 연구하면서 린네의 이명법에 반대하여 프랑스 어로 이름을 지었다.

물소(Buffles: *Syncerus*)가 끄는 수레에 가득 차는 무리베짜기새(Républicains, 예: *Philetairus socius*) 둥지 이야기를 한 적이 있다. 우리 진흙가위벌도 남아프리카의 이 새와 좋은 맞수라 하겠다. 아이그 하천가의 둥지를 모두 이사시키려면 물소 두 마리로도 안 되겠다.

우선 이 기왓장들을 놓아둘 장소를 물색해야 했다. 나는 관찰하기 편하게 눈 가까이 두고 싶었다. 옛날의 그 고생에 — 항상 사다리를 오르내려야 했고, 막대기 위에서 발바닥이 아플 만큼 오랫동안 기다려야 했고, 벽에서 반사하는 뜨거운 햇볕에 그을렸던 그 고생에 — 넌덜머리가 났었다. 한편 이 손님들은 우리 집에서도 자기 집처럼 거동해 주길 바랐다. 벌들에게 새 보금자리가 빨리 친숙해지고, 그들의 생활을 즐겁게 해주는 것이 나의 의무였다. 하지만 벌써 안성맞춤인 장소를 준비해 놓고 있었다.

발코니 밑에 현관문이 넓게 열려 있고, 벽은 햇빛을 받아도 그 안은 그늘이 져서, 거기는 벌과 나 양쪽에게 꼭 맞는 장소였다. 양지는 그들에게, 그늘은 내게 유리한 장소였고, 굵은 철사 갈고리에 기와를 한 장씩 걸어서 눈높이의 벽에 매달았다. 좌우의 벽에 두 장씩 마주하고 있어서 좀 특이한 풍경이다. 집에 와서 이 진열품을 본 사람이라면 아마도 지방이 많은 외국산 생선을 사다 토막을 쳐서 햇볕에 급히 말려 건어물을 만드는 것으로 생각했을 것이다. 그게 아님을 알면 즉시 새로 고안한 벌집 앞에서 넋을 잃고 이러쿵저러쿵 떠든다. 나를 꿀벌의 변종 사육자라고 소문을 낸다. 그것이 돈을 벌어 줄지 누가 알겠느냐고!

4월이 채 끝나지 않았다. 벌 둥지에서는 벌써 활발한 활동이 시작되었다. 한참 일할 때는 벌 떼가 마치 작은 구름 같고, 붕붕거리는 소리가 마치 으르렁대는 포효 같았다. 현관은 출입이 매우 잦은 곳이다. "식료품을 가지러 갈 수가 없어요." 드디어 아내가 이렇게 가까운 곳에, 즉 식료품 창고와 통하는 대문 옆에 위험한 나라를 세워 놓았다고 불평하기 시작했다. 나는 '아주 평화스러운 녀석들이니 쏘일 염려도 없고, 우리가 잡지 않으면 칼을 빼지도 않으니 전혀 위험하지 않다.' 등의 변명을 늘어놓았다. 벌 떼 사이를 헤치고 다니며 다시는 불평하지 않도록 증명해 보일 필요도 있었다. 벌이 새카맣게 달라붙은 둥지에 내 얼굴이 거의 닿을 만큼 갖다대 보고, 몇 마리를 손에다 올려놓거나 벌들의 소용돌이 가운데 서 보기도 했다. 물론 전혀 안 쏘였다. 나는 옛날부터 이 벌들의 평화로운 기질을 알고 있었다. 사실상 전에는 나도 남들처럼 무서워했고, 줄벌(Anthophora) 떼나 진흙가위벌 떼 속으로 들어가려면 오금이 저렸었다. 하지만 지금은 그렇지 않다. 그들을 괴롭히지 않으면 쏘일 염려가 없다. 기껏해야 한 마리 정도가 화를 냈다기보다는 그에게는 희한하게 생긴 우리 얼굴을 보고 싶어한다. 그래서 얼굴 가까이 날아와 빤히 쳐다보거나 약간 위협적인 날갯소리를 낼 정도였다. 내버려 두시오. 벌이 쳐다본다고 해서 쏘일 염려는 없지 않소.

몇 번 그렇게 보여 주었더니 아내도 안심했다. 어른도 애들도 모든 식구가 보통 때처럼 대문을 자유로이 왕래했다. 벌은 공포의 대상에서 벗어나 후련한 존재가 되었다. 모두 열심히 일하는 그들의 하루 공정을 지켜보는 게 오히려 즐거웠다. 다른 사람에게는

애수염줄벌 수컷의 더듬이가 매우 긴 것이 특징이다. 우리나라에는 10종가량의 줄벌이 분포한다. 시흥, 10. V. '92

이런 비밀을 밝히지 않기로 했다. 누군가 일을 보러 왔다가 문을 지날 때 내가 매단 기왓장을 보고 그 앞에서 발을 멈춘다. 그리고 짤막한 말들이 오간다. "당신은 쏘지 않다니, 길을 참 잘 들였군요." "그렇습니다. 길들었습니다." "내게도 그럴까요?" "글쎄요. 당신에게는……." 그러자 얼마큼 물러선다. 지금은 실험만 생각해야 할 때이니 그가 물러가기는 내가 바라던 바이다. 여행 실험에 사용될 진흙가위벌을 서로 구별할 수 있게 표식을 해야 한다. 아라비아고무 용액에 붉은 색소와 푸른 색소를 녹여 여행 떠날 벌에게 표식했다. 실험 재료가 서로 섞이지 않도록 각각 다른 색을 칠해야 한다.

지난번 실험 때는 놓을 장소에서 표식했다. 그때는 벌을 일일이 손가락으로 잡아야 했고, 덕분에 계속 침에 쏘이는 괴로운 처지였다. 어쨌든 그때는 살그머니 잡을 수 없었던 것이 문제였다. 녀석들은 가엾게도 날개 관절이 어긋나 날 수 없었는지도 모른다. 벌을 위해서도 나를 위해서도 표식법은 개선할 문제였다. 손가락으로 잡기는커녕 만지지도 않고 표식한 벌을 멀리 데려갔다가 놓아주는 것이 문제였다. 이렇게 신경을 써서 일하면 실험은 그만큼

더 잘될 것이다. 그래서 다음
과 같은 방법이 채택되었다.

벌이 둥지로 돌아와 꽃가
루를 털거나 미장일에 열중
할 때는 완전히 제 업무에 마
음을 빼앗겨 일에만 몰두한다.
이럴 때는 그를 흥분시키지 않
고도 가슴등판에다 지푸라기 끝의
물감을 쉽게 바를 수 있다. 이 정도로 가볍게 닿는 것은 벌에게도
아무 영향이 없다. 벌은 출발했다가 꽃가루나 시멘트 따위의 짐을
짊어지고 돌아온다. 햇볕 밑에서 일하면 가슴의 표식이 완전히 마
르는 시간도 얼마 안 걸리므로 자유롭게 여행시킬 수 있다. 이제
는 손을 대지 않고 벌을 종이봉투에 넣는 단계이다. 이것은 문제
가 없다. 일에 열중한 녀석 위에 작은 유리관을 씌우면 위로 날려
다 그 속으로 깊이 들어가게 된다. 곧바로 종이봉투에 옮기고 봉
한 다음, 모든 봉투를 함께 운반할 양철통에 담는다. 놓아줄 때는
봉투를 열기만 하면 된다. 이렇게 하면 처음부터 끝까지 한 번도
손을 댈 필요가 없다.

미리 해결할 또 하나의 문제가 있다. 둥지로 돌아온 벌의 수를
조사하려면 시간을 얼마나 잡아야 좋을까? 다시 말해 가슴이 털로
덮여 있어서 거기에 칠한 색소 무늬가 오래가지 못한다. 손가락으
로 눌러 가며 칠해도 소용없다. 벌은 등까지도 항상 빗질하고, 둥
지에서 나갈 때마다 몸의 먼지들을 털어 낸다. 꿀을 가지고 들어

갈 때는 담벼락에 쓸린다. 새로 태어난 진흙가위벌은 그렇게도 말쑥했는데 시간이 갈수록 고되고 많은 일로 털옷이 닳아 갈기갈기 찢기고 떨어져 나간다. 마치 막일 노동자의 작업복처럼 헌 누더기가 되어 버린다.

문제는 또 있다. 담장진흙가위벌(M. parietina)이 밤이나 날씨가 나쁠 때는 둥근 지붕 밑의 방안에 처박혀 있다. 피레네진흙가위벌(M. pyrenaica)도 통로가 비었을 때는 거의 비슷하게 행동한다. 그 안에서 머리만 밖으로 내민 채 피신한다. 낡은 건물이 둥지로 이용되고, 그곳에 새 방의 축조 공사가 시작되면 다른 곳을 은신처로 마련한다. 전에도 말했듯 아르마스(Harmas)에는 낡은 건물의 담으로 쓰였던 몇 개의 돌담이 있다. 담장진흙가위벌이 밤을 지내는 곳은 거기였다. 쌓아 놓은 돌끼리 이가 꼭 맞지 않아 생긴 틈 사이에 암수의 모든 벌이 밀집한 무리가 득시글거린다. 어떤 무리는 200마리나 되었다. 가장 흔하게 눈에 띄는 공동 침실은 좁다란 홈이다. 그 안에서도 될수록 깊은 곳으로 헤치고 들어가 벽에 등을 기대어 웅크리고 있다. 개중에는 사람처럼 배를 위로 향해 벌렁 누워서 자는 녀석도 있다. 비가 오거나 날이 흐리거나 북풍의 찬바람이 불어 닥치면 벌들은 은신처에서 꼼짝도 않는다.

이런 조건들을 종합해 보면 가슴에 칠한 표식이 언제까지나 남아 있을 수는 없다. 해가 떠 있는 동안은 빗질을 계속해 대고, 통로의 벽에도 비벼 대니 머지않아 지워진다. 밤에는 좁은 방안에 수백 마리가 모였으니 더욱 심하다. 돌 틈에서 하룻밤을 지냈으면 전날 칠한 표식은 기대하지 않는 게 현명하다. 그래서 빨리 둥지로 돌아온 벌의 수를 조사해야 한다. 표식이 지워진 벌을 가려낼 방법이 없으니, 그날 돌아온 벌만 계산할 수밖에 없다.

다음은 빙글빙글 돌릴 기구만 준비하면 된다. 다윈은 돌릴 수 있는 회전축과 핸들이 달린 원통상자가 좋겠다고 했으나, 그렇게 사치스럽고 편리한 물건이 내 손에 있을 리 없다. 그보다는 고양이가 방향감각을 잃도록 자루에 넣어서 돌리는 촌뜨기 방법이 훨씬 쉽고 효과에도 차이가 없을 것이다. 종이봉투로 격리된 벌들을 양철통 안에 가지런히 넣고 돌리면, 봉투가 쿠션 역할을 하므로 서로 부딪치지도 않는다. 이제 통에 끈을 달고 통째로 빙글빙글 돌린다. 이렇게 하면 속도도 마음대로 바꿀 수 있고, 방향을 바꾸어 반대로 회전시키는 것도 자유롭다. 속도를 늦출 수도 빠르게 할 수도 8자 모양의 곡선을 그릴 수도 있다. 여기에다 동그라미를 추가할 수도 있고, 나 자신이 방향을 바꾸면 더 복잡한 방향이 된다. 끈은 모든 방향으로 돌릴 수 있으면서도 회전에 방해가 될 게 아무것도 없다. 그러니 나는 이런 식으로 하련다.

1880년 5월 2일, 작업에 열중한 진흙가위벌 10마리의 등판에 흰색 표식을 했다. 그 중에는 새로 지을 방의 자리를 고르던 녀석도 미장일을 하던 녀석도 식량을 창고에 넣던 녀석도 있었다. 표식이 마르자 계획대로 했다. 우선 가려고 했던 방향과 반대 방향으로 0.5km쯤 갔다. 목적지로 가는 길은 우리 집 담을 끼고 가는 좁은 골목길이라 예비 작업을 하기에는 안성맞춤일 것 같았다. 짐작건대 거기에는 아무도 없으니 그 희한한 양철통 돌리기에 문제가 없는 곳이라 생각했다. 길 끝에 십자가가 서 있다. 그 십자가 밑에서 벌이 든 양철통을 모든 기준대로 빙글빙글 돌리기 시작했다. 한 방향으로, 또 반대 방향으로. 그 다음 8자 곡선을 그리다가, 이번에는 복잡하게 하려고 발뒤꿈치 축으로 몸을 회전시키는 순간, 갑자기 한 시골 여자가 다가오지 않던가! 그리고 그 눈, 나를 바라보는 눈, 아니 그 눈매! 십자가 밑에서 이렇게 바보 같은 체조를 하고 있다니! 곧 소문이 퍼질 것이다. '그 행동은 신이 무당에게 죽은 사람의 혼백을 만나도록 내리는 강신 춤이었다고요! 그리고 또 그 사람은 얼마 전에 죽은 사람을 파냈대요. 아주 오래된 무덤에서 죽은 사람의 정강이뼈도 캐냈고, 그가 쓰던 밥그릇도 캐냈대요.' 소문이 어디 그뿐이랴! 황천길의 긴 여행에 노자를 하려고 말의 어깨뼈 몇 개도 캐냈다고. 나는 누구나 다 아는 그런 짓을 했다. 지금 나는 십자가 밑에서 악마의 의식을 행하다가 들켰다.

그런 소문쯤은 상관없다. 나는 그렇게 다짐하면서도 보통 수준은 넘는 용기가 필요했다. 비록 예기치 않은 입회인이 있었지만, 그녀 앞에서 벌을 실수 없이 회전시켰다. 다음 오른쪽으로 돌아 세리냥의 서쪽으로 향했다. 될 수 있으면 또 사람을 만나지 않으려고 샛길을 통해서 밭을 건넜다. 이제부터는 들키더라도 봉투를 열고 벌을 놓아주기만 하면 된다. 실험을 좀더 결정적으로 완성하려고 도중에도 복잡한 회전운동을 계속했다. 벌을 놓아주기로 정한 장소에서도 세 번쯤 반복해서 회전시켰다.

정해진 방출 장소는 자갈 섞인 벌판의 깊숙한 곳, 여기저기 편도나무(Amandiers: *Prunus amygdalus*→ *dulcis*)와 털가시나무가 듬성듬성 서 있는 숲 근처이다. 여기까지는 똑바로 부지런히 걸어도 30

분은 걸리니 대충 따져도 3km는 충분한 거리였다. 일기는 좋았다. 하늘은 푸르고, 약하게 북풍이 분다. 나는 남쪽을 향해 앉았다. 하지만 벌은 둥지 방향이든 반대 방향이든 자유롭게 날아갈 수 있도록 자리를 잡았다. 2시 15분에 벌들을 놓아주었다. 봉투를 열자 절반 정도는 내 주위를 빙빙 돌더니 곧 힘차게 날아간다. 방향은 내가 판단한 세리냥 쪽이다. 하지만 관찰이 매우 어려웠다. 무슨 덩어리 같은 게 마치 떠나기 전에 나를 잘 보아 두겠다는 듯, 두세 바퀴를 돌다 곧 날아 버려 자세히 볼 수가 없었다. 둥지 옆에서 망을 보던 내 큰딸 앙토니아(Antonia)는 최초의 벌이 15분 뒤에 돌아온 것을 보았다. 저녁때 집에 도착했더니 또 2마리도 돌아왔다. 여행을 떠났던 10마리 중 3마리가 그날로 돌아온 셈이다.

이튿날 또 실험했다. 이번에는 10마리에다 붉은 표식을 했다. 어제 표식한 벌과 오늘의 여행에서 돌아오는 녀석들을 구별하기 위해서이다. 어제처럼 봉투를 조심스럽게 회전시켰고 같은 장소에서 놓아주었다. 다만 도중에는 돌리지 않았고 출발할 때와 도착했을 때만 돌렸다. 풀어 준 시간은 오전 11시 15분. 벌들이 열심히 일하는 낮 시간을 특별히 택했다. 앙토니아는 11시 20분에 1마리가 돌아온 것을 보았다. 제일 먼저 날려 보낸 녀석이라도 여기까지의 거리를 돌파하는 데 5분이면 충분했다는 계산이다. 사실상 그 녀석을 가장 먼저 날려 보냈다는 증거도 없다. 따라서 그들이 돌아오는 데 걸리는 시간은 더 짧을 수도 있다. 어쨌든 이것은 내가 검사했던 최고의 속도였다. 그날은 정오에 집으로 돌아갔는데, 벌써 3마리가 돌아왔으나 저녁까지 더 오지는 않았다. 오늘은 총

10마리 중 4마리가 돌아왔다.

　5월 4일, 날씨는 매우 맑고 바람 한 점 없이 따뜻하다. 실험을 하기에는 최적의 날씨였다. 50마리의 진흙가위벌을 골라 파란색 표식을 했고, 여행 거리는 전과 같다. 갈 곳과 반대 방향으로 몇백 걸음 옮긴 다음 첫 회전을 시켰다. 다음에 3번. 풀어 줄 때도 5번 돌렸다. 이렇게 해도 벌이 방향감각을 잃지 않는다면 그것은 회전시킨 횟수가 모자란 게 아니다. 오늘 아침은 좀 이른 것 같지만 9시 20분에 봉투를 열었다. 시간이 일러서 그런지 풀려난 벌들은 양지쪽 돌 위에서 잠시 햇볕을 쬐다가 날아간다. 오늘도 남쪽을 향해 앉았다. 왼쪽은 세리냥, 오른쪽은 피올랑(Piolenc)이다. 날아가는 벌의 속도가 느리고 방향이 눈으로 추적되는 것들은 왼쪽으로 사라진다. 드물게 몇 마리는 남쪽을 향한다. 두세 마리가 동쪽인 내 오른쪽으로 날아간다. 북쪽은 내 몸이 가려서 보이지 않는다. 어쨌든 절반 이상이 왼쪽으로, 즉 둥지 쪽으로 방향을 잡았다. 모두 풀려난 시간은 9시 40분이다. 길을 떠난 50마리의 벌 중 1마리는 봉투 안에서 표식이 없어졌다. 그를 빼면 총 49마리.

　돌아오는 것을 망보던 앙토니아의 말로는 가장 먼저 모습을 나타낸 녀석은 9시 35분. 풀어 준 지 15분 뒤였다. 정오까지 돌아온 벌은 11마리. 오후 4시까지 17마리. 그 뒤에는 돌아온 녀석이 없다. 총 49마리 중 17마리.

　네 번째 실험은 5월 14일에 실시했다. 하늘은 맑고 북풍이 솔솔 불었다. 아침 8시, 장밋빛으로 표식한 진흙가위벌 20마리를 준비했다. 회전시키기는 정해진 방향과 반대 방향으로 걷다가 돌아서

기 전에 한 번, 도중에 두 번, 네 번째는 도착해서였다. 날아가는 방향은 모두 왼쪽인 세리냥 쪽임이 확인되었다. 벌이 향하는 방향을 방해하는 것은 아무것도 없다. 모두 두 방향 중 어디라도 자유롭게 선택하게 했고, 심지어는 내 오른편 개까지 멀리 쫓아 버렸다. 오늘은 벌들이 내 주위를 맴돌지 않았다. 몇 마리는 곧바로 날아갔다. 하지만 대부분은 가져올 때의 흔들림과 통 돌리기의 회전운동에서 어지럼증에 걸렸는지도 모르겠다.[2] 몇 미터 저만치 내려앉아 마음이 안정되기를 기다리는 것 같았다. 덕분에 매번 날아가는 방향을 볼 수 있었는데, 모두 왼쪽으로 날아갔다. 9시 45분에 집에 도착하니 2마리가 돌아왔는데 한 녀석은 입에 시멘트를 물고 미장 일을 하는 중이었다. 오후 1시까지 7마리가 돌아왔다.

제집 찾아오기 실험은 충분히 반복됐으니 이제 이쯤 하자. 하지만 지금까지의 실험으로는 다윈이 예상했던 결론과 고양이 이야기를 듣고 기대했던 결론은 나오지 않았다. 다윈의 주문처럼 벌을 놓아줄 장소와 반대 방향으로 데려가도, 발뒤꿈치를 돌려 가며 돌려 보아도, 양철통을 아무리 복잡하게 돌렸어도, 더욱이 진흙가위벌을 더 어지럽혀 보려고 출발할 때와 도중에 5번이나 돌렸어도, 회전과는 관계없이 그들은 제집으로 돌아왔다. 당일 돌아온 비율은 30~40% 내외였다. 그처럼 영국의 대가가 암시했던 생각, 그 방법은 나 역시 결정적인 해답을 얻을 것으로 기대했었기에, 내 실험의 결과를 버리기가 괴롭다. 하지만 어떤 절묘한 상상보다도 눈앞의 사실이 모든 것을 웅변해 주고 있다. 결국 이 문제는 전처럼 풀리지 않은 채 남아

---
[2] 역자 생각에는 시간이 너무 일러서 그런 것 같다.

있다.

　이듬해인 1881년, 방법을 바꿔서 다시 실험했다. 지금까지는 들판에서만 했다. 그래서 둥지에서 멀리 나갔던 벌이라도 돌아올 때는 담벼락이나 숲처럼 대단치 않은 장애물만 넘어도 올 수 있었다. 이번에는 거리가 복잡해서 빠져나가기 어려운 장소를 보태기로 했다. 빙글빙글 돌려 고양이의 방향감각을 속이려는 따위의 쓸모없는 짓은 생략했다. 벌을 세리냥에서 가장 깊은 숲 속에 풀어줄 생각이다. 처음에는 나도 여우에 홀린 듯이 미로(迷路)에서 길을 잃었던 곳, 나침반 없이는 길을 찾을 수 없었던 이런 숲 속에서도 벌이 헤쳐 나갈까? 무엇보다도 벌들은 자주 둥지 방향으로 날았다는 점이 둥지로 돌아옴보다 내 주의를 더 끌었다. 나는 조수를 한 명 데려가기로 했다. 며칠간 부모의 슬하에 와 있는 약학과 학생이 나는 방향 관찰에 조수가 되었다. 그는 과학에 대해서도 아주 생무지는 아니므로 이 학생 정도면 안심해도 될 것 같았다.

　5월 16일, 숲 속 원정이 시작되었다. 날씨는 무덥고, 하늘은 폭풍이 일 것 같다. 바람이 부는 듯했으나 여행에 방해가 되지는 않을 것 같다. 진흙가위벌 40마리를 잡았다. 원정 거리가 멀어서 간단하게 준비하려고 표식은 방출 장소에서 하기로 했다. 물론 낡은 방법이고 벌에게 많이 쏘여야 한다. 하지만 오늘은 목적지까지 가는 데 1시간이 걸리므로 시간을 절약하려고 이 방법을 썼다. 구불구불한 길을 감안할 때 실험 거리는 4km 정도.

　선정된 장소는 내가 벌이 날아가는 방향을 볼 수 있는 곳이라야 한다. 그래서 숲 속이라도 나무가 없는 곳을 택했다. 주위는 온통

울창한 숲이 펼쳐져 어느 곳을 둘러보아도 지평선이 보이지 않는다. 둥지 방향인 남쪽에는 여기보다 100m나 높은 언덕이 병풍처럼 둘러쳐 있다. 바람이 약하긴 해도 둥지로 가는 방향과는 역풍이다. 나는 등을 세리냥 쪽으로 향했다. 따라서 내 손을 떠난 벌은 내 오른쪽이든 왼쪽이든 옆으로 돌아서 출발해야만 둥지 쪽으로 향할 수 있다. 한 마리씩 표식하고 놓아준다. 작업은 10시 20분에 시작했다.

절반 정도의 벌은 잠시 우물쭈물했다. 조금 날다가 땅에 내려앉는다. 기분이 안정되기를 기다리는 듯했다. 그다음 출발했다. 나머지 절반은 비교적 건강했다. 불어오는 마파람과 싸워야 했지만 떠날 때는 모두 둥지 쪽을 향했다. 둥글게 또는 갈고리 모양 그림을 그리듯 우리 주위를 한 바퀴 돌더니 모두 남쪽을 향해 날아갔다. 출발을 환송할 수 있었던 녀석들은 예외 없이 남쪽으로 향했다. 이 사실은 나와 내 조수가 분명히 확인했다. 마치 어떤 자석이 녀석들의 머리를 모두 남쪽으로 향하게 지시하는 것만 같았다.

정오 무렵 집으로 돌아왔다. 떠났던 벌들이 아직 둥지에는 없었다. 그러나 몇 분 뒤 2마리를 보았다. 2시에는 9마리로 늘었다. 이렇게 되면, 다른 녀석들은 기대할 수가 없다. 모두 44마리 중 9마리, 즉 22%가 돌아왔다.

이 비율은 30~40% 사이를 오르내리던 지금까지의 결과에 비하면 크게 낮은 편이다. 낮은 이유는 도중에 극복해야 할 난관이 많아서일까? 혹시 진흙가위벌도 숲 속에서 다이달로스(Dédale: 크레타섬의 迷宮 제작자)의 미로를 잃었을까? 돌아온 벌의 숫자가 줄어든 원인은 다른 것일 수도 있으니, 그런 단정은 하지 않는 게 현명하다. 현장에서 벌을 손으로 잡고 표식했다. 침에 쏘여 욱신거리는 내 손가락을 빠져나갔던 벌들이 모두 똑같이 활기찼다고 말할 수는 없다. 게다가 하늘도 흐렸다. 금방이라도 폭풍이 밀려올 것 같았다. 이 지방에서 5월이라는 달은 일기가 변덕스러운 달이다. 하루만이라도 종일 날씨가 좋기를 예측할 수가 없다. 아침에 맑던 날씨가 오후에 급작스레 바뀐다. 이런 변화로 진흙가위벌 실험 때 곧잘 골치를 앓았다. 이런저런 생각을 해보니 숲과 산을 넘어서 돌아와야만 하는 벌이 들판과 보리밭만 건너면 되는 벌과 똑같은 수준으로 돌아오기를 기대하기는 무리인 듯하다. 하지만 숲이나 산길이라도 방향을 찾는 데는 들판이나 보리밭을 넘는 것과 똑같이 해내리라 믿는다.

　벌의 방향감각을 혼란시키는 최후 수단 하나가 남아 있다. 우선 벌을 대단히 멀리 옮긴다. 먼 것만 문제가 아니라 갔던 길이 아닌 다른 길로 돌아오다가 약 3km쯤 되는 마을 근처에서 풀어 주는 것이다. 이렇게 하려니 수레가 필요했다. 두 명의 조수가 각각 두 바퀴짜리 수레를 준비했다. 나와 함께 두 사람은 15마리의 진흙가위벌을 가지고 오랑주(Orange)의 육교 근처까지 달려간 다음 거기서 오른쪽인 옛날 로마 시대의 길이었던 도미티아(Domitia)를 지나 북쪽의 위쇼 산(Mt. Uchaux) 쪽으로, 그리고 다시 튀로니아(Turonia) 시대의 아름다운 고도 피올랑 거리도 지난다. 다시 세리냥 쪽으로 돌아와 퐁클레르(Font-Claire) 언덕에서 수레를 멈춘다. 여러분은 이 길들을 군대의 작전 지도에서도 쉽게 더듬어 볼 수 있을 것이다. 여기서 마을까지는 2.5km, 총 통과거리는 약 9km 였다.

한편 파비에는 피올랑을 거쳐 지름길로 빠져 퐁클레르에서 우리와 합류했다. 그도 우리 벌 집단과 비교하려고 15마리의 진흙가위벌을 가져왔다. 지금 나는 두 종류의 벌을 가지고 있는 셈이다. 장밋빛 표식의 15마리는 멀리 9km를 돌아서 온 녀석들이고, 푸른 표식의 15마리는 이곳에서 둥지와 가장 가까운 직통 길로 곧장 온 것들이다. 날씨는 무더워도 하늘은 맑고 아주 조용하다. 성공적인 실험에 이보다 좋은 날을 기대할 수는 없다. 정오 때쯤 풀어 주었다.

저녁 5시, 돌아온 진흙가위벌의 수는 장밋빛 표식, 즉 방향감각을 흩트리려고 마차로 먼 길을 돌아온 7마리, 아무 방해도 없이 지름길로 온 푸른색 표식의 6마리였다. 두 집단의 비율은 각각 46과 40% 거의 차이가 없는 결과였다. 마치 먼 길을 돌아서 온 벌의 성적이 약간 우세한 것처럼 계산됐으나, 이런 우연의 결과를 성적의 차이로 볼 수는 없다. 그래도 먼 길을 돈 것이 방해 요소는 아니었음을 확실히 보여 주는 결과였다.

이 정도면 이론을 충분히 증명할 만큼 실험되었다. 그 복잡한 장애물과 방해들, 즉 빙글빙글 돌리는 회전운동도, 날아서 넘고 통과할 야산과 숲의 장해물도, 앞으로 나갔다가 뒤로 되돌아간 함정의 길도, 복잡한 샛길에서 홀리도록 먼 거리까지 옮겨 놓았던 방해도, 모두 진흙가위벌이 제 둥지를 찾아오는 데 걸림돌이 되지는 못했다. 나는 최초의 부정적 결과인 빙글빙글 돌리기의 결과를 다윈에게 통지했다. 성공을 기대했던 그는 실패 결과에 대단히 놀랐다. 그에게 실험할 시간이 있었다면 그의 비둘기도 벌과 같은 행동을 했을 것이다. 비둘기도 빙글빙글 돌려도 속지 않을 것이다. 이 문제에 또 다른 의견이 생각난 그는 다시 다음과 같은 제안을 해왔다.

벌이 가졌을지도 모르는 자기(磁氣)의 성질이나 반자성(反磁性)의 어떤 감각을 방해하도록 감응코일의 중심에다 벌을 놓아보는 실험을 했으면.

벌을 바늘자석으로 취급하는 것이다. 이 바늘을 감응코일에 넣어 그의 자성 또는 반자성을 방해해 보는 것이다. 사실 솔직한 심정을 숨김없이 털어놓자면, 이 방법은 상상력이 곤경에 빠진 나머지 겨우 짜낸 꾀에 불과한 것으로 더는 받아들일 수 없는 요구였다. 생명을 물리학으로 설명하려는 이런 학문을 나는 크게 기대하지 않는다. 하지만 저명한 학자를 존경하는 만큼 내 손에 적당한 기구가 있었다면 감응코일 실험도 시도했을 것이다. 다윈의 말에 따르면, 이 방법은 앞에서의 방법보다 간단하지만 더욱 확실한 결과가 나온다고 했다. 그런데 촌구석인 우리 동네는 학자가 사용할 만한 기구라곤 하나도 없다. 전기가 필요하면 종잇장을 무릎에 대고 비비는 수단밖에 없다. 우리 물리실험실에는 겨우 한 개의 자석이 있을 뿐이다. 오직 그것뿐이다. 이렇게 빈약한 나에게 다윈은 다음과 같은 방법을 제시했다.

아주 가는 바늘을 자석으로 만드는 겁니다. 자석이 된 바늘은 아주 잘게 토막을 내도 각각이 모두 자성을 갖습니다. 토막 하나를 접착제로 벌의 가슴에 붙입니다. 이렇게 작은 바늘자석이라도 그것이 벌의 신경계와 아주 가깝게 놓여서 지자기(地磁氣)보다 더 강하게 작용할 것이라 믿습니다.

벌이 일종의 자석에 해당한다는 생각은 확고하다. 지자기가 벌이 둥지로 돌아오는 길을 안내한다. 자기를 가진 벌 근처에 자석이 있으면, 그 작용이 없어져서 벌은 방향을 잃을 것이다. 자석바늘을 신경계와 평행으로 가슴에 고정시키면, 이 바늘이 지자기보다 크게 작용해서 벌은 방향감각을 잃을 것이다. 막상 내가 이렇게 설명하고 있지만, 나는 오직 그 학자의 위대한 이름 밑에 몸을 숨길 뿐, 이 생각의 추천자는 그분이라고 말할 것이다. 나처럼 어설픈 무명학자가 이런 방법을 제안했다면, 올바른 정신의 소유자가 제안한 것으로 취급받지 못한다. 다시 말해 이 시대에 이름 없는 자는 이런 대담한 이론을 가질 수 없다.

실험은 쉬워 보였다. 이 실험이 내게 힘겨울 것 같지는 않으니 실제로 한번 해보자. 매우 가는 바늘을 자석에 비벼서 자석바늘을 만들고, 가장 가는 쪽 끝의 5~6mm만 사용한다. 그 바늘토막은 완전한 자성을 가졌다. 실에 묶어 늘어뜨리면 자석이 된 또 다른 바늘을 끌어당겼다 퉁겼다 했다. 하지만 이 바늘토막을 벌의 가슴에 고정시키는 게 큰 고역이었다. 당시 내 조교였던 약대 학생은 자기 약국의 접착제를 모두 가져왔다. 가장 좋았던 것은 아주 얇은 헝겊으로 특별히 만든 반창고였다. 이것은 야외에서 준비할 때 담뱃불을 붙인 파이프 대가리로 말랑말랑하게 할 수 있어서 아주 편리했다.

반창고를 벌의 가슴에 맞도록 작고 모나게 토막을 내서 천 조각의 실 사이에 자석바늘을 꽂는다. 다음 고약을 약간 데워서 이 토막을 진흙가위벌의 가슴등판에다 길이로 붙인다. 다른 벌에게도 같은 방법으로 준비하되 극성은 알 수 있도록 한다. 어떤 벌은 머리 쪽을 바늘의 남극으로, 다른 녀석은 반대의 극으로, 이렇게 마음대로 장치하기로 했다.

멀리 가서 이런 조작을 하기 전에 좀 익혀 두는 것이 좋겠다. 한편 벌이 자석 안장을 짊어졌을 때 어떤 행동을 하는지도 알아 둘 필요가 있었다. 그래서 조교와 함께 이 장치를 반복해서 연습할 계획을 세운다. 일에 열중한 진흙가위벌 한 마리를 잡아서 밤에 표식하여 집 안의 다른 건물에 있는 실험실로 옮겼다. 거기서 자석바늘을 등에 붙이고 날려 보냈다. 그런데 자유의 몸이 된 벌은 실험실 마룻바닥에 떨어져서 미친 듯이 빙글빙글 돈다. 엎드렸다 펄떡 뛰어올라 난다. 다시 떨어진다. 모로 누웠다가, 벌렁 나자빠졌다가, 돌다

가 장해물에 부딪힌다. 날개를 붕붕거리며 필사적으로 버둥거린다. 마침내 열린 창문으로 쏜살같이 도망갔다.

도대체 웬일일까? 자석이 벌의 신경계에 이상하게 작용한 모양이구나! 이 웬 무질서! 그 광란! 내 장치로 방향을 잃었나 보다. 둥지로 갔는지 가 보자. 기다릴 틈도 없이 벌이 돌아왔다. 그런데 자석 안장을 어딘가에 내려놓고 왔다. 가슴의 털에 고약 흔적이 남아 있으니 그 녀석이 틀림없다. 그는 제 방으로 돌아와 다시 제 일을 했다.

나는 알지 못하는 것을 조사할 때는 의심이 많아 '그렇다'와 '아니다'를 저울질해 보지 않고는 결론을 쉽게 내리지 않는다. 지금 본 일에 대해 마음속에 의심이 퍼져 나감을 느낀다. 벌이 미친 듯이 뒹군 것은 자력의 영향이었을까? 마구 발작했고, 마루 위에서 다리와 날개를 마구 흔들었고, 창밖으로 미친 듯이 달아난 것 등의 행동이 가슴에 부착된 자기에 지배당해서 그랬을까? 내가 장착한 바늘이 신경계 내부에서 지자기의 인도를 방해했을까? 혹시 저렇게 당황했던 것은 갑자기 등에 얹힌 바늘과 반창고에 놀란 것에 불과한 것은 아닐까? 그런 것들을 조사해야겠다. 지금 당장.

또 하나의 다른 장치를 고안했다. 등에 자석바늘 대신 지푸라기를 붙였다. 붙이자마자 바늘을 짊어졌을 때와 똑같이 마루 위를 뒹굴고 빙글빙글 돌면서 흐트러진다. 몇 개의 가슴털이 뽑혀 귀찮은 등짐이 떨어져 나갈 때까지 난동이 계속된다. 지푸라기도 자석과 마찬가지였다. 그렇다면 지금까지 일어난 일에서 자석은 특별한 원인이 될 수 없다는 증거이다. 이 예로 볼 때 내게는 비록 중요한 실험 도구였지만 벌에게는 귀찮은 짐에 불과했다. 따라서 벌은 귀찮은 것은 무엇이든 가능한 한 모든 수단을 동원해서 없애려 했을 뿐이다. 자석이든 다른 물건이든 벌의 가슴에 붙여 놓고 그가 정상적으로 행동하기를 기대하는 짓거리, 이 짓거리는 마치 개 꼬리에 작고 낡은 냄비를 매달아 미치게 한 다음 그 개의 보통 때 습성을 연구하자는 것과 같은 격이다. 결국 자력실험은 안 될 일이다. 벌이 둥지로 회귀(回歸)하는 문제에서 자석은 지푸라기 이상의 영향을 주지 않으리라.[3]

3 몇몇 곤충, 새, 설치류 등의 여러 동물이 귀소(歸巢)할 때나 이주(移住)할 때 태양 컴퍼스를 이용하여 이동 방향을 판단하는 것으로 알려졌다. 한편 일부의 야행성 동물은 달, 몇몇 철새는 별이 방향의 안내자 역할을 하는 것으로 밝혀졌고, 지자기에 의해 안내되는 동물도 존재할 것으로 보고 있다. 아마도 진흙가위벌은 태양 컴퍼스로 방향을 판단한 것 같은데, 파브르나 다윈 시대에는 이런 사정을 몰랐던 것 같다. 그래서 여러 문장이 현대적 감각으로는 상당히 부적절하거나 과민반응을 보인 것 같다.

8 우리 집 고양이

 빙글빙글 돌리는 것이 벌의 방향감각을 방해하는 데 아무 역할도 못했는데, 고양이에게는 어느 정도 영향이 있을까? 고양이를 부대에 넣고 돌리는 것이 집으로 돌아오지 못하게 하는 방법이란 말을 믿어도 될까? 처음에는 나도 그렇게 믿어도 좋다고 생각했었다. 그만큼 이 방법은 유명한 학자들의 말이라 믿었고 기대에 찼다. 하지만 지금은 내 확신이 흔들리기 시작했다. 벌이 나로 하여금 고양이를 믿지 못하게 만들었다. 벌이 돌아올 수 있다면 어째서 고양이는 돌아오지 못할까? 그래서 나는 새로운 연구에 착수했다.
 우선 고양이가 그리운 자기 집, 즉 사랑으로 숨바꼭질하던 그 지붕과 광으로 귀소능력이 있다는 말은 사실일까? 고양이의 이 본능은 정말 불가사의한 사실처럼 이야기되어 왔다. 유아용 박물학 책에는 온갖 고생을 모두 겪으며 고향집으로 돌아온다. 그래서 그의 재능을 자랑하고 아주 높이 평가하는 이야기로 가득 찼다. 나는 이 이야기를 다루어 보고 싶다. 이런 이야기는 으레 과장되었

거나 즉석 관찰자가 비판 없이 지어낸 것이다. 벌레나 짐승의 행위에 관해서 이치에 맞게 말하기는 아무나 할 수 있는 게 아니다. 전문가가 아닌 사람이 어떤 짐승을 보고 검다고 하면, 나는 종종 그것이 흰색은 아닐까 하며 조사해 본다. 그런데 대개는 그들의 말이 사실과는 반대였다. 나는 고양이가 여행을 잘한다고 칭찬하는 말을 자주 들었다. 소문 자체는 좋다. 하지만 일단은 그의 여행이 서투르다고 생각하자. 책의 삽화나 정확한 과학적 검사에 익숙한 사람의 증언이 아니면, 그 말은 그 정도로 끝내자. 다행인지 아닌지는 몰라도 나는 내 회의주의가 설 땅이 없다는 몇 가지 사실도 알고 있다. 고양이는 실제로 여행을 잘한다는 평판대로였다. 이 사실에 대해 말해 보자.

어느 날 아비뇽(Avignon)에서 마당의 담장 위에 몰골이 초라한 고양이 한 마리가 나타났다. 털이 어수선하고, 배는 홀쭉 꺼졌으며, 너무 말라서 등뼈가 울툭불툭 튀어나왔다. 배가 고파 울고 있었다. 아직 어렸던 우리 아이들이 고양이가 불쌍하다며 우유에 적신 빵을 막대기 끝에 매달아 주었다. 고양이는 그것을 받아먹었다. 계속 주자 배가 부른 고양이는 어디론가 사라졌다. 동정심 많은 아이들이 "미네(Minet)[1]! 미네!" 하고 불러도 소용없었다. 녀석은 배가

고파지자 다시 담 위의 식당으로 찾아왔다. 우유에 적신 빵, 다정하게 부르는 소리, 마침내 고양이가 내려온다. 등을 쓰다듬어 주어도 가만히 있다. 맙소사! 어쩌면 이렇게도 말랐을까!

고양이는 그날 식탁의 화젯거리에서 큰 주제였다. 집 없는 저 녀석을 길들입시다. 집에서 기릅시다. 짚으로 침대를 만들어 줍시다. 참말로 대사건이구나! 항상 고양이의 운명을 토론하던 꼬마들의 회의를 지금도 기억한다. 앞으로도 내내 잊지 못할 것이다. 모두가 애쓴 덕분에 집 없는 고양이는 우리와 함께 살게 되었다. 이윽고 녀석은 훌륭한 수고양이로 성장했다. 크고 둥근 머리, 근육이 잘 발달한 다리, 갈색에 짙은 점무늬들로 마치 작은 재규어 (Jaguar: *Panthera onca*) 같았다. 엷은 황갈색 털을 보고 조네(Jaunet, 누렁이)라는 이름을 지어 주었다. 얼마 후에는 녀석에게 배우자가 생겼다. 그도 거의 비슷한 사정으로 집에 들어왔다. 이들이 이제부터 우리 집에서 몇 대가 이어지는 누렁이가의 초대 조상이다. 벌써 20년, 그 옛날부터 여러 차례 이사를 다녔고, 인생의 성쇠를 겪으면서도 이들을 집에서 길러 왔다.

1870년경 처음 이사를 했다. 고등교육제도에 훌륭한 업적을 남긴 빅토르 뒤루이(Victor Duruy)[2] 장관은 얼마 전에 여자 중등교육제도를 창설했다. 오늘날 논의되는 중요한 문제들이 그 시대에 이렇게 시작되었다. 나도 나름대로 신념이 있었기에 미력하나마 이 지식을 보급하는 운동을 도왔고, 이화학과 박물학 과목을 맡아 수업했다. 나는 내 수고

---

1 불어로 '아옹아'라는 뜻이다.
2 Victor Jean Duruy, 1811~1894년, 프랑스 정치가, 그리스와 로마 사학자, 1863~1869년 프랑스 장관직. 『파브르 곤충기』 10권 22장에서 파브르와의 인연 참조.

를 원망하지도 않았고, 전에는 이렇게 공부를 좋아하고, 열심인 학생들 앞에 서 본 적도 없었다. 수업하는 날은 마치 축제일 같았다. 특히 식물을 수업하는 날이면, 책상은 근처에서 가져온 꽃들로 가득 찰 정도였다.

하지만 그 수업은 그 시대에 너무 지나쳤다. 과연 내가 저지른 죄가 얼마나 흉악했던지, 한번 보시라. 나는 그렇게 젊은 처녀들에게 공기와 물은 무엇인가, 번개와 뇌성벽력은 어떻게 일어나는가, 한 줄의 금속선을 타고 대륙과 바다를 건너 의사가 전달되는 것은 어떤 장치에 의해서인가, 화로에서는 왜 불이 타는가, 우리는 왜 호흡하는가, 종자에서 어떻게 하여 싹이 나오며 꽃은 왜, 어떻게 피는가, 그 밖에도 왜 대낮의 햇빛 아래서는 연약한 눈꺼풀을 깜빡이지 않으면 못 견디는가 따위를 가르쳤다.

지식이라는 그 등불이 더 커지기 전에 빨리 꺼 버려야 한다. 그 불을 지키려는 주제넘은 자들을 쫓아내야 한다. 이런 사회적 분위기에서 내게 집을 빌려 준 건물 주인은 새 교육이란 저주받을 타락이라고 생각한 노처녀였는데, 나 몰래 흉악하고 약삭빠른 조직과 짜고 있었다. 게다가 이런 시대에 나는 내 이익을 보호할 계약 문서조차 작성해 두지 않았었다. 집달관이 인지가 붙은 종잇조각을 가져왔다. 그 문서는 내게 이렇게 통보했다. '4주 내에 이 집에서 나가라. 그렇지 않으면 네 가재도구를 모두 길바닥에 던져 버리겠다.' 나는 급히 살 집을 마련해야 했다. 이때 찾아낸 주택이 나를 처음 오랑주

3 파브르는 이 사건으로 20년간의 교사 생활을 마감하게 되었다. 다행히도 파브르와 우정을 나누던 영국의 경제학자이자 철학자인 존 스튜어트 밀이 차용증도 없이 선뜻 거금을 빌려 주어 이사할 수 있었다.

(Orange)로 이사하게 했고, 이렇게 해서 아비뇽을 탈출하게 되었다.[3]

고양이 이사를 어떻게 해야 할지가 골칫거리였다. 모두 함께 데려가기로 합의했다. 저렇게 귀여운 고양이를 버리고 가다니 말도 안 된다. 어미와 새끼 고양이는 바구니에 넣으면 될 테니 여행에 큰 어려움은 없을 것이다. 여행 중 잠자코 있겠지. 하지만 늙은 수고양이는 보통 귀찮은 존재가 아니다. 집에는 수컷 두 마리가 있는데, 이 가족의 가장인 초대와 그 아들이다. 가장은 아직도 그 아들 못지않게 튼튼하고 빈틈없는 녀석이다. 할아버지 고양이가 감당해 내면 데려가고, 아들 녀석은 기를 사람을 찾아서 맡기자. 내 친구 로리올(A. Loriol) 씨가 버릴 아들 고양이를 맡기로 했다. 나머지는 뚜껑을 덮은 광주리에 넣어 데려가기로 했다. 저녁 식사 시간에 식탁에 모였을 때 아들 고양이는 참으로 운이 좋았다고 이야기하는 중이었다. 그런데 갑자기 물에 젖은 걸레 뭉치가 들창에서 날아들었다. 이 보기 흉한 걸레 뭉치가 행복할 때 내던 목젖의 가르랑 소리를 내며 내 다리 사이를 비빈다.

그것은 젊은 수고양이였다. 이튿날 나는 이 일의 전말을 알게 되었다.

로리올 씨는 고양이를 집으로 데려가자마자 방안에 가두었다.

하지만 다른 집에 포로가 됐음을 알아챈 고양이는 바로 미치광이가 되어 버렸다. 가구, 유리창, 난로의 장식 사이를 마구 뛰어다니며, 방안의 모든 것을 파괴할 것 같았다. 깜짝 놀란 로리올 씨 부부가 창문을 열자, 녀석은 사람이 많이 다니는 큰 거리를 향해 뛰쳐나갔다. 그리고 곧장 제집으로 되돌아온 것이다. 이렇게 돌아오려면 시가지의 큰길을 모두 가로질러야만 해서 결코 쉬운 일이 아니다. 통행인이 많아 혼란에 빠지기 쉬운 길을 지날 때 동네 악동들부터 개나 기타 등등에 이르기까지 무수한 위험을 무릅써야만 한다. 무엇보다 커다란 난관은 아비뇽 시내를 관통해 흐르는 소르그(Sorgue) 강을 건너야만 했다. 이 강에는 다리가 많아도 고양이는 가장 가까운 거리를 택하려 했을 것이다. 그래서 다리를 건너지 않고 대담하게 강물로 뛰어든 것이다. 고양이털에서 물이 뚝뚝 떨어지는 것이 바로 그 증거였다. 나는 이렇게 제집에 충실한 고양이가 불쌍해서, 어떤 고난이 닥치더라도 데려가기로 결심했다. 하지만 곧 법석을 떨 필요가 없어졌다. 2~3일 뒤 녀석은 뜰 안의 나무 밑에서 뻣뻣하게 굳어 있었다. 이 용감한 고양이는 하찮은 우리의 어리석은 생각에 희생자가 되고 말았다. 누군가가 독약을 먹였다. 누구일까? 설마 내 친구는 아니겠지.

이제 남은 것은 제일 늙은 고양이였다. 우리가 떠나는 날, 이 늙은이는 집 안이 아니라 근처의 광에서 뛰놀고 있었다. 아직 남은 짐을 옮길 때 그 고양이를 오랑주로 데려와 달라고 마부에게 부탁했다. 데려오면 사례금으로 10프랑을 주기로 약속했다. 그는 마지막 짐과 함께 고양이를 마차의 의자 밑에 넣어서 데려왔다. 데려온 감옥을 열었을 때 전날 밤부터 갇혀 있던 수고양이는 몰라보게 달라져 있었다. 험상궂게 생긴 고양이가 나타난 것이다. 털을 곤두세우고, 눈에는 핏발이 서렸으며, 입술에는 허연 군침이 덮인 채 으르렁거리며 할퀴어 댔다. 나는 그가 공수병에 걸리지 않았나 의심할 정도였다. 잠시도 눈을 떼지 않고 관찰했지만 이것은 내 잘못이었다. 고양이를 잡을 때 혼이 났을까? 아니면 데려오는 도중 고통을 받았을까? 나는 무어라 할 말을 잃었다. 내가 알 수 있는 것은 오직 그의 성질이 변했다는 것뿐이다. 목젖을 가르랑거리지도 않았고, 다리 사이에 몸을 비비러 오지도 않았다. 경계와 어두운 슬픔의 눈초리뿐이다. 아무리 친절하게 대해도 얌전해지지 않는다. 이 고양이는 몇 주일 동안 이 구석, 저 구석으로 슬픔을 끌고 다녔다. 어느 날 아침, 그가 난로의 재 속에서 죽어 있는 것을 보았다. 늙기도 했지만, 슬픔이 고양이를 죽였다. 아비뇽으로 돌아갈 힘이 남았다면 돌아갔을까? 그렇게 단언할 수도 없다. 어쨌든 한 동물이 늙어서 귀향하지 못하고, 고향을 그리며 죽는다는 것은 참으로 놀라운 일이다.

거리는 짧았지만 늙은 고양이가 하지 못한 것을 다른 한 마리의 고양이가 해낸 것은 사실이다. 마지막으로 내 연구에 필요한 조용함을 찾아 다시 이사하기로 했다. 이제 마지막 이사이며, 정말 그러기를 바랐다. 나는 세리냥으로 가고자 오랑주를 떠난 것이다.

조네 가족은 대가 바뀌었다. 늙은 녀석들은 사라지고 새 세대로 바뀌었는데, 그 중에는 장성한 수컷도 한 마리가 있다. 이 녀석 역시 모든 면에서 조상의 뒤를 따를 녀석이다. 그가 말썽을 피울지는 몰라도, 다른 어린것들은 큰 어려움 없이 이사할 수 있을 것이다. 이 수컷 혼자만 광주리의 고양이와 달리 바구니에 넣어서 이사할 계획이다. 그렇지 않으면 일이 쉽지 않을 것이다. 그 녀석은 식구들과 함께 마차로 갈 것이며, 도착할 때까지 별일 없을 것이다. 광주리에서 나오자 어떤 녀석은 새집을 점검하며 방마다 조사한다. 장밋빛 코로 가구들이 그전의 것임을 감정한다. 분명히 그들이 앉았던 의자이며, 그들의 소파였다. 다만 장소만 다를 뿐이다. 새집에 놀랐다는 울음소리가 낮게 들려오고, 무엇인가 이상하다는 눈길도 있었지만 조금 쓰다듬고 먹이를 주면 모든 공포가 사라진다. 어린 녀석들은 그날이나 다음 날 새집에 익숙해졌다.

그러나 수고양이는 그렇지 않았다. 녀석은 광에서 살게 되며, 놀이터가 상당히 넓다는 것을 알게 될 것이다. 잡혀 온 우울함을 달래 주려고 모두 그와 놀아 주러 갔었고, 먹이도 두 배나 주었다. 식구들과 자주 대면시켜서 그도 이 집의 외톨이가 아님을 알려 주었다. 모두 녀석의 비위를 맞추며 오랑주를 잊기 바랐고, 그렇게 되도록 노력했다. 녀석은 실제로 오랑주를 잊은 것처럼 보였고, 쓰다듬어 주면 즐거워하는 것 같았다. 부르면 달려오고 목을 가르랑대며 점잔을 뺀다. 일주일 동안 격려하며 친절하게 대했더니 돌아갈 마음이 완전히 없어졌다. 이제 내놓았더니 부엌으로 내려가 다른 친구들처럼 식탁에 앉는다. 뜰로 나간다. 그러나 딸 아글라에(Aglaé)는 감시의 눈을 떼지 않았다. 녀석은 무심한 듯 근처를 살핀다. 그리고 다시 온다. 만세! 이제는 도망가지 않겠지.

이튿날 "미네! 미네!" 미네가 없다. 찾아보고 불러 봐도 없다.

아! 위선자! 위선자! 너는 우리 모두를 속였다! 그는 가 버렸다. 아마도 오랑주로 갔을 것이다. 주위 사람들은 이런 대담한 탈출을 믿으려 하지 않았다. 이 탈주자는 지금 틀림없이 오랑주의 빈집 앞에서 울고 있을 것이다.

아글라에와 클레르(Claire)가 오랑주로 갔다. 둘은 내 말대로 고양이를 찾아냈다. 녀석은 다리에도 배에도 붉은 흙이 잔뜩 묻어 있었다. 하지만 그날은 날씨가 맑아 진흙이 없었다. 아무래도 센 물살의 아이그 하천을 건널 때 젖었음이 틀림없고, 밭에서 붉은 흙이 젖은 털에 묻었을 것이다. 세리냥과 오랑주의 직선거리는 7km였다. 이 직선의 아래와 위쪽 상당히 먼 곳에 아이그 하천의 다리가 있다. 고양이는 그 중 어느 다리도 이용하지 않았다. 본능이 알려 준 최단거리의 직선길을 따랐다. 강물이 많은 계절, 5월의 그토록 센 물살을 가로지른 것이다. 옛집으로 돌아가려고 눈을 꼭 감고, 보통 때는 그렇게도 지겨워하던 그 물을 건넜다. 아비뇽의 수고양이도 마찬가지로 소르그 강을 건넜었다.

이 탈주자는 세리냥의 헛간으로 끌려갔다가 거기서 15일간 머물렀다. 마침내 밖에 놓아주었고, 24시간이 안 되어 오랑주로 되돌아갔다. 이제 수고양이는 불행한 제 운명에 맡길 수밖에 없다. 들판에 있던 옛날 우리 집의 이웃 사람 말로는, 그 녀석이 먹이를 물고 야산의 울타리 너머로 도망치는 것을 보았다고 한다. 집에서 기르는 고양이로서의 생활, 그 즐거움에 익숙했던 그 녀석이 지금은 밀렵꾼으로 변신하여 빈집 근처의 닭장을 노린다. 그 뒤 소식은 끊겼다. 비참하게 죽었겠지. 도둑고양이가 되어 도둑으로 생애를 끝마쳤을 것이다.

고양이의 본능에 대한 증거를 이제 두 번이나 보았다. 성숙한 고양이는 거리가 멀거나 가는 길을 몰라도 옛집을 찾아간다. 그 역시 나름대로 진흙가위벌의 본능을 가졌다. 하지만 두 번째 문제, 즉 자루에 넣고 빙글빙글 돌렸을 때의 결과는 아직 밝혀지지 않았다. 과연 이 방법으로 고양이가 방향감각을 잃어버릴까, 아닐까? 이 문제를 실험하려 할 때 아주 확실한 보고가 들어와 실험할 필요가 없어졌다. 자루에 넣고 돌리는 방법을 내게 일러 준 사람은 다른 사람에게서 들은 이야기란다. 그 사람은 제3자에게서, 제3자는 제4자로부터 등이다. 누구도 그런 실험을 해보지 않았고, 그런 행동을 직접 본 사람도 없다. 그저 시골 사람들에게 퍼진 소문에 지나지 않았다. 아무도 실험해 보지 않고 그 방법은 실패할 이유가 없다고 칭찬들 했다. 왜 그 방법이 성공할지에 대한 그들의 이유는 아주 분명했다. 사람은 눈을 가리고 빙빙 돌면 방향을 모르게 된다. 고양이도 캄캄한 자루 속에서 돌린 다음 자리를 옮기면 사람처럼 방향을 모르지 않겠냐는 것이다. 그들은 동물을 사람과 같은 기준으로 결론지은 것이다. 마치 동물을 기준으로 사람을 결론짓는 것과 같은 격이다. 만일 사람과 동물 간에 분명히 다른 두 개의 정신세계가 있다면 어느 방법이든 잘못이 된다.

이런 믿음이 주민들의 정신 속에 그렇게도 뿌리 깊게 닻을 내리려면, 그 사실이 때때로 확증되어야 한다. 하지만 이런 확증은 끌려간 고양이가 아직 어려서 성숙한 고양이 구실을 못했을 때는 믿을 수 있을 것이다. 어린 풋내기라면 타향살이에서 오는 우울증을 약간의 우유를 먹이면서 간단히 풀어 줄 수도 있다. 자루에 넣고 돌리든 안 돌리든, 풋내기는 옛 고향으로 돌아가지 않는다. 그런데도 믿음에 조심성을 보태려고 빙글빙글 돌리는 의식을 걸어 놓았다. 결국 의식과 결과는 아무 관계가 없는데도 성공 수단의 증거가 되었다. 회전 방법이 옳은지 그른지를 판단하려면 완전히 성숙한 고양이, 그것도 수컷으로 확인해야 한다.

  이 문제에 대해서 나는 결국 원하던 증언을 찾았다. 사려 깊고 믿을 만하며, 사물을 제대로 판단하는 몇몇 사람이 내게 말했다. 고양이가 귀향하지 못하게 하려고 회전 방법을 썼다는 사람들의 이야기였는데, 성숙한 고양이로 성공한 사람은 아무도 없었다. 성실하게 돌린 다음 먼 곳으로 옮겼지만 고양이는 언제나 돌아왔다고 한다. 특히 세리냥의 금붕어(Poissons rouges: *Carassius auratus*) 도둑고양이를 피올랑으로 데려갈 때 이 방법을 썼는데, 녀석은 여전히 그 연못으로 돌아왔다는 말을 기억한다. 그는 깊은 산 숲 속에 버렸어도 역시 돌아왔고, 자루에 넣고 빙글빙글 돌렸지만 역시 효과가 없어서 결국은 그 고약한 녀석을 죽였다고 한다. 나는 좋은 조건에서 충분히 실험한 예들을 조사해 보았다. 증언들은 모두 일치했다. 빙글빙글 돌려도 성숙한 고양이가 귀향하는 것은 막지 못했다. 나를 그렇게도 유혹했던 대중 신앙은 결국 시골 사람들의 편견이었고, 이 편견은 관찰이 부족한 데서 비롯되었다. 따라서 고양이와 진흙가위벌의 회귀행동을 설명하려면 다윈의 생각을 버려야 한다.

9 붉은불개미

비둘기는 멀리 수백 킬로미터를 옮겨도 제집으로 찾아온다. 제비는 겨울에 바다를 건너 아프리카까지 여행했다가, 봄이 되면 본래의 옛 둥지로 돌아와 자리 잡는다. 그들의 이런 장거리 여행에 무엇이 길을 안내할까? 눈으로 본 것일까? 투스넬(Toussenel)[1]은 유리 상자에 진열된 생물에 관한 지식은 남보다 뒤져도 야외관찰에는 재주가 뛰어난 사람이다. 야외의 생물에 관한 지식은 특히 매우 폭이 넓다. 『짐승의 정신(Esprit des bêtes)』의 저자이기도 한 그는 전서구 비둘기의 길잡이는 시각(視覺)과 기상 상태라고 했다. 그는 이렇게 말했다.

[1] Alphonse, 1803~1885년, 프랑스 동물학자. 동물에 관해 저술한 책과 정치, 경제 등에 관해 저술한 책이 있다.

프랑스 새들은 경험으로 추위는 북쪽, 더위는 남쪽, 건조는 동쪽, 습기는 서쪽에서 오는 것을 안다. 새가 기상학 지식이 있으면, 그 지식이 날아갈 방향에 충분한 길잡이가 된다. 광주리에 갇혀 브뤼셀(Bruxelles)에서 툴루즈(Toulouse)까지 운반된 비둘기는 자기가 지나온 길의 지도를 그릴 수 없다. 그러나 남쪽으로 향한다는 느낌마저 방해되지는 않았을 것이다. 툴루즈에서 놓아주면 비둘기는 자기 집으로 돌아갈 방향이 북쪽이라는 것을 이미 알고 있다. 따라서 그 방향으로 곧장 날기 시작하는데, 공중의 평균 기온이 본래 그가 살았던 지방의 하늘의 온도라고 느낄 때까지 계속 날아간다. 둥지를 곧 찾아내지 못하면 그것은 오른쪽이나 왼쪽으로 너무 치우친 것이다. 아무튼 몇 시간 동안 서쪽이나 동쪽의 방향을 찾다 보면 잘못된 방향이 수정될 것이다.

철새의 남북 이주에 대한 그의 해설은 흥미를 끌 만하다. 그러나 등온선에서 동서의 이동까지 일어난다면 좀 이상한 말 같다. 결점은 또 있다. 고양이나 진흙가위벌(*Megachile*)의 경우도 그의 해설로 이해하기는 어렵다는 점이다. 고양이가 한 도시를 끝에서 끝까지 통과한 경우를 보자. 처음 본 곳이나 홀리기 쉬운 샛길에서 길을 잃지 않고 자신의 옛집으로 돌아가는데 시각을, 더욱이 기온차를 관련시키는 것은 꿈에도 상상할 수 없다. 내가 실험한 진흙가위벌의 안내자도 시각은 아니었다. 특히 벌을 숲 속에서 풀어주었을 때 분명히 시각이 안내하지는 않았다. 그들이 날아갔던 높이는 별로 높지 않았다. 지상 2～3m 높이였으니, 그곳 지형 전체의 조감도를 그릴 수는 없었다. 그런데 동물들에게 지형도나 조감도가 필요할까? 벌이 이동하기 전에 생각할 시간은 극히 짧다. 녀석은 앞을 가로막는 숲이 있어도, 길게 병풍처럼 둘러쳐진 높은 언덕이 있어도, 풀어 준 곳에서 짧은 갈고리 모양을 그리듯 내 주변을 두세 번 돌고는 곧장 둥지 쪽을 향해 출발했다. 언덕을 넘을 때도 땅 위를 낮게 날며 날아갔다. 시각이 방해물을 피하는 데 도움을 줄 수는 있어도 전체적으로 어떤 방향의 길을 택하는 것까지 알려 주지는 않는다. 기상학 역시 관계가 없다. 몇 킬로미터를 이동해 보았자 온도에는 별 차이가 없다. 더욱이 진흙가위벌은 더위, 추위, 건조, 습기와 같은 기상 조건을 경험해서 배운 적이 없다. 게다가 몇 주밖에 살지 못하는 그들의 일생에서 이런 경험을 가질 틈도 없다. 설사 경험으로 방위를 알았더라도 둥지나 놓아준 지점의 기상 조건은 같다. 따라서 두 지점 간의 어디가 더 정당한 방향이라고 결정할 수도 없다. 이 모든 불가사의를 설명하려면 결국 또 하나의 불가사의, 즉 인간에게는 없는 어떤 특수한 성질의 감각을 끌어내지 않고서는 불가능하다. 찰스 다윈의 당당한 권위는 어느 누구도 부정하지 못한다. 하지만 그 역시 같은 결론을 지니고 있었다. 벌이 지자기의 영향을 받는지 조사해 보자고 했었고, 그 방편으로 벌에다 자석바늘을 부착시켜 실험하려 했었다. 어쨌든 이것은 지자기 감각을 인정한 것이 아닌가? 우리에게도 이 능력이 있을까? 물론 나는 물리학적 자기를 말하는 것이지, 메스머(Mesmer)[2]와 칼리오스트로(Cagliostro)[3]의 동물자기를 말하는 것은 아니다. 당연히 우리는 이와 비슷한 것조차 갖지 않았다. 뱃사공이 나침반 기능을 가졌다면 배에 장착한 나침반은 어디에다 써먹겠나?

사실상 이 영국 학자도 특수감각기능을 인정했다. 인간을 구성한 몸에는 없는 어떤

[2] Franz, 1734~1815년, 비엔나 정신병의학자, 동물자기론자
[3] Alessandro di Cagliostro, 1743~1795, 시칠리아 태생의 자칭 백작, 여행자.

특수감각, 우리는 상상도 못하는 특수감각이 다른 지방으로 떠난 비둘기, 제비, 고양이, 진흙가위벌 등을 인도한다는 것이다. 나는 이 특수감각이 자기(磁氣)감각이라고 단언하지는 않겠다. 다만 이 감각의 존재를 입증하는 데 어느 정도 공헌한다는 생각이면 충분하다. 지금 우리가 가진 것 외에 또 하나의 감각이 있다면, 이는 대단한 이익이며 지금보다 훨씬 더 진보하는 원인이 되지 않았겠더냐! 그런데 왜 우리에게는 그것이 없는가? 그것은 생존경쟁에서도 소중한 무기임에 틀림없다. 인간을 포함한 동물계 전체가 단한 개의 세포, 즉 동물의 근간이 된 원초적 세포에서 탄생하여, 세대를 거듭하는 동안 생존에 필요하거나 유리한 것은 진화과정에서 더 발전하고, 불리한 것은 퇴화했다고 인간들은 말한다. 그렇다면 몇몇 하등동물에게는 이런 불가사의한 감각기능이 있는데, 동물계의 정점에 있다는 인간에게는 왜 그 흔적조차 없는가? 이 현상 역시 무슨 영문인지 알 수가 없다. 척추 끝의 꼬리뼈나 얼굴의 수염 따위를 남겨 둔 것보다는 이런 감각기능을 남긴 것이 훨씬 더 중요했을 것이다.

 그 기능이 전승되지 않은 것은 그들과 우리 사이에 혈연관계가 충분치 않아서일까? 이 작은 문제를 진화론자에게 제시하고, 원형질과 세포핵이 무어라고 말하는지 꼭 들어 보고 싶다.

 벌은 미지의 감각기관이 어디에 존재할까? 그 작용은 어떤 특수기관의 활동에 의할까? 즉석에서 머리에 떠오르는 것은 더듬이뿐이다. 벌레가 행동할 때 무엇인가 잘 모르는 게 있으면 언제나 활용하는 것이 더듬이였다. 정확히는 모르나 그들의 감각기능의 존재를 주장하고 싶을 때 우리는 항상 더듬이에다 떠넘긴다. 나도 실험해 보았지만, 나 역시 방향지시 감각기관은 더듬이에 있을 거라는 유력한 단서가 있다. 쇠털나나니(*Podalonia hirsuta*)가 송충이를 찾아다닐 때 관찰된 단서였다. 송충이가 땅속에 있는지 알아내려 할 때 사용한 기

관이 더듬이였고, 그것은 마치 땅을 두드리고 다니는 작은 손가락 모양이었다. 사냥터에서 이것이 벌에게 여기다, 저기다 하고 지시하는 것 같았다. 이것은 확인해 볼 만한 일이며 나는 확인했다.

  몇 마리의 진흙가위벌 더듬이를 가위로 밑동까지 가능한 한 바짝 잘랐다. 몸이 성치 않은 벌을 다른 곳에서 풀어 주었다. 불구자라도 제 둥지는 정상적인 벌처럼 쉽게 찾아왔다. 옛날에도 왕노래기벌(*Cerceris tuberculata*)로 똑같은 실험을 했었다. 이 송충이 사냥꾼 역시 둥지로 돌아왔다. 이 정도면 둥지 안내자가 더듬이라는 가설은 밀려날 수밖에 없다. 그렇다면 그 기관은 어디에 있는가? 나는 모른다.

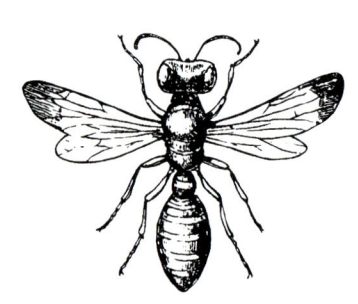

왕노래기벌

내가 가장 잘 아는 것은 더듬이가 없어진 진흙가위벌이 둥지로 찾아오긴 했어도 다른 일은 하지 않았다는 것뿐이다. 그 녀석은 자신이 물어다 공들여 건축한 시멘트 건물 앞에서 계속 날기만 하다가, 어느 때는 그 위에 앉기도 한다. 방의 가장자리를 디뎌 보기도 하고, 때로는 무엇인가 우울한 생각에 젖은 듯도 했다. 한동안 일터 앞에서 깊이 생각하는 것처럼 보이기도 했다. 하지만 이제는 하던 공사를 마무리 짓지 않고 그냥 떠난다. 다시 돌아와서 시끄러운 이웃을 쫓아내기도 한다. 하지만 두 번 다시 꿀이나 회반죽을 나르지는 않는다. 다음 날 그 녀석은 모습을 나타내지 않았다. 이용해야 하는 기관이 없어진 이 일꾼은 일에 신이 나지 않는다. 진흙가위벌이 미장일을 하는 동안은 언제나 더듬이로 만져 보고, 뒤져 보고, 조사했으며, 세밀한 공정이 완성되도록 지시하는 것 같았다. 결국 더듬이는 벌의 정밀 기계이며, 건축가의 컴퍼스, 자, 수평, 납덩이 추에 해당하는 것이다.

지금까지의 실험은 어미로서의 책무에 따라 둥지를 충실히 지키는 암벌만 상대했다. 수컷을 낯선 곳으로 데려가 보면 어떨까? 수컷은 여러 마리가 둥지 앞에 모여 며칠 동안 암컷의 외출을 기다린다. 서로 암컷을 차지하려고 끊임없이 싸우다가, 어미의 임무가 한창 진행되는 시기에는 벌써 자취를 감춘다. 이렇게 연애만 하는 녀석들의 능력을 나는 별로 믿지 않았었다. 녀석들은 속마음을 털어놓을 상대만 있으면, 고향 아니라 타관이라도 그곳에 정착해, 옛 둥지로 귀환하는 따위는 잊어버릴 것이라고 생각했던 것이다. 하지만 내 생각은 틀렸다. 수컷도 둥지로 돌아온다. 그런데 수컷은 몸집이 작아서 무리할 정도의 긴 여행을 시키지는 않았다. 대개 1km 정도로 실험했다. 이 정도라도 수컷에게는 다른 나라처럼 먼 거리의 원정이다. 녀석들은 낮에 둥지를 찾아다니거나 마당에 핀 꽃에서 산책할 뿐 멀리 가는 것을 본 적이 없어서 나는 1km도 멀다고 생각했다. 녀석들도 밤에는 낡은 둥지의 통로나 아르마스의 돌 틈에서 쉴 곳을 찾는다.

진흙가위벌 둥지에 두 종의 뿔가위벌[*Osmia tricornis*(세뿔뿔가위벌)와 *O. latreillii*(라뜨레이유뿔가위벌: 不在학명)]이 자주 찾아와, 그 통로에 자기들의 방을 건설하는데 전자가 더 많다. 이들도 어느 정도의 방향감각을 가졌는지, 조사할 기회가 생겼다. 뿔가위벌 역시 암컷이든 수컷이든 모두 둥지로 귀환할 줄 알았다. 소수의 벌로 짧은 거리에서 재빨리 실험했지만 결과는 다른 실험의 경향과 일치했다. 따라서 이들의 회귀행동도 확실하다고 믿는다. 결국 과거 실험까지 포함해서 두 종의 진흙가위벌, 왕노래기벌, 세뿔뿔가위벌 등의 4종은 모두 회귀능력이 있음을 검증했다. 그렇다면 전체를 검증하지 않은 상태에서 특별한 전제 조건도 없이 '벌목(막시목, 膜翅目) 곤충은 모두 방향을 판단하는 능력이 있다고' 일반화시켜도 될까? 나는 다음처럼 아주 의미심장하고 모순된 결과를 알고 있으니 그러기는 보류하련다.

아르마스 연구소에서 첫손가락에 꼽을 만큼 숫자가 많은 곤충은

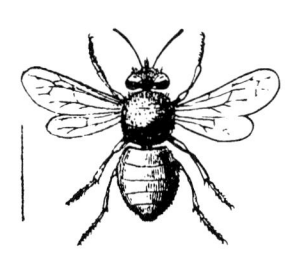

세뿔뿔가위벌

노예사냥으로 유명한 아마존개미 계열의 붉은불개미(*Polyergus rufescens*), 일명 갈색개미(Fourmi rousse)이다. 녀석들은 새끼를 기르는 솜씨가 서툴고, 먹이를 찾는 일은 물론 코앞의 먹이조차 먹을 줄 몰라서 먹이를 입으로 가져다주고 가사를 돌볼 머슴이 필요하다. 그래서 다른 개미집의 새끼를 잡아다 가족의 노예로 부려 먹는다. 다른 종의 개미 둥지에서 번데기(Nymphe)를 잡아 오고, 잡혀 온 녀석은 부화한 다음 그 집안의 충실한 머슴이 된다.

가시개미 서 있는 나무의 썩은 곳에 둥지를 틀고, 집단으로 나들이하는 경향이 있다. 일본왕개미에게 붙잡혀 노예생활을 하는 녀석도 있다. 시흥, 3. Ⅶ. '96

곰개미 각종 씨앗을 먹지만 사진처럼 거미까지 사냥하는 녀석도 있다. 시흥, 20. Ⅵ. '96

황개미 덜 자란 여왕개미와 수개미들. 결혼비행은 8~9월에 한다. 시흥, 10. Ⅶ. '96

6, 7월의 더위가 밀려오면 오후에 붉은불개미 부대가 막사에서 나와 원정을 떠나는 게 자주 눈에 띈다. 행렬의 길이는 5~6m, 도중에 특별한 관심거리가 나타나지 않는 한 행렬이 흐트러지는 법은 없다. 하지만 다른 개미 둥지의 흔적인 듯하면 선두가 정지하며 어지럽게 흩어진다. 뒤따르던 무리가 계속 달려오므로 혼란의 소용돌이가 점점 커지고 척후병이 앞장선다. 잘못 알았다고 판단되면 다시 대열에 맞추어 전진한다. 한 부대가 마당 안의 좁은 길을 가로지른다. 잔디 밑으로 모습을 감추었다가 다시 나타나 마른 가랑잎 밑으로 다시 감춘다. 또다시 나타나 정처 없이 헤매다가 드디어 검정 개미의 둥지를 찾아낸다. 넓은 침실에 누워 있는 번데기를 발견하자 즉시 잡아서 굴 밖으로 나온다. 지하 도시의 정문에서 자기네 재산을 지키려는 검정 개미(Fourmis noire)와 번데기를 날치기하려는 붉은불개미 사이에 눈앞이 아찔할 정도의 전투가 벌어진다. 쌍방의 힘에 차이가 있으니 전투가 오래가지는 않는다. 물론 승리는 붉은불개미 편이다. 각자의 전리품, 즉 이제 겨우 배내옷에 둘러싸인 번데기를 커다란 입에 물고 급히 막사로 향한다. 이 노예주의자의 습성을 잘 모르는 독자들은 아마존 족속의 개미 이야기가 재미있겠지만, 나는 독자들이 아쉽더라도 녀석들 이야기는 생략해야겠다. 지금 우리가 취급하려는 문제, 즉 둥지로의 회귀능력과는 너무 거리가 먼 이야기인 것이다.

번데기 도둑의 행렬이 이동하는 거리는 때에 따라 다른데, 그 차이는 근처에 검정 개미가 많은가 적은가에 따라 결정된다. 때로는 10~20걸음 정도의 거리에서도 충분하나, 어느 때는 50~100

걸음이나 그 이상일 때도 있다. 원정대가 마당 밖으로 나가는 것을 본 적도 있다. 높이가 4m나 되는 담장이 있는데, 그 담을 넘어서 저쪽 보리밭을 향해 행진했다. 이들은 어디든 걸어서 간다. 땅 위의 두꺼운 풀밭, 산더미처럼 쌓인 가랑잎, 풀숲, 자갈 산, 회반죽 덩이, 공사장, 무엇이든 가리지 않고 걸어서 넘어간다.

이들에게 엄격히 규정된 것은 되돌아가는 길이다. 이 규정은 왔던 길을 그대로, 즉 올 때의 모든 굽은 길, 모든 방해물, 어떤 고생을 하는 한이 있더라도, 왔던 그 길을 되짚어 간다. 노획물을 짊어진 붉은불개미가 둥지로 돌아오려면, 각 원정 때마다 일어났던 사건에 따라 그때그때 선택되었던 아주 복잡한 길, 녀석들이 나갈 때 지나갔던 바로 그 길로만 지나와야 한다. 이 규칙은 개미로서는 어쩔 수 없는 필연이다. 아무리 피곤해도 어떤 위험이 기다려도 그 길을 바꿀 수가 없다.

예를 들어 가랑잎이 두껍게 쌓인 큰 무더기를 지나갔다고 하자. 개미에게 이런 곳은 깊은 구렁텅이가 엄청나게 많이 가로놓인 험난한 길이다. 가랑잎도 개미도 자주 뒤집히며 굴러 떨어진다. 거의 모두 후들거리는 다리로 더듬어 길을 찾고, 골짜기를 오르며 미궁의 샛길을 탈출하느라고 지친다. 이 정도는

문제가 아니다. 돌아오는 길은 짐이 무거운데 역시 그 험난한 미궁을 반드시 통과해야 한다. 이렇게 피곤한 일을 피할 방법은 없을까? 처음 지났던 길을 조금만 비켜 가면 된다. 조금만, 사람의 한 발짝도 안 되는 거리만 비켜도 거기에는 평탄하고 훌륭한 길이 있다. 하지만 이 길이 그들의 눈에는 보이지 않는다.

어느 날 길목에서 그들의 약탈 원정이 눈에 띄었다. 그 행렬은 회반죽이 시멘트처럼 단단하게 굳은 연못의 안쪽 가장자리를 따라 행진하고 있었다. 연못에는 옛날부터 개구리 가족 대신 금붕어를 넣어 두었다. 날씨는 북풍이 강하게 불었는데, 때마침 세찬 바람이 지나던 개미 행렬에 불어 닥쳐 대열 중 일부가 흩어지면서 연못으로 떨어졌다. 금붕어들이 튀어 올라 허우적거리는 개미들을 삼킨다. 이렇게 험난한 길의 연못 둑을 넘는 동안 개미 행렬은 크게 피해를 당했다. 나는 혹시 녀석들이 돌아갈 때는 이렇게 위험한 바람맞이 길을 피해, 다른 길로 가지는 않을까 하는 생각을 했었다. 하지만 아니었다. 번데기를 운반해 오는 부대는 역시 험한 그 길로 돌아오고 있으니, 금붕어만 뜻밖의 개미와 번데기 선물을 받은 셈이다. 진로를 바꾸기는커녕 두 번째의 대학살을 당한 것이다.

원정 외출은 잦아도 그때마다 매번 복잡한 새 길을 택하므로 사냥한 다음 둥지를 찾기란 쉽지 않을 것 같다. 그래서 붉은불개미는 부득이 갔던 길로 되돌아오나 보다. 길을 잃지 않으려면 갔던 길이 좋건 나쁘건 선택의 여지가 없어서 오직 아는 길, 즉 갔던 길로 돌아와야 한다. 행렬모충(行列毛蟲)[4]은 양분이 많은 새잎을 찾아 다른 나무나 나뭇가지로 이동할 때 가는 길에 명주 같은 실을 펼쳐 놓는다. 돌아올 때는 이 실을 더듬어서 찾아온다. 원정을 떠났다 돌아올 때 길을 잃기 쉬운 벌레가 길잡이로 이용할 방법 중 가장 유치한 방법이 바로 이렇게 명주실 따위를 이용하는 경우이다. 길잡이로 이런 방법을 쓰는 행렬모충과 특수감각을 이용하는 진흙가위벌과는 참으로 거리가 있다는 생각이 든다.

아마존 족속 역시 벌목(目)의 일족인데, 이들은 제집을 나섰다가 다시 찾아가는 방법이 명주실을 길잡이로 삼는 행렬모충보다도 형편없는 수단밖에 없다. 더욱이 실을 만드는 기관조차 없다. 혹시 개미산 따위의 특수한 냄새를 길에 남겼다가 돌아올 때 후각을 이용해서 길을 찾지는 않을까? 이 의견을 반대하지는 않는다.

개미는 냄새로 인도되며, 후각기는 계속 흔들어 대는 더듬이에 있다고 한다. 좀 실례겠지만 나는 이에 즉각 찬성하지 않는다. 우선 후각기가 더듬이에 있다는 것부터 의문이다. 한편 붉은불개미는 후각으로 길을 알아내지 않음을 실험으로 증명해 보고 싶다.

오후 내내 붉은불개미의 외출을 지켜보았으나 며칠 간 실패만 거듭했을 뿐 시간을 너무 많이 빼앗겼다. 나보다 시간 여유가 있는 조교에게 부탁하기로 했다. 손녀 뤼시(Lucie)였다. 이 장난꾸러기에게 개미 이야기를 해주었더니 아주 재미있게 들었다. 그리고 배내옷밖에 입지 않은 갓난애의 약탈 장면을 보는 듯 생각에 잠기기도 했다. 사실 그렇게 대단한 연구는 아니다. 하지만 굉장한 과학 연구에서 제 역할이 대단한 것으로 생

---

4 여러 마리가 서로 꼬리에 꼬리를 물어 긴 줄, 즉 행렬 형태로 이동하는 나방 애벌레. 『파브르 곤충기』 제6권에서 집중적으로 다루어질 것이다.

각한 손녀는 연구를 돕는 것만으로도 무척 기뻐했다. 날씨가 좋은 날이면 마당에서 뛰어다니며 붉은불개미의 출동을 지켜보았다. 손녀의 임무는 이 개미가 약탈하려는 개미 둥지까지 지나간 길을 주의 깊게 살펴 두는 것이었다. 애가 얼마나 열심이었는지는 이미 인정받았다. 어느 날 나의 하루 일과인 원고지에다 글씨 늘어놓기를 하고 있을 때 실험실 입구에서 소리가 들린다.

"탕! 탕!" "저예요. 뤼시예요. 빨리 오세요. 붉은불개미가 검정개미굴로 들어갔어요. 빨리 오세요!" "지나간 길은 잘 알고 있니?" "그럼요. 표시해 두었어요." "뭐라고? 어떻게 표시했어?" "엄지 공주처럼 했어요[5], 지나간 길에다 흰 돌들을 놓았어요."

나는 급히 달려 나갔다. 여섯 살짜리 조교가 방금 말한 대로 진행되어 있었다. 뤼시는 잔돌을 미리 준비해 놓고 있었다. 개미 행렬이 막사에서 나오는 것을 보고 그 뒤를 한 걸음 한 걸음 따라가며 지나간 길 곳곳에 돌을 놓았다. 이 아마존 종족의 후손들은 약탈한 다음 조약돌이 놓인 길을 따라 돌아오기 시작했다. 둥지까지의 거리는 대략 100걸음, 이것이면 틈틈이 생각해 두었던 계획을 수행하기에 충분하다.

큰 빗자루로 개미가 지나간 길 위의 흙을 1m 넓이로 쓸어 냈다. 표면의 흙을 이렇게 쓸고, 대신 다른 흙으로 덮었다. 만일 흙 속에 있던 냄새 물질이 없어지면 개미는 길을 모르게 될 것이다. 나는 몇 걸음마다 이렇게 네 곳을 잘랐다.

지금 개미 부대가 첫 절단 장소에 도착했다. 머뭇거린다. 어떤 녀석은 뒤로 돌아서

[5] 동화 『엄지 공주』의 주인공 엄지 공주가 빵을 흘리며 가듯 뤼시도 엄지 공주처럼 했다는 말이다.

고, 다른 녀석은 돌아섰다가 다시 제자리로 돌고 또다시 뒷걸음을 친다. 행렬의 정면에서 왔다 갔다 하는 녀석들도 있다. 또 어떤 녀석들은 행렬 밖으로 퍼진다. 지금 미지의 나라에서 둥지로 돌아가는 길을 억지로 찾고 있는 중이다. 부대의 선봉은 가장 앞쪽 수십 센티미터 넓이 안에 몰려 있었는데, 지금은 3~4m의 넓이로 흩어졌다. 하지만 장애물, 즉 새로 덮인 흙 앞에 도착하는 녀석들은 점점 늘어만 간다. 이렇게 모여들어서 대열의 모양이 자주 바뀐다. 밀집 부대가 형성된다. 마침내 몇 마리가 바뀐 흙 위로 대담하게 올라섰다. 다른 녀석들이 그 뒤를 따른다. 그사이 다른 몇몇은 길을 돌아서 그들과 다시 만난다. 다음의 절단 장소에서도 마찬가지였다. 하지만 직선으로든 우회하든 장애물을 돌파한다. 내가 함정을 만들었어도 결국은 돌로 표시된 길을 따라 둥지로 돌아간다.

이 실험은 길 찾기에 후각기관이 작용한다는 설을 변론하는 것처럼 보인다. 네 번이나 끊겼던 곳에서는 분명히 길을 잃은 것처럼 보였다. 그렇게 끊겼어도 그 길로 지나온 것은 비로 쓸어 낼 때 냄새가 밴 흙이 완전하게 쓸리지 않고 얼마간 남았는지도 모른다. 우회했던 개미는 옆으로 쓸린 흙에 인도되었을지 모른다.

후각설(嗅覺說)에 대한 찬반을 논하기 전에 실험 방법을 좀더 확실한 조건으로 바꾸도록 냄새물질을 철저히 없애야겠다.

며칠 뒤 새로운 실험 계획이 결정되었고, 뤼시도 망을 보러 나갔다. 곧 개미 행렬을 알려 왔다. 예상했던 일이다. 6, 7월의 무더운 날 곧 폭풍우가 몰아닥칠 것만 같은 날씨에는 붉은불개미가 원정을 떠나지 않는 날이 거의 없다. 이날도 지나가는 길을 따라 새끼손가락만 한 조약돌이 여기저기에 놓여 있다. 내 계획을 실행하기에 가장 적절한 장소를 택했다.

마당에 물을 뿌리던 무명 호스를 연못물 채우는 수도꼭지에 끼웠다. 수도를 열자 흐르는 물이 개미가 지나간 길을 가로질러 한 걸음 정도 넓이로 끊었다. 특히 처음에는 냄새물질을 완전히 없애려고 물살을 세게 하여 흙을 잘 씻어 냈다. 대 물청소가 15분이나 계속되었다. 약탈자들이 돌아왔을 때는 수돗물의 속도를 조절해서 개미의 힘보다 약하게, 흐르는 물의 폭도 좁게 했다. 개미가 어떤 일이 있어도 이 길을 통과해야만 한다면 이제는 이 장애물도 넘어야 한다.

녀석들은 거기서 오랫동안 망설였다. 뒤떨어졌던 낙오자까지 선두를 따라왔을 만큼 긴 시간이다. 물살에 쓸려 간 녀석들 중 몇몇은 물길 사이의 자갈에 몸을 의지했으나, 나머지는 흐르는 물에 그대로 떠내려간다. 그래도 노획물을 놓지는 않고 떠내려가다 얕은 곳 어디선가 걸린다. 그러면 걸어갈 만한 곳을 찾는다. 떠내려가던 지푸라기가 여기저기 가로로 걸렸다. 흔들리는 다리, 즉 지푸라기 위로 걷는다. 올리브나무 낙엽은 마치 여객을 싣고 가는 뗏목이다. 아주 용감한 녀석들은 얼마간 자신의 노력으로, 또 얼마간은 행운을 만나 구조되어, 홀로 건너편 물가에 오르게 된다. 두세 발자국을 떠내려갔다가 물가로 올라와 어찌할까 생각에 젖은 녀석도 있다. 마

치 패전한 다음이나 다름없는 이런 혼란 속에서도, 죽을 지경의 위험 속에서도, 어느 녀석 하나 노획물을 놓치는 법이 없다. 차라리 죽으면 죽었지 놓칠 수는 없다. 어쨌든 이럭저럭 물길을 건너게 되어 규칙대로 왔던 발자국을 따라간다.

아마도 냄새는 길의 안내자가 아닌 것 같다. 행렬이 도착하기 전에 흙을 씻어 냈고, 도중에도 물이 계속 흐르는 조건이었다. 하지만 길 위에 개미산이 남았더라도, 우리는 그 냄새를 맡지 못하니 우리의 판단이 부정확할 수도 있다. 그래서 이번에는 우리가 못 맡는 냄새가 아니라 우리도 맡을 수 있는 강력한 냄새로 방해하면 어떨지 조사해 보자.

개미의 세 번째 외출을 살폈다. 그들이 지나간 길에서 한 지점의 땅 위를 화단에서 따온 박하(Menthe: *Mentha*) 잎으로 문질렀다. 그리고 그 앞쪽에 박하 잎을 깔았다. 원정에서 돌아오는 개미들은 박하로 문지른 곳을 조금도 의심하는 기색 없이 통과했다. 다만

잎을 깔아 놓은 앞쪽에서는 망설였지만 그대로 쏙 지나갔다.

흙을 씻은 빠른 물살, 박하로 흙냄새를 바꾼 두 실험 결과로 후각이 개미의 귀환 안내자가 아니라는 증거로는 부족하다. 또 다른 실험을 해야 자세히 밝혀질 것 같다.

이번에는 흙을 전혀 건드리지 않고 넓은 신문지로 길을 덮고 작은 돌로 눌러놓았다. 냄새는 없애지 않았으나 길의 겉모습은 완전히 변했다. 신문지 앞에 당도한 개미들은 매우 당황한다. 박하 냄새나 강물 앞에 섰을 때보다 더 당황했다. 처음에는 온갖 시도를 다 해본다. 양옆을 정찰도 전진도 후퇴도 해본다. 마지막으로 겨우 미지의 이 종이벌판 위로 올라갔다가 거기를 벗어난 다음 다시 전과 같은 행렬이 짜인다.

다시 다른 함정이 붉은불개미를 기다렸다. 노란색 모래로 길을 절단했다. 원래의 땅은 회백색이었다. 이 색깔 변화만으로도 개미를 잠시 혼란시키기에는 충분했다. 시간은 짧았으나 신문지에서처럼 방향을 잃었다. 이 때도 끝내는 장애물을 넘어갔다.

모래나 신문지가 길에 스며든 냄새를 지우지는 않았을 텐데, 그 앞에서 모두 한꺼번에 망설이거나 서 있었다. 그렇다면 개미가

길을 찾는 감각이 후각은 아니라는 증거이다. 그 감각은 시각이다. 이유는 길을 비로 쓸어 냈어도, 물로 씻어 냈어도, 박하 잎으로 퍼렇게 물들였어도, 신문지로 덮거나 땅을 다른 색깔로 바꿨어도 그때마다 개미 행렬은 망설였고 멈췄으나, 변화된 돌발 사건에서 귀로를 찾아냈으니 말이다. 그렇다. 귀로의 안내자는 바로 시력이다. 하지만 그들의 시력은 아주 근시안이라, 돌멩이 몇 개만 치워도 보이는 수평선이 달라질 것이다. 이런 근시에게는 길을 쓸어 내거나 무엇으로 덮인 사소한 변화에도 그들이 느끼는 풍경은 완전히 바뀐다. 그래서 전리품을 짊어지고 급히 귀향하던 행렬이 낯선 풍경 앞에 당도하자 불안해서 주춤거렸다. 하지만 달라진 지역을 끝내는 통과했다. 변화된 지역을 여럿이 통과하려고 노력하다 보면, 그 중 몇 마리가 저쪽 편에 낯익은 곳이 있음을 알게 된다. 선견지명 있는 녀석이 자기네 길에 확신이 서면 다른 녀석들은 그의 뒤를 따른다.

　하지만 시각만으로는 부족하다. 붉은불개미는 여러 마리가 동시에 장소에 대한 정확한 지식을 가질 필요가 있다. 개미 한 마리의 기억! 그 한 마리의 기억에는 어떤 의미가 있을까? 그들의 기억도 우리와 같은 종류의 기억일까? 내게는 답변이 없다. 그렇지만 곤충이 한 번 찾아갔던 장소에 대한 기억은 상당히 오랫동안 정확하게 지속된다는 것을 몇 줄의 글로 증명할 수 있다. 이런 경우를 여러 번 보았다. 어떤 때는 약탈한 검정 개미 둥지에 아직도 훔치지 못한 노획 대상이 남아 있다. 또 어떤 때는 원정 갔던 지역에 아직도 공격할 둥지가 많다. 그런 곳에서 철저히 휩쓸어 오려면 또다시 약탈 행위가 필요하며, 다음 날이나 2~3일 뒤에 두 번째 원정을 떠난다. 이때의 행렬은 중간에 길을 잃거나 주춤거리는 일 없이, 곧장 번데기가 많은 둥지로 쳐들어간다. 물론 틀림없이 지난번에 통과한 길이다. 붉은불개미가 지나간 길 중간에 약 20m를 자갈로 표시해 놓았는데, 이틀 뒤에도 자갈을 따라가는 경우도 보았다. 녀석들은 자갈로 표시한 저 앞길도 틀림없이 통과할 것으로 생각했는데, 실제로 큰 오차 없이 그 줄을 따라갔다.

길 위에 뿌려진 냄새물질이 여러 날 계속해서 남아 있을 것으로 생각하는 사람도 있을까? 아무도 그럴 용기는 없을 것이다. 따라서 붉은불개미의 길 안내자는 틀림없이 시각이다. 장소 기억의 도움을 받은 시각이다. 이 기억은 다음 날 또는 더 훗날까지 남을 만큼 강력하게 각인된다. 더욱이 오늘의 부대 행렬도 세밀한 부분까지 착실하게 기억하며, 어제 지나갔던 길의 온갖 지형과 장애물에 대한 그 기억의 안내를 받아 같은 길을 통과한다.

아직 모르는 장소라면 어떻게 행동할까? 지형의 기억이 없는 장소를 처음 만났을 때, 개미도 진흙가위벌처럼 방향감각이 조금은 있어서 제 둥지나 행진의 행렬을 찾을 수 있을까?

이 약탈 부대가 아직 뜰 전체를 샅샅이 탐험하지는 못했을 것이다. 북쪽 마당이 더 탐험하기 좋은 곳으로, 아마도 그 일대에서 계속 약탈하면 분명히 많은 수확이 있을 것이다. 대개 붉은불개미 부대가 향하는 곳도 북쪽이었다. 남쪽에서 그들을 만나는 경우는 극히 드물었다. 아마도 개미가 남쪽 마당을 아주 모르기보다는 북쪽보다 덜 친숙해서 그럴 것이다. 이쯤 해두고 다른 날은 이 개미가 무엇을 하는지 살펴보자.

　개미굴 근처에서 기다렸다가 노예사냥에서 돌아오는 개미 한 마리를 가랑잎 위에 올려놓았다. 물론 그를 다치지 않게 조심하며 굴에서 두세 걸음 떨어진 담 밑으로 옮겼다. 다른 나라로 보내서 방향을 잃게 하는 것은 이 정도로 충분하다. 개미를 땅에 내려놓으면 여기저기 정처 없이 헤맨다. 물론 노획물을 입에 문 채 자기 행렬로 돌아가려고 급히 떠난다. 하지만 곧 되돌아와 행렬과는 다시 멀어진다. 오른쪽으로, 왼쪽으로 사방을 조금씩 찾아다닌다. 방향을 전혀 모른다. 강력한 턱을 가졌고 싸움질을 좋아하는 이 노예 사냥꾼은 사람의 두 발자국밖에 안 되는 자기 집 앞에서 길을 잃었다. 내 기억에 몇 마리는 반 시간 동안 헤맸으나, 아직도 길을 못 찾고 번데기를 문 채 더 멀리 갔다가 미아가 되었다. 그들은 어찌 되었고, 전리품으로 노획한 포로는 어찌 되었을까? 나는 이렇게 우둔한 약탈자의 종말을 조사하는 것에 따른 괴로움까지 참아낼 수는 없었다.

　이번에는 개미를 북쪽에 풀어놔 보자. 풀려난 개미는 잠시 헤매며, 이쪽저쪽을 찾아보고는 자기 부대를 찾아냈다. 장소를 알고 있다는 이야기이다.

　개미는 분명히 벌목에 속하면서도 다른 벌들이 가진 방향감각은 갖지 못했다. 또한 장소에 대한 기억은 가졌어도 다른 감각은 갖지 못했다. 옆으로 두세 발자국만 옮겨 놓아도 길을 몰라서 제 집으로 돌아가지 못한다. 하지만 진흙가위벌은 몇 킬로미터 밖의 모르는 지방으로 옮겨져도 길을 잃지 않는다. 옛날에 나는 몇몇

동물이 가진 이런 불가사의한 감각을 인류가 갖지 못한 것에 이상하게 생각했었다. 사람과 벌레 사이의 비교에서는 서로의 혈연관계가 너무도 멀어서 토론의 주제가 될 수 없다. 하지만 개미와 벌 사이는 그런 정도의 거리가 아니라, 서로 가까운 두 종의 벌목 곤충끼리이다. 만일 두 종이 같은 거푸집에서 찍어 내졌다면, 어째서 한쪽이 가진 감각을 다른 쪽은 어째서 갖지 못했을까? 혹시 체제상 극히 미세한 부분의 차이가 특수감각이라는 더 우수한 특징을 갖게 했을까? 진화론자는 이 점에 대해서 내가 수긍할 수 있는 이유를 말해 주기 바란다.

나는 지금까지 장소에 대한 기억이 아주 정확했다고 말해 왔는데, 각인된 기억은 얼마나 오랫동안 유지될까? 붉은불개미가 지형을 기억하려면 여러 번의 여행이 필요할까, 한 번만의 원정으로도 충분할까? 한 번 지나간 길이나 한 번 방문한 장소도 그의 기억으로 저장될까? 붉은불개미는 이런 문제를 해결하기에 적당한 실험재료가 아니다. 지금의 원정 행렬이 그들에게 처음 길인지 아닌지를 실험자가 판단할 수가 없어서 그렇다. 게다가 그 부대가 다른 길로 가도록 억제할 방법도 없다. 검정 개미 둥지를 약탈하러 가는 붉은불개미는 자신들이 좋아하는 방향을 선택할 뿐 우리 인간 마음대로 되는 게 아니다. 그러니 다른 종류의 벌에게 실험 재료가 되어 주길 부탁해 보자.

그래서 대모벌(Pompilidae)을 방향감각의 실험 재료로 정했다. 이 벌도 땅굴을 파는 녀석으로 거미 사냥꾼이다. 이들은 새끼의 먹잇감인 거미를 잡아서 마비시킨 다음 둥지를 파는데, 자세한 습성 연구는 나중에 하기로 하자. 이들이 사냥한 다음 적당한 둥지 장소를 찾으러 갈 때, 무거운 먹이가 큰 짐이 되므로 잡초 더미 위나 높은 관목 사이에 잠시 보관한다. 물론 이 귀중한 재산을 채가는 날치기꾼, 특히 다른 벌의 눈에 띄지

길대모벌

않는 곳에 숨겨 둔다. 노획물을 이렇게 푸른 잎 사이에 감추고는, 빈집이나 적당한 장소를 찾아내 그곳에 굴을 판다. 굴을 파다가 수시로 그 노획물을 확인하러 간다. 가서 들여다보거나 만져 보며 기름진 그 요릿감에 아주 만족한다. 다시 굴로 돌아와 더 깊이 판다. 만일 가서 보는 것만으로 안심이 안 되면, 좀더 가까운 공사장 근처로 옮겨 와서 높은 잎사귀 위에 놓아둔다. 공사 순서 등을 이용하면 이 대모벌의 기억력이 어떤지 알아낼 수 있다.

  벌이 굴을 파는 동안 노획물을 훔쳐서, 0.5m쯤 떨어진 굴 밖의 땅 위에 내려놓는다. 벌은 또다시 확인하러 구멍에서 나와 놓아두었던 곳으로 날아간다. 거기는 전에 여러 번 와서, 그 방향과 장소를 정확히 기억하는 것으로 추정할 수도 있다. 하지만 나는 전의 상황을 전혀 모르니, 전에 왔던 것은 빼고 지금부터를 단정적으로 계산하자. 대모벌은 망설이지 않고 노획물을 놔둔 풀로 날아와 찾아다닌다. 그를 놓아두었던 정확한 지점으로 몇 번이고 찾아와 열심히 조사하지만, 끝내는 거기서 없어졌음을 알게 된다. 더듬이로

땅을 두드리며 천천히 걸어서 근처를 빙빙 돌아본다. 마침내 내가 옮겨 놓은 거미를 발견한다. 종종걸음으로 다가왔던 벌이 놀란다. 가슴을 젖히며 급히 물러선다. 저것이 살았나? 죽었나? 내 식사감이 틀림없나? 아니 조심해라. 이렇게 말하는 것 같지 않더냐!

망설임은 오래가지 않았다. 사냥꾼은 거미를 물고 뒷걸음질로 끌고 가서 먼젓번 풀과 두세 걸음 떨어진 곳의 두 번째 풀 위에 올려놓는다. 다시 굴로 돌아가 일한다. 나는 조금 떨어진 땅 위로 거미를 다시 옮겼다. 지금이 이 벌의 기억력을 판단할 때이다. 두 포기의 풀은 각각 잠시 놓아두었던 곳이다. 첫번째 풀에는 몇 번 왔었는지 모르나, 이미 여러 번 방문해서 잘 아는 곳일 수도 있다. 그런데 두 번째 풀에는 거미를 얹는 데 걸리는 시간만 머물렀으니, 이 풀에 대한 기억은 분명히 낮을 것이다. 녀석이 처음 와 본 장소에서 그 짧은 머묾이 정확한 기억을 갖기에 충분할까? 한편 벌의 기억 속에 두 장소가 뒤엉켜서 처음과 다음 장소를 혼동할 수도 있을 것이다. 과연 대모벌은 어느 쪽으로 갈까?

곧 알 수 있다. 벌은 다시 거미를 찾아가려고 굴에서 나온다. 그리고 곧바로 두 번째 풀로 달려간다. 없어진 거미를 오랫동안 찾는다. 거미가 조금 전에 이곳에 있었지 다른 곳은 아니라는 것을 벌은 확실히 알고 있다. 그래서 여기서만 찾을 뿐 처음의 풀로 가 보려는 기미는 전혀 없다. 거기는 벌써 벌의 머릿속에서 사라졌다. 머릿속에 남은 곳은 오직 두 번째 풀일 뿐이다. 다시 근처를 수색한다.

내가 옮겨 놓은 곳에서 다시 찾아냈다. 대모벌은 그것을 황급히

제3의 풀 위에 놓는다. 다시 실
험이 시작된다. 이번에 벌이
찾아간 곳은 세 번째 풀
위다. 전의 풀들은 본
척도 않는다. 그만큼
그의 기억은 정확했
다. 나는 이런 식으로
두 번을 더 계속했다.
벌은 언제나 맨 마지막에 가
져다 놓았던 곳으로 갈 뿐 그전의 풀들은 조금도 문제 삼지 않았
다. 나는 대단치 않은 이 동물, 즉 대모벌의 기억력에 정말로 감탄
했다. 다른 곳과 별로 달라 보이지도 않고 대충 한 번 흘깃 본 것
에 지나지 않는 지점이었다. 더군다나 땅굴 공사에 마음을 빼앗기
기도 했었다. 그런데도 그 지점을 정말로 잘 기억했다. 참으로 의
심되나 붉은불개미도 이 정도와 비슷한 정도의 기억력을 인정하
자. 그러면 그의 긴 여행길을 걸어서 귀향하는 것에 대한 설명이
별로 어렵지 않을 것이다.

　이 실험에서 따로 언급할 만한 몇 가지 결과를 얻었다. 대모벌
은 거미를 놓아둔 곳에서 지칠 줄도 모르며 조사했으나, 거기에
없음을 확인하자 근처를 찾아다닌다. 그리고 별로 힘들이지 않고
다시 찾아냈다. 물론 잘 보이는 맨땅에 놓여서 그랬던 것이니 이
번에는 어렵게 만들어 보자. 손가락으로 땅을 오목하게 누른 다음
그 안에 거미를 넣고 위는 나뭇잎으로 덮었다. 벌은 없어진 먹이

를 찾아다니다 때로는 그 잎사귀 위를 가로지르거나 왕래하면서도, 그 밑에 거미가 있다는 걸 전혀 눈치 채지 못했다. 쓸데없이 멀리까지 계속 찾는다. 따라서 이 벌을 안내하는 것은 틀림없이 후각이 아니라 시각이다. 그렇지만 더듬이로 땅을 두드리고 다닌다. 이 기관은 도대체 무슨 역할을 할까? 나는 모르겠다. 다만 그것은 후각기관이 아니라는 말만 할 뿐이다. 그래도 송충이를 찾아다니는 나나니는 내가 그렇다는 단정을 내리게 했었다. 나는 실험적 입증을 통해 지금 내 마음속에 틀림없다고 생각되는 하나의 사실만 첨부하련다. 대모벌은 심한 근시안이다. 그래서 불과 5~6cm 밖의 거미조차 알아보지 못하고 종종 그냥 지나친다.[6]

---

[6] 몇몇 종의 개미, 흰개미, 꿀벌 따위는 길을 찾게 하는 물질인 길잡이페로몬(Trail Marking Pheromone)의 성분과 화학적 구조가 밝혀졌다. 하지만 개미의 경우라도 종이나 극히 세부적인 기능에 따라 물질의 성질이나 물질 자체가 서로 다를 수도 있다. 그래서 개미든 벌이든 냄새로 길을 찾는다, 아니다 또는 시각의 기억에 의한다, 아니다 등과 같이 단정적인 답변은 있을 수 없다.

10 곤충 심리에 대하여 한마디

라우다톨 템포리스 악티(*Laudator temporis acti*, 지나간 세월을 존경하는 자)는 이 세상에 잘못 태어났다. 세계는 진보한다. 그렇다. 하지만 가끔 후퇴도 한다. 내가 젊었을 때 네 푼(sou)짜리 하찮은 책에서 인간은 이성(理性)을 지닌 동물이라고 배웠다. 그런데 요즈음 학자들의 책에서는 인간의 이성이란 단지 다단계의 이성 중 최고 단계의 하나에 불과하며, 이보다 아래 단계는 하등동물까지 이어진다고 한다. 중간 단계는 매우 많고, 동물 간에 양적 차이가 있으며, 그 차이는 끝없이 연속된다. 즉 거의 전무에 가까운 0의 세포단백질 단계부터 뉴턴처럼 우수한 두뇌 단계까지 높아진다. 그렇게도 자랑하던 우리의 높은 재능이 지금은 동물의 소유물로 추락하고 말았다. 활발한 원자로부터 유인원(Anthropoïde, 類人猿), 그리고 인간의 추잡한 풍자화에 이르기까지 모든 것은 크든 작든 나름대로 각자의 몫이 있다.

이 평등이론에 대하여 나는 항상 사실이 보여 주지 않은 것을 무리하게 말로만 지껄여 온다고 생각했다. 그런 말들은 평지를 만들려고 인간이란 봉우리를 허물어서 동물이라는 골짜기를 메워 평평하게 하는 것처럼 보였다. 이런 평준화에 대해서 나는 어떤 증거를 원했으나 책에서는 그 증거를 찾을 수가 없었다. 그래서 나 스스로 확신을 갖고자 관찰했다. 나는 찾아보았고, 실험도 해 보았다.

확신을 가지고 말하려면 자신이 잘 아는 범위 밖으로 나가서는 안 된다. 40년 동안 벌레와 씨름하며 지내다 보니, 이제는 내가 어느 정도 벌레를 알기 시작했다. 그들에게 물어보자. 같은 문제를 아무 벌레에게나 똑같이 묻자는 게 아니다. 하늘의 혜택을 가장 많이 받은 벌에게 물어보자는 것이다. 혜택을 받았다는 말이 좀 지나칠지도 모른다. 하지만 그 녀석들보다 더 재능을 가진 자가 어디에 있는가? 멋쟁이 건축가인 새들의 걸작품 둥지라도, 저 뛰어난 벌들의 기하학적 건축물과 비교할 수 없다. 자연이 벌을 만들 때 가장 작은 그 동물체 속에 가장 많은 능력을 시험적으로 베푼 것은 아닐까? 인간은 벌과 호적수이다. 인간은 마을을 세우고, 벌은 도시를 건설한다. 인간 사회에는 머슴이 있고, 벌 사회에는 노예가 있다. 우리는 가축을 기르고, 그들은 당밀 제조 기술자를 기른다. 우리는 암소를 기르고, 그들은 우유 공급자인 젖소에 필적할 만한 진딧물을 기른다. 우리는 노예를 해방시켰다. 하지만 그들은 아직까지도 흑인(검정 개미)을 사냥하고 있다.

자! 그러면, 그렇게 세련되고, 그렇게 특권을 가진 곤충이 과연 추리능력을 가졌을까? 독자 여러분, 잠깐 웃음을 참아 주십시오.

이것은 대단히 중대한 문제이며 충분히 생각해 볼 가치가 있습니다. 벌레를 연구하는 것은 우리를 괴롭히던 의문을 풀어 보기 위해서랍니다. 인생이란 무엇인가? 어디에서 왔는가? 하는 따위의 문제 말입니다. 그런데 벌의 그 작은 뇌 속에서는 무슨 일이 벌어지고 있을까? 그들의 뇌 속에도 인간의 능력과 자매 관계인 능력이 들어 있을까? 거기에도 사고력이 있을까? 만일 우리가 풀어낼 수만 있다면 이런 문제들은 그야말로 훌륭한 문제들이며, 이것들을 설명할 수만 있다면 그야말로 훌륭한 심리학의 한 장이 열리는 것 아니겠는지! 하지만 가장 미미한 기본 단계의 연구에만 착수해도 우리는 곧 헤쳐 나갈 수 없는 불가사의가 앞을 가로막는다. 항상 그렇다. 우리는 우리 자신을 알 능력조차 없다. 그런 형편에 더욱더 다른 동물의 지적능력을 탐색할 수 있을까? 떨어진 진실의 이삭을 몇 개만 줍는다면 그것만으로도 만족해야 한다.

　이성이란 무엇인가? 철학자는 이 문제를 다각도로 어렵게 정의할 것이다. 하지만 우리는 이야기 자체가 벌레에 대한 이성을 말하는 것이니, 좀 조심하는 의미에서 가장 단순한 정의로 만족하자. 이성이란 결과와 원인을 결합시키고, 그 원인으로부터 파생될 무수한 우연 중에서 결과가 요구하는 행위와 일치하도록 유도하는 능력이다. 이렇게 제한된 정의 안에서라도 벌레가 추리할 능력을 가졌는지는 역시 문제이다. 그들도 '왜'에다 '왜냐하면'이라는 이유를 붙이고, 그에 대응할 능력이 있는지 또한 우발적 사건 앞에서 행동양식을 바꿀 능력이 있는지?

　『박물지(博物誌)』[1]에는 이런 문제에 대해

---
[1] 『박물지』란 생물학이나 자연과학에 관한 논문집이다.

알 만한 자료가 거의 없다. 여러 책이 조금씩 다루긴 했어도 그 문구들이 제시한 견해를 엄밀히 분석해 보면 과연 옳다고 인정할 만한 게 보이지 않는다. 내가 아는 가장 진귀한 자료 중 하나는 에라스무스 다윈(Erasme Darwin)[2]의 저서「동물학(또는 동물생리학, *Zoonomia*)」에 적힌 이런 글이다. 말벌이 큰 파리를 물어 죽인다. 바람이 부는데 잡은 먹이는 크고, 바람은 강해서 벌은 날기가 어렵다. 그래서 벌은 땅으로 내려와 파리의 머리와 배, 그리고 날개를 떼어 버린다. 이렇게 하여 바람을 덜 받는 가슴만 가지고 떠난다. 이 문구를 우리의 분석 자료로 삼아 논한다면 그 안에는 분명히 이성적인 무엇인가가 들어 있다. 말벌은 원인과 결과의 관계를 파악하고 있는 것처럼 보인다. 결과는 날 때 느낀 바람의 저항이 원인이며, 이 원인은 바람을 맞는 파리의 표면적에 있다. 극히 논리적인 결론이다. 그러니 머리, 배, 특히 날개를 잘라 그 표면적을 줄여라. 그러면 바람의 저항이 작아질 것이다.✱

이렇게 연속된 질문들이 비록 초보적인 것이라도 과연 그런 일들이 곤충의 지능 속에서 실행될까? 나는 그 반대라고 믿으며, 반대라는 내 증거들은 불변이다. 『곤충기』 제1권에서 다윈의 말벌은 습관적 지능에 따

[2] 1731~1802년, 영국 의사, 자연철학자, 생리학자, 발명가. 찰스 다윈의 조부, 생물학 및 인류학인 프랜시스 골턴(Francis Galton, 1822~1911)의 외조부.
✱ 내가 『곤충기』 제1권 첫머리에서 거리낌 없이 격한 어조로 썼던 몇 줄을 가능하다면 지우고 싶다. 하지만 이미 발행된 원고를 여기서 지울 수는 없기에 잘못된 부분을 지금 밝히련다. 라코르데르(Lacordaire)는 그의 곤충학 서문에다 에라스무스 다윈의 이 관찰 기록을 인용했다. 나는 그 말을 그대로 믿어 구멍벌(*Sphex*)을 이렇게 진술했다고 생각했었다. 다윈의 원서가 없었기에 이 생각밖에 못했었고, 그렇게 저명한 학자가 코벌(*Bembix*)을 구멍벌로 착각할 만큼 큰 잘못을 저지를 줄은 꿈에도 생각지 못했다. 당시는 이런 연유로 내가 크게 놀랐었다. 아니, 파리를 잡는 구멍벌이라니, 그런 일은 있을 수 없느니라! 그래서 나는 다윈을 비난

라 사냥한 먹이를 자르고, 가장 영양가가 높은 가슴만 남긴 것에 불과함을 실험으로 증명했었다. 나는 바람이 부는 날이든 안 부는 날이든 무성한 숲 속의 그늘이든 비바람을 맞는 곳이든 벌은 수분이 없고 영양가가 높은 고기만 골라 가는 것

을 보았다. 머리, 배, 다리, 날개는 떼어 버리고, 가슴만 애벌레에게 주려고 남기는 것을 여러 번 보았다. 그렇다면 바람이 불 때 고기를 자르는 일이 추리를 위해 어떤 의미가 주어졌는가? 여기서는 주어진 것이 전혀 없다. 벌은 바람이 전혀 없는 날에도 똑같은 행동을 했을 것이니 말이다. 다윈은 너무 성급하게 그런 결론을 내렸다. 그것은 그의 견해의 산물일 뿐 결코 논리에 의한 결론이 아니다. 만일 그가 말벌의 습성을 미리 조사했다면 전혀 무관한 사건을 '벌레의 추리력'이라는 중대한 문제의 논제로 삼지는 않았을 것이다.

내가 이 문제를 다시 논의하는 이유는 어떤 관찰이 아무리 충실했어도 실수를 면할

했는데, 그 영국 학자는 도대체 무엇을 보았는지 모르겠다. 하지만 나는 내 관찰에 의한 논리적 도움으로 그것은 코벌이라고 단정 지었다. 그 이상 옳게 맞힐 힘은 없었다. 그 뒤 찰스 다윈이 자기 할아버지는 '동물학'에다 '말벌' (역주: 서양 사람들은 구멍벌뿐만 아니라 여러 종류의 벌을 모두 말벌이라고 부르는 경향이 있다.)로 썼다는 것을 알려 주었다. 나의 예측을 증명해 주기는 했어도 마음은 역시 괴로웠다. 번역자의 실수를 모르는 상태에서 관찰자로서의 내 식견만으로 저자를 의심하여 그 부당성에 의혹을 걸었으니 말이다. 지금 나는 여기에 나의 솔직했던 놀라움을 액면 그대로 썼으니 독자들도 적당한 수준에서 참작해 주길 바랄 뿐이다. 나는 내가 틀렸다고 인정하는 것에 대해서는 가차 없이 투쟁한다. 하지만 그 틀린 생각을 지지하는 사람까지 옥보일 생각은 추호도 없다.

수는 없다는 말을 하고 싶어서였다. 단 한 번밖에 안 일어난 기회에 너무 크게 기대해서는 안 된다. 반복관찰로 상호보강을 해야 한다. 의도적으로 어떤 사건을 일으킨 다음 나타난 현상을 조사해서 그 결과들 사이의 관계를 이해해야 한다. 그래야만 비로소 여러 제한 조건으로 제동을 걸어와도, 완전히 인정되는 몇 가지 견해를 발표할 수 있다. 나는 어디서도 이런 조건에서 채택된 사실들을 찾을 수가 없었다. 내가 아무리 알고 싶었던 문제라도, 이런 이유에서 다른 사람의 증언을 통해 내게 보태진 지식은 많지가 않다.

전에 말했듯이 내 진흙가위벌(Chalicodoma → Megachile) 둥지를 현관 옆의 벽에 매달아 놓은 덕분에 다른 어느 벌보다도 연속적으로 실험할 수 있었다. 벌은 내 집 안, 내 눈앞에 있었다. 보고 싶으면 어느 때라도, 얼마든지 오랫동안이라도 볼 수 있었다. 벌의 모든 세부적 행동까지 쉽게 추적할 수도 있었고, 아무리 긴 실험이라도 잘 해낼 수 있었다. 그뿐만 아니라 벌의 수도 매우 많아서 어떤 문제가 충분히 이해될 때까지 반복실험도 할 수 있었다. 그래서 진흙가위벌을 지금 이 부분의 자료로 제공하려 한다.

시작하기 전에 벌의 노동에 관해 몇 마디 하자. 우선 헛간진흙가위벌(Chalicodome des hangars: *Ch. pyrenaica* = 피레네진흙가위벌)[3]은 흙으로 지은 낡은 둥지를 이용하는데 그 통로의 일부를 두 종의 투숙객인 세뿔뿔가위벌(*Osmia tricornis*)과 라뜨레이유뿔가위벌에게 공짜로 빌려 준다. 낡은 통로는 건축에 품이 덜 들어서 매력적이

3 파브르는 앞의 7장에서 헛간진 흙가위벌은 *Megachile pyrenaica*(피레네진흙가위벌)의 이명(異名)임을 밝히고도, 전자 이름(Ch. des hangars)을 계속 써서 혼란스럽게 한다. 하지만 번역은 후자 이름인 피레네진흙가위벌로 하였다.

나 뿔가위벌이 차지해서 빈집이 거의 없다. 그래서 진흙가위벌은 그 위에 회반죽을 더 가져다 방을 만들어 둥지 전체는 결국 매년 두꺼워진다. 방의 건설은 한 번 만에 끝나는 것이 아니라 회반죽 작업과 꿀 운반이 서로 교대로 행해진다. 신축 공사는 먼저 시멘트로 작은 제비집이나 절반으로 잘린 술잔 모양의 공사로 시작되고, 아래쪽 칸막이는 바로 받침대인 바닥이다. 다음 방은 마치 절반으로 가른 도토리 껍데기를 먼저 둥지 표면에다 붙여 놓은 모습이다. 이 일은 상당히 빠르게 진행되며, 완성된 방은 가져온 꿀을 받아 넣는 그릇이다.

이 정도에서 시멘트 공사는 중단하고 식량을 수확한다. 식료품을 몇 번 운반한 다음, 다시 돌로 석축 공사를 한다. 위가 넓어서 마치 밥그릇처럼 생긴 둥지의 위쪽 둘레에다 돌을 한 층 더 쌓아 올려, 식량을 더 많이 담을 수 있다. 석축 공사가 끝나면 다시 식량을 수확하는 일꾼으로 바뀐다.[4] 일정한 높이의 방을 만들고, 애벌레가 먹을 꿀을 충분히 저장하면 다시 미장이가 된다. 이렇게 여러 차례 교대하면서 미장일을 하고, 다음은 꽃으로 가서 뱃속은 꿀로, 배의 겉은 꽃가루로 채우는 작업을 계속 되풀이한다.

드디어 산란할 때가 왔다. 다시 시멘트를 물어 온 벌은 잠깐 방 안을 둘러보며 모든 것이 제대로 되어 있는지 검사한다. 안으로 배를 들이밀어 알을 낳고는 물어 온 시멘트로 방을 막고, 출입구도 울타리를 친다. 재료를 매우 아껴서 한 번 만에 덮개를 만든다. 둥지는 새 층으로 튼튼해지고 두께도 충분해

---

[4] 피레네진흙가위벌은 돌을 쓴다는 이야기가 없었는데 갑자기 석축 공사를 한다고 하였으며, 다음 문장에서는 다시 미장이가 되어 또다시 혼란을 준다.

진다. 머지않아 마감 공사만 하면 될 뿐 작업을 서두를 필요는 없다. 하지만 성스러운 알을 낳았을 때는 어미가 없는 동안 침입자를 방지해야 하므로 서둘러서 방문을 잠가야 한다. 산란을 한 다음에도 문이 열린 채 시멘트를 구하러 가면 어떤 일이 벌어질까? 틀림없이 빈집털이가 들어와서 벌의 알 대신 제 알로 바꿔치기 할 것이다. 이런 도둑의 침입이 근거 없는 추측이 아님은 곧 알게 될 것이다. 즉석에서 덮개를 만들 시멘트를 입에 물고 있지 않는 한, 벌은 절대로 산란하지 않는다. 애지중지하는 자신의 알을 잠시라도 욕심쟁이 약탈자 앞에 노출시키지 않으려는 것이다.

앞으로의 문제에 이해를 돕고자 간단히 몇 마디 덧붙이겠다. 정상 조건의 벌이라면 자신이 실행하려는 모든 행동은 항상 그 목표 달성에 매우 합리적으로 계산되어 있다. 예를 들면 사냥벌은 식량을 신선하게 유지하고, 새끼벌레가 탈 없도록 안전하게 먹이려고 희생물을 마비시킨다. 이 이상의 논리가 필요할까? 이것은 가장 합리적이며, 그 이상을 바랄 수도 없다. 하지만 곤충이 추리해서 행동한 것은 아니다. 추리에 따라 외과수술을 했다면, 그들이 우리 인간보다 훨씬 우월하다고 말할 수 있다. 하지만 벌을 훌륭한 생체해부자로 이해할 사람은 아무도 없다. 벌은 자신이 가야 할 길을 벗어나지 않는 한, 그 목적과 부합된 행동이면 어떤 행동이든 실행한 것뿐이다. 우리는 그 행동에 추리력이 조금이라도 가미되었다고 생각할 수는 없다.

벌에게 예기치 않은 사고가 발생하면 어떻게 될까? 이때는 분명히 두 가지 경우로 구별된다. 첫째는 순서가 정해진 일련의 행동에서 현재 진행 중인 일에 사건이 생겼을 경우이다. 이때는 사건에 대비할 능력이 있다. 벌은 제 일을 계속할 뿐이며, 마음도 현재의 상태에 머물러 있다. 둘째는 사건이 행동의 순서에서 아주 과거의 일이다. 이미 끝난 작업의 문제로 이때의 불의의 사고를 처리하려면 마음의 흐름을 거슬러 올라가야 한다. 그래서 얼마 전에 한 일을 다시 하고, 그 다음 방금 하던 일로 돌아와야 한다. 사고 내용이 현재 작업보다 훨씬 급박해서 과거로 돌아가야 하는데, 과연 곤충이 생각해서 그렇게 할 수 있을까? 그렇다는 증거는 정말로 없다. 이번 실험이 그런 것들을 결정해 줄 것이다.

우선 첫째 경우에 해당하는 사건부터 보자. 진흙가위벌이 방의 덮개 공사 중 첫 층 덮기를 거의 끝냈다. 녀석은 뚜껑을 더 튼튼히 하려고 회반죽을 한 번 더 가지러 갔다. 그사이 내가 바늘로 뚜껑을 절반쯤 뚫었다. 돌아온 벌은 곧 뚫린 구멍을 수리했다. 이때는 조금 전에 덮개 공사를 했으므로 하던 일을 계속한 것이다.

이번 진흙가위벌은 시멘트를 가져와 첫째 층을 막 쌓기 시작했다. 방은 아직 낮은 술잔 모양에 불과하고, 식량은 전혀 가져오지 않았다. 이때 그 방 아래쪽에 커다란 구멍을 냈더니 곧 막았다. 벌은 방을 건축 중이었으며, 잠깐 수리 작업을 하고 본 공사를 계속했다. 이때의 수리 공사도 하던 일의 연속이다.

세 번째 벌이 산란 후 문을 닫는다. 출입구를 완전히 마감하려고 시멘트를 가지러 간 사이 뚜껑 밑에 큰 구멍을 냈다. 그 가장자리는 꿀이 넘치지 않을 정도의 높이였다. 벌이 회반죽을 가져왔다. 뚜껑을 만들려고 가져온 시멘트였으나 주둥이가 깨진 것을 보고 원래의 상태로 단정하게 수리했다. 나는 정말로 이렇게 정확하고 뛰어난 솜씨를 본 적이 없다. 하지만 무턱대고 칭찬할 수만은 없었다. 벌은 구멍을 막았는데, 이 공사는 구멍을 보수하는 게 아니라 마무리 작업을 하느라고 그렇게 아름답게 꾸몄던 것이다.

이상의 세 경우는 여러 개의 비슷한 사례 중에서 추린 것인데, 결과는 벌이 사고에 대처할 줄 안다는 것을 보여 준 예들이다. 이렇게 대처하려면 대처행동이 현재 진행 중인 일의 범위를 벗어나지 않아야 한다. 이런 추리를 인정해도 좋다면 왜일까? 사고가 발생했어도 곤충은 현재와 같은 심리의 흐름 안에 머물러 있었기에 가능했던 것이다. 작업이 진행 중이었으므로 하던 일을 계속한 것이며, 현재의 일에 손질이 필요한 부분만 손댄 것이다.

만일 벌의 구멍 수리 작업을 논리적 명령에 따른 것으로 이해했다면, 다음의 예들이 그런 판정을 완전히 뒤엎게 할 것이다. 먼저 두 번째 실험과 비슷하게 해보자. 바닥이 낮은 술잔 모양의 방안에 이미 꿀이 들어 있는데, 밑에 구멍을 뚫어 새어 나가게 했다. 둥지 주인은 방의 건축 공사도 대충 끝냈고, 수확도 해서 식량 저장도 제법 많이 진행되었다. 그런데 내가 구멍을 내서 꿀이 조금씩 새고 있다. 그는 미장이이기도 하다. 그렇다면 독자는 아마도 다음과 같은 행동을 기대할 것이다.

여러분께서는 장차 새끼벌레가 위태로울 것 같으니, 벌은 만사를 제치고 수리부터 한다고 생각하시겠지요. 하지만 틀리셨습니다. 벌은 여러 번 여행하지만 꿀떡이나 회반죽을 구해 올 뿐 그 끔찍한 구멍에는 관심이 없습니다. 수확하던 녀석은 계속 수확만 하고, 건축 공사를 하던 녀석은 계속 새 층만 쌓아 올린다. 마치 아무 일도 없는 듯이 뚫린 방은 더 높아지고, 식량을 가져왔으면 알을 낳고 대문을 잠근다. 다음 새집으로 이사 갈 뿐 꿀이 새는 것에는 전혀 개의치 않는다. 2~3일 뒤에는 방안에 있던 내용물이 모두 없어지고, 진흙더미뿐인 둥지 표면은 꿀이 흘러내린 자국만 길게 남아 있다.

미장이벌이 흘러 나가는 꿀을 그대로 놔둔 까닭은 지능이 모자라서일까, 어떻게 해야 할지 몰라서 그럴까? 혹시 회반죽을 새로 가져와도 끈적이며 흐르는 꿀에는 덧붙일 수 없어서 그럴지도 모른다. 즉, 꿀이 회반죽과 구멍과의 접착을 방해할지도 모른다. 아마도 벌이 수리를 포기한 것은 그래서일 것 같다. 하지만 이런 결론을 내릴 근거도 없다. 핀셋으로 꿀이 스미는 구멍에 회반죽을 붙여 보았다. 미장이벌과 내기를 하려는 것은 절대로 아니었으나, 사람 손으로 한 것치고는 아주 잘되었다. 대성공이었다. 회반죽이 구멍에 접착되어 그대로 말라붙어서 이제는 꿀이 새지 않았다. 정밀한 도구를 갖춘 벌레가 이 일을 했다면 얼마나 좋았을까? 벌은 수선할 재료의 성질 문제가 아니라, 일을 할 줄 몰라서 수리를 안 한 것이다.

그런데 이 말에도 이의가 있다. 구멍이 뚫려서 꿀이 새는 것이니 새는 것을 중지시키려면 구멍을 막아야 한다. 막아야 한다는 생각을 곤충의 지능에 개입시키는 것은 너무 무리일 것 같다. 불쌍할 정도로 작은 그의 두뇌 용량에게 이런 논리야말로 분수에 너무 넘치는 요구일 것이다. 이번에는 흘러나온 꿀이 구멍을 가려서 보이지 않았으니, 왜 흘렀는지도 모른다. 그런데 곤충이 추리를 거슬러 올라가서, 새는 원인은 뚫린 구멍이라고 한다면 그들에게는 너무도 고차원의 추리가 될 것이다.

아직 식량이 안 들어가고 술잔 모양에 불과한 방 밑에 3~4mm 넓이의 구멍을 뚫어 본다. 잠시 후 미장이벌이 그 구멍을 막았고 수리가 끝나자 식량을 넣었다. 같은 곳을 한 번 다시 뚫었다. 벌이 처음 가져온 짐을 넣자 꽃가루가 구멍 밖의 땅으로 떨어진다. 이 손실을 벌은 분명히 안다. 방안으로 머리를 들이밀고 지금 넣은 것을 조사하는데, 뚫린 구멍에 더듬이를 꽂고 두드리며 조사한다. 분명히 벌은 그 구멍을 보았다.

두 가닥의 탐지기(더듬이)가 구멍 밖으로 삐쳐 나와 움직였으니, 벌은 뚫린 것을 알았다. 녀석은 곧 떠날 텐데, 이번 원정에서는 회반죽을 가져와 조금 전처럼 구멍을 막을까?

천만에! 벌은 식량을 가져온다. 꿀을 토해 내고 꽃가루를 털어서 함께 반죽한다. 반죽은 유동성이 적고 끈적끈적해서 구멍을 막아, 새어 나오지는 않는다. 종잇조각을 꼬아서 찔러 보니 구멍 안에서도 밖에서도 잘 보인다. 식량을 가져왔을 때마다 종잇조각으로 닦아 냈다. 대개는 벌이 외출 중일 때 닦았지만, 어느 때는 과자를 반죽 중일 때 닦았다. 지금 창고가 약탈당해 이상한 일이 벌어지는 것, 방 밑에 활짝 열린 구멍, 이런 것들을 벌이 모를 리가 없다. 그런데도 이 희한한 광경을 나는 3시간이나 계속 지켜봐야 했다. 오직 현재의 일에만 충실한 벌은 다나이데스(Danaïdes)[5] 물독의 구멍은 막을 생각조차 않는다. 넣자마자 새어 나가는 밑 빠진 술잔을 어떻게든 가득 채우려는 고집뿐이다. 미장일과 수확을 여러 번 교대로 계속한다. 새 층의 방을 쌓고 식량을 실어 온다. 구멍이 넓어서 내게도 식량이 보이는데, 벌은 내 눈앞에서 32번이나 여행했다. 그렇게 수없이 여행하면서도 구멍을 수리할 생각은 단 한 번도 나지 않았다.

오후 5시면 일을 끝내고 다음 날 다시 계속한다. 이번에는 뚫은 구멍을 닦지 않았다. 그래서 벌이 요리해 놓은 꿀떡이 조금씩 새지만 그대로 놔두었다. 벌은 알을 낳고 문을 막았다. 하지만 끝내는 파멸을 가져올 그 구멍에 대해서는 아무런 대책이 없었다. 녀석의 능력에 구멍 막기는 회반죽 한 덩이면 충분하다. 즉, 식은 죽 먹기이다. 방이 비었을 때는 뚫린 구멍을 막지 않았던가? 앞에서는 해낸 수리 공사를 지금은 왜 안 할까? 이 실험으로 벌 같은 동물이 자신의 행위의 흐름을 거슬러 올라가는 것은, 비록 작은 일이라도 불가능함이 백일하에 드러났다. 처음 뚫렸을 때는 벌이 첫째 층을 건축하는 시점이었고, 방안은 아직 비어 있었다. 내가 뚫은 구멍은 벌로서는 당시에 하던 일의 일부와 관련이 있었다. 결국 벌의 처지에서 보았을 때 그 사고는 건축 상의 흠이었다. 게다가 건축물이 완전히 굳을

5『그리스 로마 신화』에 나오는 인물. 아르고스의 왕 다나오스의 딸 50명 중 49명을 말함. 밑 빠진 독에 영원히 물을 길어 넣는 형벌을 받는다.『그리스 로마 신화』(현암사, 2002) 166, 167, 522쪽 참고

시간이 경과하지도 않았다. 따라서 아주 중요한 성채 쌓기에서 자연적으로 발생한 사고였다. 이 결함을 수리한 경우는 벌이 아직 자신의 일 밖으로 벗어난 것이 아니다.

일단 창고에 식량 채우기 작업이 시작되면 앞의 일인 건축 공사는 이미 끝난 시점이다. 이제는 무슨 일이 있어도 그 공사에는 손대지 않는다. 수확 중인 벌은 꽃가루가 땅바닥으로 넘치든 말든 수확만 계속할 뿐이다. 만일 지금 구멍을 막으려면 하던 일의 직종을 바꿔야 한다. 하지만 벌은 그렇게 할 수 없다. 지금은 오직 꿀과 꽃가루를 받을 차례이지 시멘트 작업을 할 차례가 아닌 것이다. 이 규칙은 확고하며 변하지 않는다. 얼마간의 시간이 흐르면 건물을 한 층 더 올려야 하므로 수확은 중지되고 미장일이 다시 시작된다. 다시 시멘트 작업을 할 때 꿀이 새는 걱정을 할까? 아니다. 지금은 층을 새로 올려야 한다는 생각뿐이고, 이 층에 부서진 곳이 생기면 서슴없이 수리한다. 하지만 아래층의 수리는 전체의 건축 공정에서 아주 먼 옛날의 일이며, 그 일은 너무 과거로 거슬러 올라가야 한다. 아무리 위험한 사건이 발생했어도, 이미 과거에 지나간 사건이면 다시 손대지 못한다.

지금의 층도 다음에 세워질 층도 같은 운명이다. 지금의 건축에는 경계의 소홀함도 없이 둥지를 관리한다. 하지만 일단 짓고 나면 잊어버린다. 무너져도 그냥 놔둔다. 아주 멋있는 또 하나의 예가 있다. 이미 완성된 방의 위쪽 옆구리에 출입구와 같은 크기의 구멍을 뚫었다. 벌은 얼마 동안 식량을 가져왔고 알도 낳았다. 위쪽에 뚫린 구멍을 통해 꿀떡 위의 알이 보인다. 지금 벌이 제 일에 착수했다. 세심한 주의를 기울여 덮개 공사를 한다. 하지만 옆구리에 넓게 열린 구멍은 그냥 놔둔다. 뚜껑 공사는 아주 미세한 것도 통과할 수 없을 만큼 완벽하게 막지만, 방 전체가 아무에게나 내던져질 만큼 넓은 옆구리 구멍은 그대로 놔둔다. 그 구멍으로 몇 번 찾아가 머리를 처박고 조사도 했고, 더듬이로 두드리거나 이빨로 가장자리를 물어뜯어 보기도 했었다. 하지만 그뿐이었다. 이제는 뚫린 방에 회반죽 공사 더하기는 없이 그대로 남겨진다. 뚫린 곳은 시간이 너무 경과하여 지금의 벌은 그것을 수리할 생각이 떠오르지 않는다.

이 정도면 우연히 발생한 사고에 대한 곤충의 심리적 무능력을 입증하기에 충분할 것 같다. 이 무능력은 가장 좋은 조건 아래에서 반복실험으로 확인되었다. 내 노트에는 방금 나열한 경우와 비슷한 사례가 얼마든지 있다. 그 사례들을 모두 열거해 봐야 중복뿐이니 생략해서 번거로움을 피하자.

실험을 반복했다고 해서 모두 충분한 건 아니다. 방법도 좀 다양할 필요가 있으니, 곤충의 지적능력을 다른 각도에서 실험해 보자. 모든 종류의 벌이 그렇듯이, 미장이벌 역시 깨끗한 것을 좋아하는 아낙네들이다. 꿀단지 안에 더러운 것이 조금만 있어도 안 된다. 마멀레이드에 먼지 한 톨만 있어도 못 참는다. 하지만 식량 창고가 열려 있으니 귀중한 먹잇감에 사고가 생기게 마련이다. 윗방에서 일하던 녀석이 무심코 회반죽을 아랫방으로 떨어뜨린다. 간혹 파리가 냄새를 맡고 날아왔다가 끈끈한 꿀에 다리가 들러붙기도 한다. 또 마음이 맞지 않는 이웃과 싸우다가 먼지가 날린다. 이 먼지가 미래의 연약한 새끼벌레 입에 달라붙어 불량한 먹이가 될 수도 있다. 그래서 진흙가위벌들은 이렇게 불량한 물건들이 방안에 있으면 치워야 한다는 걸 알아야 한다. 물론 그들은 잘 알고 있다.

벌이 모은 꿀에다 길이 1mm가량의 지푸라기 대여섯 개를 얹었다. 밖에서 돌아온 벌이 그것들을 보고 놀란 표시를 한다. 그의 창고에 쓰레기가 이렇게 많은 적은 한 번도 없었다. 지푸라기를 하나씩 물어서 멀리 가져다 버린다. 벌은 하찮은 쓰레기를 버리는데 너무 고생을 많이 했다. 쓰레기를 버리려고 근처 12m 높이의 플라타너스 위로 넘어가는 것을 보았다. 지푸라기가 둥지 밑의 땅바닥에만 떨어져도 주변이 지저분하다고 생각하나 보다. 그것들을 반드시 아주 멀리 가져다 버렸다.

옆 둥지의 진흙가위벌 알을 이 벌의 꿀떡 위로 옮겼다. 벌은 좀 전의 지푸라기처럼 그 알도 멀리 갖다 버렸다. 여기서 매우 흥미로운 이중의 상반된 결과를 보았다. 우선 알은 귀중한 것이다. 어미벌은 알의 장래를 위해 조심해 왔고, 그것이야말로 자신의 업무의 전부였다. 하지만 남의 알은 그렇지 않으니 쓰레기통에 던져 버린다. 제 가족은 그리도 끔찍한 녀석이 남에게는 잔인할 만큼 무관심하다. 오로지 자기만을 위하는 개인주의자였다. 두 번째 문제는 아직 답을 얻지 못했고, 그것을 찾다가 지쳤다. 어떤 기생곤충은 이 벌이 저장한 식품으로 새끼를 양육하는데, 어떻게 그럴 수 있는가 하는 문제였다. 만일 기생곤충이 열린 방안의 꿀떡에 알을 낳았다면, 틀림없이 그것은 버려졌을 것이다. 또 진흙가위벌은 산란하자마자 입구를 막았으니, 그다음에는 기생충이 알을 낳고 싶

어도 안 된다. 이 문제의 해답은 뒤로 미뤄야 할 묘한 숙제였다.

이번에는 2~3cm 길이의 지푸라기를 꿀떡 위에 꽂았다. 그 끝이 방 밖으로 삐죽하게 삐져나왔다. 벌은 열심히 잡아당겨서 옆으로 빼내거나 날개의 힘을 빌려 위쪽으로 빼낸다. 꿀로 끈끈해진 지푸라기를 물고 멀리 플라타너스 너머로 날아간다.

지금은 일이 복잡해졌다. 이미 말했듯이, 진흙가위벌이 산란할 때는 회반죽을 한 덩이 물고 온다. 산란 후 뚜껑 공사를 하려고 가져온 것이다. 앞다리를 술잔 모양의 가장자리에 의지하고 배를 방 안으로 들이민다. 물론 입에는 회반죽이 물려 있고, 알을 낳은 배는 밖으로 나온다. 공사를 하려고 방향을 바꾼다. 나는 조금 멀리서 좀 전처럼 지푸라기를 재빨리 꼽았다. 약 1cm가량의 지푸라기가 밖으로 삐져나왔다. 그러면 이제 벌은 어떻게 할까? 집 안의 먼지 한 톨마저 열심히 쓸어 내던 어미벌이었다. 정체를 모르는 이 지푸라기를 뽑아 버릴까? 좀 전에도 빼 버리는 것을 보았으니 지금도 뽑아내겠지.

하지만 뽑지 않고 시멘트 뚜껑을 덮어, 지푸라기가 두꺼운 덮개 밑에 묻힌다. 보완할 회반죽을 가지러 여러 번 여행한다. 어미벌의 머릿속에 지푸라기 생각은 조금도 없다. 지푸라기가 꽂힌 방을 나는 8개나 입수했다. 벌의 지적능력이 과연 얼마나 우둔하다는 것인지의 증거가 아니더냐!

　실험 결과들을 검토해 보면 충분히 음미해 볼 만한 가치가 있다. 지푸라기를 꽂았을 때 진흙가위벌 이빨에는 덮개 공사용 회반죽이 물려 있었다. 나는 회반죽을 버리고 방해물 뽑기 작업을 기대했었다. 회반죽의 양이 흙손 하나보다 많든 적든 그것은 중요한 문제가 아니라고 생각한 것이다. 이 벌이 회반죽 한 삽을 가져오는데 3~4분밖에 안 걸리는 것을 나는 알고 있다. 꽃가루 수확 여행이 길 때는 10~15분 걸린다. 시멘트를 버리면 큰턱에 여유가 생긴다. 그 턱으로 지푸라기를 빼낸 다음 다시 가져와도 시간 손실은 기껏해야 5분밖에 안 된다. 그렇지만 벌은 달랐다. 녀석은 회반죽을 버릴 생각도 버릴 수도 없다. 그냥 자신의 계획대로 소비한다. 한 삽의 불량한 흙손질에 애벌레가 죽을지도 모르는데, 그런 것은 상관 않는다. 지금은 오직 문을 막을 차례이니 미장 공사만 한다. 우리 생각에는 일단 큰턱에 여유가 생기면 덮개야 무너지든 말든 지푸라기를 빼내는 것이 좋을 것 같다. 하지만 벌은 그런 일을 하지 않는다. 계속 회반죽만 운반하고, 신중하게 덮개 공사를 완성한다.

　이런 의견이 나올 수도 있다. 지푸라기를 뽑으려고 물고 있던 회반죽을 버리면 이런 문제가 생길 것이다. 벌이 회반죽을 다시 구하러 가면 알은 감시하지 못하고 혼자 내버려 둬야 한다. 이런 위험이 있는데, 어미가 어떻게 다른 결심을 하겠나? 그렇다면 문 것을 잠시 방 테두리에다 내려놓으면, 큰턱에 여유가 생겨 빼낼 수 있다. 그다음 내려놓았던 반죽을 다시 쓰면 모든 일이 해결될 것이다. 하지만 그렇게 하지 않는다. 벌은 어떤 일이 있어도 회반죽을 버리지 않는다. 오로지 예정된 공사에 그것을 사용할 뿐이다.

만일 누군가가 벌의 지능에서 이성의 그림자라도 보았다면, 그는 나보다 통찰력 있는 눈을 가진 사람이다. 나는 오로지 전체 안에서 진행되는 행동을 물리칠 수 없는 고집밖에 보지 못했다. 톱니바퀴는 서로 맞물려 있다. 물린 톱니는 뒤따라야만 한다. 큰턱은 지금 회반죽 덩이를 꽉 조이고 있다. 이 덩어리가 물려야 할 곳에 물리지 않는 한 조인 것을 풀 의사나 의지는 생각나지 않는다. 더욱 불합리한 것은 이미 시작된 덮개 공사는 다시 가져온 회반죽으로 정성껏 완성시키지 않았더냐! 이미 필요 없어진 칸막이에 대한 세심한 관심이나 위험한 대들보에 대한 무관심, 이런 것들이 동물에 비쳐진 조그만 이성의 빛이며, 벌 역시 거의 비슷한 암흑 속에 있다. 그대 역시 이성이라곤 전혀 가진 게 없구나!

더욱 설득력 있는 또 하나의 사실이 있다. 방에 저장되는 꿀의 양은 당연히 태어날 애벌레의 요구에 따라 정해질 것이다. 어미벌은 너무 많지도 적지도 않은 적당량임을 어떻게 알까? 각 방의 부피는 대체로 같지만 모두가 대략 2/3 정도일 뿐 가득 채우지는 않아 방들이 넓게 비어 있다. 따라서 얼마의 식량을 가져와야 창고에 적당한 높이로 쌓이는지 판단해야 한다. 꿀떡은 불투명해서 그 깊이가 전혀 보이지 않는다. 내가 창고에 채워진 양을 알고 싶을 때는 눈금자가 필요했다. 그리고 평균 10mm 두께임을 알았다. 하지만 벌은 자가 없다. 아마도 그들은 위쪽의 빈 부분을 보고 꿀이 어디까지 찼으며, 그 양은 어느 정도인지를 알 것 같다. 이것은 기

하학을 약간 알고, 길이의 1/3을 가려낼 능력만 있으면 된다. 만일 곤충이 유클리드 기하학 공식을 배웠다면 이것이야말로 우러러볼 일이다. 진흙가위벌이 기하학자의 안목을 가져서 한 개의 선을 셋으로 나눈다면 비록 적으나마 녀석의 이성을 인정하기에 아주 훌륭한 증거가 되지 않겠더냐! 이 문제 역시 신중하게 조사해 볼 일이다.

아직 꿀이 가득 채워지지 않은 방 5개를 핀셋 끝의 탈지면으로 닦아 냈다. 벌이 새로 식량을 가져오면 계속 닦아 내서 방안을 비웠다. 완전히 비울 때도 조금 남겨 둘 때도 있었다. 녀석은 내가 닦아 내는 현장을 목격하면서도 조용히 제 일에만 열중한다. 가끔 가는 솜 가닥이 벽에 남아 있으면, 여느 때와 똑같이 조심스럽게 떼어 내 쏜살같이 멀리 가져다 버린다. 마침내 곧 또는 조금 뒤에 알을 낳고 뚜껑을 덮는다.

뚜껑이 덮인 방들을 열어 본다. 방 하나는 3mm의 꿀 위에, 다른 두 방은 2mm 위에 알을 낳았다. 나머지 두 방은 바싹 마른 바닥에 낳았다. 다시 말해 솜으로 바닥을 깨끗이 닦아 마치 니스를 칠한 것처럼 된 그릇에 산란한 것이다.

결론은 명백하다. 벌은 방안의 꿀 높이가 높아진 것을 보고 양을 측정한 것이 아니다. 기하학자로서 추리한 것이 아니다. 수확을 계속하라고 밀어붙이는 내부의 어떤 비밀의 충동이 작용하는 동안, 식량이 창고 안에 가득할 때까지 수확을 계속했을 뿐이다. 충동이 만족되었을 때 수확을 중단했을 뿐, 수확 결과의 가치는 중요하지 않았다. 시각의 도움을 받은 어떤 심리적 능력도 수확량이 충분한지 부족한지를 벌에게 알려 주지 않았다. 이 벌에게 오직 하나뿐인 길잡이는 본능의 성향뿐이다. 정상적인 조건에서는 이 본능이 틀림없는 안내자이다. 하지만 시험하려는 농간질이 개입되었을 때는 완전히 탈선한다. 벌에게 아주 미미한 추리력이라도 존재했다면 필요한 먹이의 1/3이나 1/10밖에 안 되는 식량 더미나 빈방에 산란한, 즉 식량 없는 방안에 새끼를 팽개쳐 두는, 그런 정말로 믿을 수 없는 어미가 존재할 수 있을까? 판단은 독자 여러분께 맡기련다.

또 다른 관점에서 본능의 특성은 동물에게 행동의 자유를 허락하지 않음과 동시에 잘못을 저지르지 않게 해줌도 명백히 알 수 있다. 벌에게 바라는 판단력을 최대한 인정해 보자. 그것을 부여받은 벌은 장차 애벌레의 식량의 양을 제대로 측정할 수 있을까? 천만에. 벌은 그런 것을 알지 못한다. 그 가족의 어미도 전혀 배운 게 없다. 그래도 어미는 최초의 항아리에 필요한 양의 꿀을 채웠다. 그녀가 애벌레였을 때도 물론 같은 양의 먹이를 공급받았다. 한편 그녀도 애벌레 때는 눈이 없었고 캄캄한 방안에서 소비했다. 설사 눈으로 보았더라도 음식량은 배우지 못했을 것이며, 혹시 소화시킨 위가 기억했더라도 그 소화 역시 이미 1년 전에 끝난 일이다. 그랬던 옛날의 이후, 애벌레는 성충이 되어 모양새도 집도 생활 방식도 모두 다 바뀌었다. 옛날에는 구더기 모양의 벌레였지만 지금은 완전한 벌이다. 현재의 벌이 애벌레 때의 식사를 기억하고 있을까? 설사 기억하더라도 우리가 어머니한테 받아먹은 젖의 양을 기억하는 수준일 것이다. 어미벌은 애벌레가 필요한 먹이의 양을 기억으로도 선례에 의해서도 경험에 의해서도 어디서도 알지 못했다. 그렇다면 그 양이 이토록 정확하게 정해지는 과정에 어떤 안내자의 도움을 받았을까? 앞의 실험에서 판단력과 시력은 어미를 심한 혼란에 빠뜨렸고, 그래서 지나치거나 모자라는 행동을 하게 했을 것이다. 가능한 한 그녀가 실수하지 않도록 일러 주려면 특수한 소질, 무의식의 충동, 본능 등에 측정량을 명령하는 내적 요소가 갖추어져야만 한다.

11 독거미 검정배타란툴라

거미는 평판이 나쁘다. 우리는 대다수가 거미를 징그럽고 해로운 동물이라고 하며, 누구나 거미를 보면 당황해서 발로 밟아 뭉갠다. 이런 비판을 받는 거미에 대해서 학자들은 그의 재주, 베 짜는 솜씨, 사냥할 때의 슬기, 비극적인 연애, 그 밖의 아주 흥밋거리 습성을 들어 가며 섭섭한 마음을 토로한다. 그렇다. 거미는 과학적 관심 따위는 제쳐 놓더라도 연구할 가치가 충분히 있다. 하지만 거미는 독이 있다는 데 이 점이 그의 죄목이며 이 이유로 싫어한다. 독은 있다. 거미는 2개의 독니를 가졌고, 작은 먹잇감을 잡아 그 자리에서 죽인다. 하지만 사람을 해치는 것과 파리를 죽이는 것에는 큰 차이가 있다. 죽음의 그물에 걸린 곤충은 거미의 독으로 그 자리에서 죽지만, 사람에게는 아무렇지도 않다. 사람은 설사 물려도 모기에게 물렸을 때만큼의 영향도 없다. 적어도 프랑스의 대부분 거미에 대해서는 이렇게 딱 잘라서 말할 수 있다.

그러나 몇몇은 조심해야 하는데, 그 중 첫째로 꼽히는 녀석은 코르시카(Corses) 농민들이 대단히 무서워하는 열석점박이과부거미(Malmignatte: *Latrodectus mactans tredecimguttatus*)이다. 나는 이 거미가 밭고랑에 자리 잡아 그물을 치고, 자신보다 큰 곤충에게 대담하게 덤벼드는 것을 본 적이 있다. 검은 바탕의 우단에 새빨간 무늬를 한 복장에 넋을 잃고 바라보았다. 특히 이 녀석은 마음을 놓을 수 없다는 소문을 들었다. 아작시오(Ajaccio)와 보니파시오(Bonifacio) 지방에서는 이 거미에 물리면 아주 위험하며, 더러 죽는 수도 있다고 한다. 농민들도 주장하고, 의사도 꼭 부인하지는 않았다. 아비뇽에서 그리 멀지 않은 퓌조(Pujaud) 지방 근처의 상복꼬마거미(Théridion lugubre: *Theridion lugubre*)가 무섭다는데, 그 녀석에게 물리면 아주 심한 증상에 빠진다고 말들 하며, 뒤푸르(Dufour)가 카탈로니아(Catalogne)의 산속에서 처음 관찰했다. 이탈리아에서는 타란튤라거미(Tarentule)가 무섭다는 소문이 자자하며, 이 거미에게 물린 사람은 경련이 일며 제멋대로 춤을 춘다고 한다. 타란튤리즘(Tarentisme 무도병, 舞蹈病)은 타란튤라에 물리면 걸리는 병인데, 그곳 사람들은 이 병을 치료하려면 음악을 연주해야 하며, 음악만이 유일한 치료법이라고 단언했다. 고통을 더는 데 가장 적당한 춤 한 가지와 의학용 음악 한 곡이 있다고 한다. 그런데 프랑스에는 무도병이 없는지 힘차게 뛰며 춤추는 이탈리아 칼라브리아(Calabres) 지방 농부

열석점박이과부거미

들의 치료법을 전수받지는 않았는지?

이렇게 희한한 이야기를 진지하게 받아들여야 할까, 아니면 웃어 넘겨야 할까? 내가 본 것은 얼마 안 되니 어째야 할지 모르겠다. 몸이 허약하고 신경이 예민한 사람이 타란튤라에게 물린 상처가 신경장애를 일

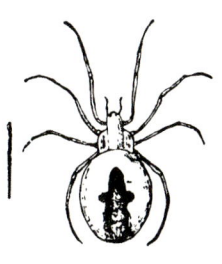

상복꼬마거미

으키는데, 그것이 음악으로 진정되지 않는다는 증거도 없고, 격렬한 춤을 추고 땀을 흠뻑 흘리면 고통의 원인이 감소되어 덜 괴로워한다는 증거도 없다. 웃을 일이 아니라 칼라브리아 농민들의 무도병 이야기, 퓌조 지방의 상복꼬마거미 이야기, 코르시카 농부들의 열석점박이과부거미 이야기를 들을 때 나는 곰곰이 생각해 보았다. 그들에게 이것저것 질문도 했었고 조사도 해보았다. 이 거

낯표스라소니거미 남해안 도서 지방에 많고, 깡충거미처럼 깡충 뛰어올라 곤충을 잡아먹는다.

황닻거미 암컷은 몸의 양 옆에 흰색의 뚜렷한 줄무늬가 있다. 하지만 줄무늬가 없거나 변색된 개체도 많아 종을 구별하려는 거미학자들을 괴롭힌다. 시흥, 30. X. '92

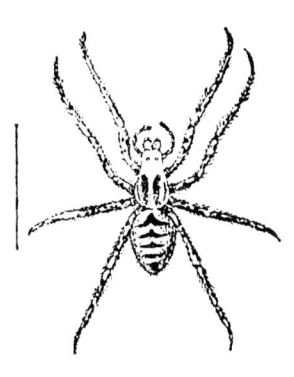
칼시카타란튤라

미들과 다른 몇 종은 어느 정도 무섭다는 평판이 나 있다.

우리 지방의 거미 중 몸집이 가장 크고, 배가 검정색인 타란튤라가 이 문제를 조사할 재료가 될 것이다. 나는 의학적 관점에서 다룰 생각은 추호도 없다. 나의 할 일은 무엇보다도 녀석의 본능을 알아보는 것이다. 그렇지만 이번 기회에 그 녀석이 싸울 때 가장 중요한 무기인 독니의 효력도 알아보려 한다. 이 거미의 습성, 숨겨진 계략, 먹이를 죽이는 방법 등이 내가 연구할 주제이다. 이 주제를 위해 먼저 뒤푸르 씨의 말을 인용하고 싶다. 그 이야기는 예전에 나에게 환희를 주었을 뿐만 아니라, 내가 곤충에 접근하는 데도 적지 않은 역할을 했다. 랑드(Landes) 지방의 이 석학은 칼시카타란튤라(Tarentule ordinaire: *Lycosa tarantula carolinensis*→ *carsica*), 즉 칼라브리아의 그 독거미에 대하여 스페인에서 관찰한 내용을 다음과 같이 이야기했다.

타란튤라는 햇볕이 쨍쨍 내리쬐어 건조하고, 메말라 밭조차 일굴 수 없는 황량한 땅을 좋아한다. 이 거미가 성충이 되면 땅 밑에 굴을 파고 집을 짓는다. 마치 토끼 굴처럼 자신이 파낸 땅굴은 원통 모양이며, 지름은 대개 1인치 정도였다. 깊이는 땅 밑으로 1피에(pied, 약 32cm) 정도. 그러나 수직으로만 파 내려가지는 않는다. 녀석들은 재치 있는 사냥꾼이며, 특히 재주가 뛰어난 토목기사이기도 하다. 적의 추격을 피하려고 은신처를 깊이 팠을 뿐만 아니라, 굴 밖 먹잇감의 동정도 살피려고 망루까지 세웠다. 녀석들은 망루 밖의 상황을 훤히 예견하며, 사냥감이 발견되면 이 망루에서 쏜살같이 달려 나갈 수도 있다. 처음에는 땅굴을 수직으로 4~5인치(pouce = 약 27mm→ 11~13cm)가량 파 내려가나, 다음은 수평으로 천천히 구부러져 거의 꺾인 팔꿈치 모양이 되었다가 다시 수직 방향으로 파 들어간다. 이런 땅굴의 입구 근처에서 진을 치고, 마치 보초처럼 제집 문 앞에서 눈을 떼지도, 게으름 피우는 일도 없이 철저히 경계한다. 내가 근처에서 이 거미를 잡았을 때 다이아몬드처럼 반짝이는 눈은 마치 어둠 속의 고양이 눈 같았다.

  굴 밖은 대개 주변의 잡동사니로 높이 약 1인치, 지름 2인치 정도의 원통 모양 대롱을 만들어 입구 위에 올려놓는데, 이것 역시 거미의 진짜 건축물이다. 사실상 이 대롱은 땅굴 지름보다 약간 넓고, 거미의 훌륭한 머리로 정확하게 계산해서 만든 것 같은데, 아무래도 사냥할 때 손발이 자유롭게 움직일 수 있도록 편리하게 건설한 것 같다. 재료는 주로 진흙에다 마른 나뭇가지를 약간 섞어서 반죽하여 굳힌 것인데, 그 하나하나가 아주 정교하게 엮였으며 안은 똑바로 비어 있다. 굴 밖으로 불쑥 나온

11. 독거미 검정배타란튤라 213

원통 모양의 보루를 튼튼하게 하려고 실샘에서 짜낸 거미줄로 안쪽 면 전체를 감싸서 마무리했고, 이것이 굴 안쪽까지 연결되었다. 뚜껑이나 다름없는, 그리고 직조물처럼 잘 짜인 이 보루는 흙이 사태가 나도 원형이 변하지 않게 한다. 또한 거미가 발톱을 걸고 올라가기 편하게 만들었음을 쉽게 이해할 수 있다.

이런 보루가 항상 존재하는 것은 아니다. 사실상 보루의 흔적조차 없는 타란튤라의 둥지도 가끔 보인다. 혹시 비바람에 부서졌는지, 거미가 건축 재료를 찾지 못해서 그랬는지, 이런 보루의 건축능력은 정신적으로나 육체적으로 완전히 성숙한 성충이 되어야만 비로소 나타나는 것인지 이유를 모르겠다.

그래도 둥지 위로 솟은 대롱 모양 건축물을 여러 번 확인한 것은 분명하다. 그것은 마치 물여우(Friganes)[1] 집을 크게 확대시킨 모습이다. 이런 보루의 건설에는 여러 목적이 있다. 홍수 때 피난처가 되고, 바람이 불 때 쓸려 온 쓰레기가 굴을 막는 것을 방지한다. 그 밖에도 이 돌출부로 사냥감인 파리 따위가 앉아서 덫의 역할도 훌륭하게 해낸다. 재주 많고 대담한 이 사냥꾼은 어떤 술책을 쓰는지 그런 것을 모두 누가 말해 주려나?

타란튤라를 채집하는 것도 재미있으니 그 이야기를 좀 해야겠다. 5월과 6월이 채집의 최적기이다. 거미 둥지를 제일 처음 발견하고 그 안에 든 녀석을 잡으려 했을 때는 우격다짐으로 공격해야만 가능할 것으로 생각했었다. 그때는 녀석이 둥지의 2층, 즉 조금 전에 팔꿈치처럼 구부러졌다고 했던 곳에 웅크리고 있는 것을 확인하고, 넓이 2인치, 길이 1피에(pied = 32.4mm) 정도의 식칼로 둥지를 여러 시간 파냈다. 하지만

[1] 물속에서 주변의 물체를 엮어 집을 짓고 그 안에 사는 날도래목 곤충의 애벌레

거미의 모습은 보이지 않았다. 다른 둥지도 파 보았지만 역시 헛수고 였다. 목적을 달성하려면 곡괭이가 필요했다. 하지만 거기는 인가와 너무 멀리 떨어져서 곡괭이를 구할 수가 없었다. 결국 공격 방법을 바꿔야만 했는데, 이번에는 속임수를 써 보기로 했다. 정말 필요는 발명의 어머니였다.

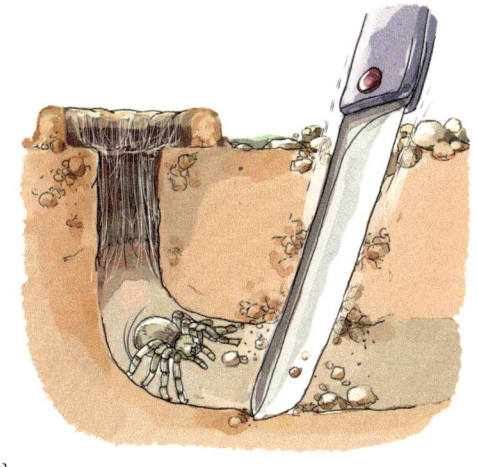

거미를 둥지 밖으로 유인하는데 이삭 줄기로 둥지 입구를 비비거나 살살 흔들어 보자는 것이 내 아이디어였다. 드디어 나는 거미의 관심과 욕망이 눈떴음을 느꼈다. 미끼에 유혹된 거미는 살그머니 이삭 쪽으로 다가온다. 거미에게 생각할 틈을 주지 않고, 이삭을 굴 밖으로 확 끌어당긴다. 대개는 단숨에 거미가 밖으로 딸려 나온다. 즉시 굴 입구를 뚜껑으로 덮는다. 완전히 집 밖으로 쫓겨난 거미는 갑자기 주위가 넓어진 것에 당황해서 도망도 못 가고 붙잡힌다. 나는 미리 준비한 종이봉투에 넣고 달아 버린다.

어떤 때는 내 계략을 눈치 챘는지, 아니면 배가 별로 안 고픈지 깊지 않은 입구 근처의 외진 곳에서 꼼짝 않는다. 문밖으로 나가지 않는 게 좋다는 생각으로 조심하는 것 같다. 녀석의 인내력에 내가 지친다. 그러면 다른 전술을 쓴다. 굴의 방향과 거미가 있는 위치를 잘 확인한 다음 거미의 뒤쪽을 칼로 비스듬하게 힘껏 꽂는다. 이렇게 기습적으로 찔러 구멍의 퇴로를 차단했다. 잘못 찌른 경우는 거의 없었다. 자갈이 덜 섞인 곳에서는 특히 잘된다. 이렇게 위급한 사태가 되면 거미가 공포에 질려 피난처 밖으로 뛰쳐나가거나, 칼날에 바짝 달라붙어서 끝까지 집 안에 남겠다고 고집을 피운다. 그러면 칼끝에 힘을 주어 흙더미와 함께 획 낚아챈다. 녀석은 저만큼 나가떨어진다. 그때 재빨리 주워 담는다. 이런 사냥법으로 어떤 때는 한 시간도 안 되어 15마리를 잡았다.

내 계략을 완전히 눈치 챈 타란튤라가 전혀 움직이지 않아도 걱정할 것 없다. 이때는 그가 머물고 있는 굴속까지 이삭을 찔러 넣고 살살 돌린다. 일종의 깔보기 놀음이다. 다음 거미에게 고통은 주지 않으면서 이삭으로 조금씩 밀어 올리면 된다.

바글리비(Baglivi)[2]의 보고에 의하면, 푸이유(Pouille) 지방 농민들도 타란튤라의 굴 입구에서 귀리(Avoine: *Avena*) 이삭을 흔들어 곤충의 윙윙 소리와 비슷한 음을 내서 잡는다고 한다. 그의 기록은 다음과 같다.

"우리 농민들은 거미를 잡으려는 마음만 먹으면, 그가 숨은 곳을 찾아가 가느다란 귀리 줄기로 꿀벌이 붕붕거리는 소리와 비슷한 소리를 낸다. 저 무서운 타란튤라는 그 소리를 듣고, 마치 파리나 비슷한 벌레의 날갯소리로 알고 잡아먹으러 나온다. 이렇게 해서 숨어서 기다리던 농부에게 잡힌다."

타란튤라는 첫인상이 흉하고, 특히 물렸을 때를 생각하면 정말 징그러운 녀석이지만 사람이 길들이기는 쉽다. 나는 여러 번 경험해서 잘 안다.

1812년 5월 7일, 스페인의 발렌시아(Valence)에 묵었을 때 나는 제법 화려한 타란튤라 수컷 한 마리를 상처 하나 없이 잡았다. 녀석을 광구

---

[2] Gjuro Baglivi 또는 Giorgio Baglivi, 1668~1707년. 이탈리아 병원 근무 물리학자, 과학자.

유리병에 넣고, 공기가 통하게 종이로 막았다. 바닥에는 종이를 원뿔처럼 접어서 고정시켜 녀석이 살게 했다. 병은 언제든 볼 수 있게 침실의 작은 탁자 위에 놓아두었다. 거미는 곧 칩거 생활에 익숙해졌고, 나중에는 아주 잘 따랐다. 먹이를 주면 큰턱으로 일격을 가해 죽인 다음, 다른 거미들처럼 체액을 빨아먹었다. 하지만 그것으로 만족하지 않았다. 수염 사이의 입 안으로 희생물의 몸통 전체를 차례차례 집어넣고 씹은 뒤, 쭉정이가 된 가죽 껍질은 집 밖으로 던져 버린다.[3]

식사를 끝낸 다음 화장을 안 하는 일은 드물다. 앞다리 끝의 솔로 각수와 독니의 안팎을 깨끗이 닦는다. 다음 다시 침착한 분위기로 돌아가 꼼짝 않는다. 저녁때와 밤은 산책 시간이다. 나는 늘 유리병 속의 종이 깎는 소리를 듣는다. 이 습관은 이미 다른 곳에서도 내가 지적했었다. 대부분의 거미는 고양이처럼 밤에도 낮에도 물건을 본다는 증거이다.

6월 28일 기르던 타란튤라가 허물을 벗었다. 마지막 허물벗기였지만 겉옷의 색깔이나 몸의 크기가 두드러지게 변하지는 않았다. 7월 14일 발렌시아를 떠나지 않을 수 없어서 23일까지 집을 비웠다. 그동안 거미는 굶었는데, 내가 돌아왔을 때 아직 힘이 남아 있었다. 8월 20일 또 9일간 집을 비웠다. 이때도 이 포로는 못 먹었지만 건강을 해치지는 않았다. 녀석은 10월 1일에도 다시 버려졌고, 그달 21일에 약 80km쯤 떨어진 곳으로 이사했다. 거미는 일꾼을 시켜 가져오게 했는데, 병 속의 거미가 보이지 않는다는 소식을 듣고 퍽 아쉬워했다. 그 녀석이 어떤 운명을 거쳤는지

3 거미류는 학술적인 의미에서의 큰턱이나 더듬이는 없다. 머리에는 집게발(또는 협각, 鋏角) 한 쌍과 각수(脚鬚 또는 촉지, 觸肢)가 있다. 집게발 끝에 달린 독니는 곤충의 큰턱처럼 보이며, 각수가 머리 앞쪽으로 돌출한 종류는 마치 곤충의 더듬이처럼 보인다. 여기서는 일단 원문대로 큰턱과 수염으로 번역했다. 이제부터 거미는 곤충의 용어가 아니라 거미의 용어로 번역한다.

는 알 수가 없다.

타란튤라끼리 1 : 1의 한판 대결 이야기를 잠깐 하고 내 관찰을 끝내 겠다. 어느 날 운이 좋아 이 독거미를 많이 잡았기에 가장 힘센 수컷 두 마리를 큰 유리병에 넣고 서로 마주치게 했다. 녀석들이 죽도록 싸우는 것을 보며 즐길 생각이었다. 병 안을 여러 바퀴 빙글빙글 돌며 도망갈 기회만 찾던 녀석들이 마치 서로 신호나 한 듯 결투 자세를 취했다. 두 마리가 적당한 거리를 두고 뒷다리에 힘을 주며 엄숙한 자세로 일어서서, 각자의 가슴에 있는 방패 모양을 과시하는 것을 보고 놀랐다. 이렇게 서로 2분 동안 마주 보았다. 나는 알 수 없어도 녀석들은 아마 눈싸움을 하고 있었을 것이다. 일시에 상대에게 덤벼들어 다리와 다리가 얽히고, 독니로 상대를 물려 한다. 피곤했는지, 아니면 서로 합의했는지 전투가 잠시 중단된다. 일시적 휴전은 잠시뿐 두 선수는 서로 조금씩 물러서서 다시 위협 자세를 취했다. 이런 정황을 보면서 고양이끼리 싸울 때도 잠시 휴전하는 것이 생각났다. 다시 악착스러운 전투가 시작되었고 곧 치열해졌다. 어느 쪽이 승리인지 금방 분간할 수는 없었으나, 끝내는 머리에 치명상을 입은 녀석이 쓰러졌다. 패자는 승자의 먹이가 되었다. 그 자리에서 머리가 찢기고, 몸통도 모조리 게걸스럽게 먹혔다. 승자는 몇 주일 동안 살려 두었다.

우리 동네는 랑드의 그 유명한 학자(뒤푸르)가 습성을 알려 준 스페인 타란튤라가 없다. 대신 나르본느타란튤라(Lycose de Narbonne: *Lycosa narbonnensis*), 일명 검정배타란튤라가 산다.[4] 이 거미는 스페인 타란튤라의 절반 크기이며, 배의 아랫면에 검정색 우단이 곱게 덮였고, 등 쪽은 V자를 거꾸로 한 서까래 모양의 갈색 무늬들로 장식했다. 다리에는 회색과 흰색 털 무늬가 있다. 이들은 강한 햇살을 받는 자갈투성이로 백리향만 살아남은 황무지를 좋아한다. 굴은 아르마스(Harmas) 연구소에도 20개 정도나 있다. 굴 옆을 지나다가 잠깐 들여다보면 4개의 큰 눈망울이 다이아몬드처럼 번득이는데 마치 은둔자의

나르본느타란튤라 복면 2/3

망원경 같다. 다른 4개의 눈은 작아서 밖에서는 보이지 않는다.[5]

이 거미를 많이 보고 싶으면 내 집에서 수백 발짝 걸어서 약간 언덕진 황무지 벌판으로 가면 된다. 옛날에는 거기도 깊은 숲이었는데 지금은 메뚜기에게 양식을 대주고, 돌 위에서 딱새들이 뛰노는 한적한 장소가 되고 말았다. 돈벌이에 급급한 사람들이 땅을 모두 황폐화시켜서 그렇다. 포도주가 수익이 많다며 나무를 모두 뿌리째 뽑고 포도나무(*Vitis vinifera*)를 심었다. 그런데 뿌리혹벌레(*Phylloxera*, 매미목 뿌리혹벌레과)가 침입해서 포도나무가 뿌리째 전멸했고, 지금은 자갈 사이로 억센 풀만 무성하게 자란 황무지가 되었다. 이렇게 중앙아라비아 같은 곳이 이 거미들의 낙원이다. 필요하다면 별로 넓지 않은 면적에서 한 시간에 100개 정도의 굴을 찾아낼 수 있다.

굴은 깊이가 1피에가량의 우물 모양인데,

---

4 나르본느(Narbonne)는 프랑스 남단 지중 해안의 도시 이름
5 거미의 눈은 겹눈이 없고 홑눈만 8개인 종류가 많은데, 이 타란튤라 역시 8개로 큰 것과 작은 것이 각각 4개씩이다.

이 구멍 역시 처음에는 수직으로 내려가다가 다음은 팔꿈치처럼 꺾인다. 지름은 평균 1인치 정도. 구멍 가장자리에는 각종 지푸라기, 풀잎, 심지어는 개암 크기의 잔돌로 울타리처럼 쌓아 올렸다. 흔한 재료는 굴 근처의 마른 풀잎이며, 각종 재료를 거미줄로 얽어매서 시멘트처럼 반죽된 상태로 제자리에 배치했다. 미장일은 안 해도 작은 돌로 석공 일은 열심히 한다. 입구 둘레에 쌓을 울타리 재료와 품질은 지금 짓는 둥지에서 녀석의 손이 닿는 거리에 있는 것이 무엇인가에 따라 결정된다. 결국 재료는 선택 없이 둥지 옆에 있는 것이면 무엇이든 좋다.

일을 빨리 끝내려 해서 울타리 재료가 굴의 위치에 따라 크게 달라진다. 높이도 그렇다. 어떤 녀석은 높이가 1인치 정도지만, 겨우 가장자리만 올라간 아주 초라한 탑을 쌓은 녀석도 있다. 그래도 모두 거미줄로 구멍 둘레와 단단히 고정되었다. 굵기도 어떤 것은 지하굴의 굵기와 같아서 굴과 울타리 탑이 그대로 연장된 상태이다. 하지만 스페인 타란튤라처럼 다리를 걸치기 좋은 원통모양 대롱은 없다. 우물 모양의 땅굴과 이와 바로 연결된 울타리, 이것이 나르본느타란튤라의 작품이다.

흙에 잡동사니가 섞이지 않은 균일한 토질이면, 굴을 팔 때 방해물이 없어서 둥지가 원통처럼 된다. 하지만 잔돌이 많이 섞인 토질에서는 파 들어간 곳의 상황에 따라 모양이 달라진다. 이럴 때는 흔히 조잡하게 구불구불한 굴이 되고, 벽은 여기저기에 바위 덩이가 삐죽삐죽 솟았다. 벽이 똑바르든 구불구불하든 일정 깊이까지는 거미줄로 얽어서 흙이 무너지지 않도록 했으며, 빨리 밖으로 뛰어나갈 때 발이 쉽게 디뎌지게 했다.

바글리비 씨가 순박한 라틴 어로 타란튤라 잡는 법을 알려 주었다. 그의 글대로 둥지 입구에서 농촌의 매복자(*rusticus insidiator*)가 되어, 풀 이삭을 흔들어 벌의 붕붕 소리를 냈다. 그 소리에 독거미가 주의를 끌어 먹이로 알고 잡으러 나오기를 기다렸지만 실패했다. 거미는 그게 무슨 소리인지 알아보려고, 깊은 방에서 가파른 벽을 타고 올라오는 것은 틀림없다. 하지만 교활한 그 녀석은 내 계략을 곧 알아채고, 중간쯤 올라와서 움직이지 않는다. 그러다가 조금이라도 위험하다고 판단되면 구부러진 복도로 다시 내려가 자취를 감춘다.

여기의 조건이라면 뒤푸르 씨의 방법을 이용하는 것이 훨씬 좋겠다. 타란튤라가 이삭의 사각사각 소리에 유혹되어 입구 근처까지 올라왔을 때 재빨리 칼을 땅에 꽂아 둥지의 퇴로를 차단하는

나르본느타란튤라: Freche, Hérault, France. 9. VI. 88, 김진일

작전이다. 토질이 부드러울 때는 이 작전이 확실히 성공한다. 하지만 불행하게도 내 경우는 그렇지 못하다. 여기는 마치 화산의 횟가루가 바위로 변한 응회암에다 칼을 꽂으려는 격이었다.

그래서 다른 계략이 필요한데, 나는 다음의 두 가지 방법으로 성공했다. 장차 타란튤라를 채집하려는 사람에게 이 방법을 권하고 싶다. 거미가 물기 좋게 이삭이 덥수룩한 풀줄기를 될수록 둥지 속으로 깊이 찔러 넣는다. 그리고 사각사각 소리가 나게 빙글빙글 돌리다가 이번에는 반대 방향으로 돌린다. 성가신 물건이 몸에 비벼지자 거미는 자신을 보호하려고 이삭을 덥석 문다. 이때 이빨로 풀끝을 문 감각이 미약하나마 손끝에 느껴져서, 녀석이 덫에 걸렸음을 안다. 조심해서 천천히 끌어 올린다. 거미는 발을 벽에 버티고 아래로 끌어당기려 하지만 결국은 딸려 온다. 굴의 수직 부분까지 올라오면 내 모습이 안 보이도록 조심해야 한다. 계속 천천히 끌어당긴다. 이제는 내 것이 틀림없지만 이 순간이 어렵다. 집 밖으로 끌려 나왔음을 눈치 챈 거미는 즉시 굴속으로 도망쳐 버린다. 그러면 다시는 끌어낼 수 없다. 땅 표면 가까이 올라왔을 때 갑자기 휙 낚아채야 한다. 갑자기 쟈르낙(Jarnac)[6]의 일격을 맞은 타란튤라는 물었던 것을 놓을 틈이 없다. 이삭에 매

회색뒤영벌 수컷 전신이 노란 털로 덮여서 더 흔한 '좀뒤영벌'과 혼동하기 쉬우나 좀뒤영벌은 여왕벌이 노란 털로 덮였다. 산기슭 풀밭 주변의 배초향, 향유꽃 등의 특히 향기가 강한 꽃에 잘 모인다.
태백산, 16. VIII. '92

달린 채 굴 밖으로 팽개쳐진다. 이제는 문제가 없다. 일단 밖으로 나오면 무서운 듯 움츠리고 있을 뿐 도망칠 힘도 없어 보인다. 지푸라기로 간단히 종이봉투 안에 밀어 넣는다.

이삭 덫에 매달린 타란튤라를 굴 입구까지 끌어내리려면 약간의 인내력이 필요하지만 좀더 빨리 해결할 방법이 있다. 먼저 살아 있는 뒤영벌(Bourdons: *Bombus*, 또는 호박벌)을 구해서 거미 굴 입구를 충분히 덮을 만큼 넓은 광구병에 넣는다. 사냥감이 든 이 병으로 입구를 씌운다. 아직 활기가 넘치는 벌은 유리병 감옥 안을 날아다니며 붕붕거린다. 그러다가 제집 입구와 비슷하게 생긴 구멍을 발견하고, 별로 머뭇거림도 없이 들어간다. 끝장이다. 벌이 내려가면 거미가 올라와 수직굴에서 서로 맞부딪힌다. 내 귀에 잠시 장송곡 같은 소리가 들려온다. 거미의 푸대접에 희미하게 반항하는 소리이다. 갑자기 정적이 흐른다. 이제 병을 치우고, 구멍으로 긴 핀셋을 넣어 벌을 끌어 올린다. 벌은 움직이지 않는다. 꿀을 빨던

6 공개 결투에서 칼등으로 상대방의 발목을 쳐서 허를 찌른 뒤 그를 죽이는 공격법

긴 대롱을 축 늘어뜨린 채 죽었다. 그 안에서 정말 무서운 비극이 일어난 것이다. 거미가 벌에 매달린 채 딸려 나온다. 사냥꾼이 그렇게 훌륭한 먹이를 빼앗길 수 없어서 입구까지 딸려 온다. 가끔은 조심성 많은 거미가 눈치를 채고 허둥지둥 도망친다. 그래도 입구나 그 근처에 벌을 놓아두면, 희생물을 되찾으려고 성채에 다시 나타나 대담하게 그 먹잇감으로 접근한다. 바로 이때 손이나 자갈로 굴을 막으면 바글리비의 말처럼 '매복한 촌사람에게 잡힌다(*catatur tamen ista a rustico insidiator*).' 나는 '뒤영벌의 도움으로(*adjuvante Bombo*)'라고 한마디 덧붙이겠다.

  이 사냥법을 쓴 이유가 타란튤라를 얻으려는 것만은 아니다. 거미를 유리병에서 기르는 것에는 별로 흥미가 없고, 다른 연구 주제가 있었다. 나는 이런 생각을 했다. 활기찬 이 사냥꾼은 언제나 제 힘으로 생활하며, 새끼를 위한 먹이저장 따위는 생각지 않는다. 제가 잡은 먹이는 자신이 먹어 버린다. 잡은 요리를 기술적으로 처리해서, 겨우 목숨만 붙은 상태로 몇 주간 신선하게 보존하

꿀벌(양봉) 새로 분가하려는 꿀벌 무리가 여왕벌을 중심으로 뭉쳐 있다. 곧 새 벌통을 준비해 주지 않으면 전체가 먼 곳으로 이동하여 새 둥지를 짓는다.
시흥, 30. V. '90

말벌과 매미 매미까지도 잡아먹는 말벌은 사냥감을 결정하면 사마귀처럼 사나운 곤충도 공격하고, 양봉 통을 습격하여 쑥대밭으로 만드는 포악한 벌이다. 주금산, 25. VIII. '94

호박벌 4월 중순에 나타나 버려진 들쥐의 땅굴 안에 둥지를 틀고, 새끼는 꿀과 꽃가루로 기른다. 들보다 산에 많고, 수컷은 10월 초순에 나온다. 평창, 22. VIII. '92

는 마취 기술도 없다. 생명은 끊지 않고 운동만 못하게 하는 소위 생체 해부학자도 아니다. 사냥한 고기를 그 자리에서 먹는 도살자에 지나지 않는다. 사냥물을 될수록 빨리, 완전하게 죽여서 그의 반격으로부터 자신을 보호하는 것뿐이다.

거미의 사냥감이 모두 온순하지는 않다. 개중에는 강한 자도 있다. 성채 안에 매복한 사냥꾼은 자기 체력에 걸맞은 상대, 즉 억센 이빨을 가진 대형 메뚜기나 성미가 사나운 말벌, 꿀벌, 호박벌, 그 밖에도 독침을 가진 동물들과도 만날 것이다. 그들과의 결투에서 누구의 무기가 더 훌륭하다는 것은 없다. 말벌은 독침을 휘두르며 독니에 대항한다. 과연 이 두 악당 중 누가 이길까? 그야말로 육박전이다. 타란튤라에게는 2차 방어 수단이 없다. 희생물을 결박할 끈도 적을 제지할 계략도 없다. 왕거미(Araneidae)라면 넓은 수직 그물을 쳐 놓고, 거기에 걸려든 곤충에게 달려가 밧줄로 꼼짝 못하게 묶는다. 그다음 독니로 찌른다. 그리고 잠시 물러서서 단말마의 경련이 끝나기를 기다렸다가 그에게 접근하므로 위험할 게 없다. 하지만 타란튤라의 작업에는 아주 위험한 데가 많다. 몸에 지닌 것이라곤 대담성과 두 개의 독니뿐이다. 녀석은 위험한 먹잇감에게 달려들어 기술적으로 제압하고, 죽은 먹이를 벼락같이 빨리 처분하는 것뿐이다.

'벼락같이'라는 말, 참으로 이 거미에게 딱 맞다. 내가 죽음의 땅굴에서 끌어낸 뒤영벌이 이를 잘 설명해 준다. 장송곡이라고 했던 날카로운 소리가 사라지자, 즉시 핀셋을 구멍에 넣었지만 이미 늦었다. 벌은 벌써 대롱입이 쭉 뻗쳤고 팔다리가 축 늘어졌다. 다리가 아주 희미하게 떨리는 것으로 보아 방금 죽었음을 알 수 있다. 순식간에 죽은 것이다. 이 무서운 도살장에서 새 희생자를 끌어올릴 때마다 나는 그 급작스런 죽음에 놀라곤 했다.

거미와 뒤영벌은 어느 쪽도 지지 않을 맞상대 감이다. 나는 뒤영벌 중에서도 아주 대형인 뜰뒤영벌(*B. hortorum*)과 서양뒤영벌(*B. terrestris*)을 골랐다. 거미와 벌의 무기 사이에는 우열의 차이가 거의 없다. 벌의 비수는 거미의 독니에 뒤지지 않는다. 벌이 찌른 상처도 거미가 깨문 상처만큼 무서울 것이다. 그런데 단시간의 격투에서 거미는 상처 하나 입지 않고 항상 이겼으니, 어떤 절묘한 전술이라도 가진 것일까? 녀석의 독이 아무리 강해도, 희생자의 몸을 아무 곳이나 물어도, 그

대륙뒤영벌

226

렇게 순식간에 죽일 수 있는지 의심스럽다. 무섭다고 소문난 방울뱀이라도 이렇게 빨리 목숨을 빼앗지는 못한다. 방울뱀은 상대를 죽이는 데 몇 시간이 걸리나 타란튤라는 1초도 안 걸린다. 따라서 이 돌연사는 독이 강해서라기보다는 거미가 무는 위치가 급소였음이 틀림없다.

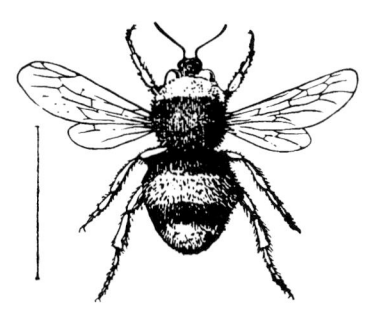

뜰뒤영벌

 그렇다면 급소가 어디일까? 뒤영벌은 보이지 않는 굴속에서 죽었으니, 어디가 급소인지 알 수가 없다. 사실상 물린 상처를 확대경으로 찾아보아도 소용없다. 거미의 무기가 그만큼 가늘다는 이야기이다. 결국 양자가 유리병 안에서 서로 싸우는 현장을 내 눈으로 직접 봐야겠다. 하지만 두 녀석은 모두 포로 상태라 서로 불안해서 도망치려고만 한다. 24시간 동안 마주한 상태를 지켜보았으나 어느 쪽도 공격하려 하지 않는다. 공격보다는 감옥이 더 걱정인가 보다. 서로 무관심한 듯 조용하다. 결국 실험은 실패였다. 꿀벌이나 말벌과 싸움시키기는 성공했지만, 녀석들이 밤중에 싸워서 나는 본 것이 없다. 다만 이튿날 아침 두 마리의 벌이 독거미의 독니 밑에서 마멀레이드처럼 묵사발이 된 것만 보았다. 힘없는 벌들은 조용한 밤중에 거미의 소중한 밤참거리로 남겨졌던 셈이다. 하지만 낮에는 같은 처지의 포로인 뒤영벌을 공격하지 않는다. 감옥에 갇혔다는 근심이 사냥꾼의 열정을 식혀 버린 것이다.

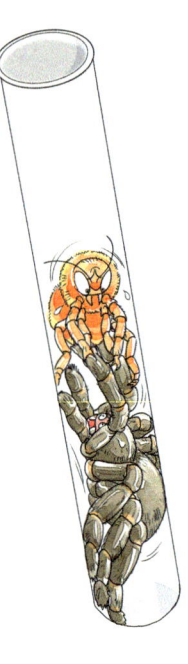
두 싸움꾼이 넓은 유리병 투기장에서 서로 상대를 꺼릴 뿐 거리를 둔다면 이번에는 울타리를 좁혀서 투기장을 좁게 해보자. 면적이 한 마리밖에 들어갈 수 없는 작은 시험관에다 두 상대를 넣었다. 서로 심하게 뒤얽혔지만 큰일은 벌어지지 않았다. 뒤영벌이 밑에 깔리면 배를 위로 향해 누운 자세로 다리를 뻗쳐 상대를 멀리 밀어내려 할 뿐, 침으로 쏘는 것은 보지 못했다. 한편 거미는 긴 다리를 미끄러운 유리병 표면에 뻗쳐서 몸을 의지할 뿐, 될수록 상대방과 먼 거리를 유지하려 한다. 거미는 그런 자세에서도 상대의 눈치를 살핀다. 하지만 곧 뒤영벌이 움직여서 이 자세도 흐트러진다. 벌이 위로 올라가면 거미는 다리를 모아 자신을 보호하면서 적과 간격을 둔다. 결국 두 기사는 몸이 서로 닿았을 때 심하게 얽히는 것 말고는 별다른 사건이 일어나지 않았다. 시험관의 좁은 투기장에서도 유리병의 넓은 원형경기장에서도 결투는 일어나지 않았다. 거미는 고집스럽게 싸움을 거절하고, 뒤영벌도 좀 경솔한 녀석이지만 피하기는 마찬가지였다. 나는 연구실 실험을 포기했다.

결국 제 성채 안에서만 건방을 떠는 타란튤라의 굴에서 결투를 걸어야겠다. 하지만 뒤영벌이 굴속으로 달려들다 최후의 순간을 맞는 것밖에 볼 수 없다. 따라서 굴속으로 들어가지 않는 상대를 택할 필요가 있다. 이 계절에는 뜰의 클라리세이지(Sauge sclarée: *Salvia sclarea*) 꽃에 프랑스어리호박벌(Xylocope violet: *Xylocopa violacea*)이 많이 온다. 이 벌은 이 지방에서 가장 크고 힘도 가장 세며, 몸에는 검은 우단을 걸쳤고, 날개는 자줏빛 베일 같다. 몸길이는 1인치 정도로 뒤영벌보다 크다. 녀석이 휘두르는 단검은 정말 무섭다. 사람도 한 번 쏘이면 오랫동안 부어오르며 욱신거린다. 나는 여러 번 호되게 당해서 쏘였을 때의 기억이 생생하다. 만일 타란튤라가 이 녀석과 맞수가 되어 준다면 그 둘 사이는 그야말로 제격에 맞는 상대가 될 것이다. 이런 어리호박벌을 여러 마리 잡아서 광구 유리병에 한 마리씩 넣고, 전처럼 굴 입구를 씌웠다.

내가 제공하려는 미끼가 타란튤라에게 겁을 줄지도 모르니, 거미가 몹시 굶주렸거나 아주 용감한 녀석을 택해야 한다. 이삭 줄기를 굴속에 넣는다. 체격이 아주 크거나 굴 입구까지 급히 올라오는 녀석이라면 시합에 참가할 자격이 있고, 그렇지 못하면 실격이다. 이 방법으로 선택된 거미 굴에 어리호박벌 병을 씌웠다. 병 안의 벌이 붕붕거린다. 사냥꾼은 굴 밑에서 문지방 근처까지 올라왔다. 하지만 밖으로 나오지는 않고 기다리며 바라만 볼 뿐이다. 나도 기다린다. 15분이 지나고, 30분이 지났다. 그러나 아무 일 없이 거미가 도로 내려간다. 거미는 이 싸움에서 잘못했다가 목숨을 빼앗길 것 같다고 판단했나 보다. 제2, 3, 4굴에서 시도해도 역시 싸움은 일어나지 않았다. 사냥꾼

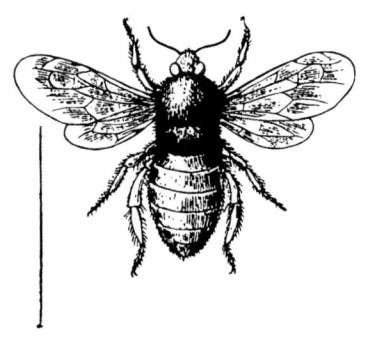

어리호박벌

어리호박벌 몸길이가 20mm 정도로 우리나라의 꿀벌류 중 가장 크다. 화창한 봄날 높은 공중에서 배회하는 모습을 자주 볼 수 있다. 주로 고목에 구멍을 뚫고 집을 짓는데, 쌓아 놓은 장작더미의 마른 토막까지 이용한다. 칸막이가 된 여러 개의 방안에 꿀과 꽃가루를 반죽한 꿀떡을 채우고 알을 한 개씩 낳는다.
시흥, 10. V. '93

이 굴에서 나오지 않았다.

거미는 구멍 깊숙이 처박혀 조심만 했고, 나는 삼복더위를 참기가 매우 힘들었다. 그래도 내 참을성에 결국 행운이 미소를 보내왔다. 거미 한 마리가 혹시 오랫동안 굶주렸는지 갑자기 굴 밖으로 달려 나왔다. 병 안에서 일어난 비극은 눈 깜짝할 사이에 끝났고, 몸집 큰 어리호박벌이 당했다. 어디를 물렸기에 즉사했을까? 거미가 물고 늘어져 있어서 아주 쉽게 확인된다. 이빨이 목 뒷부분인 목덜미에 꽂혀 있다. 이 살육자는 내가 생각했던 급소를 알고 있었다. 녀석은 틀림없이 목숨 빼앗을 곳을 겨냥했고, 그곳은 바로 벌의 목신경이었다. 상처를 내면 급사할 단 하나의 위치를 깨문 것이다. 이 도살자의 솜씨에 정말 탄복했다. 햇볕에 탄 내 피부쯤은 이것으로 보상받았다.

단 한 번의 결과를 습성이라고 할 수는 없다. 혹시 우연의 사건을 보았을 수도 있다. 또 내가 너무 의도적인 실험을 한 것은 아닌지? 많은 거미는 내 인내력이 지칠 정도로 어리호박벌 공격을 위한 둥지 밖 외출을 완강히 거절했다. 이 무시무시한 사냥감이 사냥꾼의 뻔뻔스러운 대담성을 꺾어 버린 것이다. 굶주림이 이리를 숲에서 내몬다는 말이 있다. 그런데 타란튤라도 굴 밖으로 내몰 수 있을까? 결국 아주 배고파 보이는 두 녀석이 간신히 내 눈앞에서 벌에게 덤벼들어 살육을 감행했다. 이때도 목덜미를, 오로지 목덜미를 물어 상대방을 즉사시켰다. 내 눈앞에서 벌어진 3회의 살육은 같은 조건에서 일어났고, 그 중 두 차례는 아침 8시부터 점심때 사이에 이루어졌다. 이것이 내 실험의 결과였다.

관찰은 이것으로 충분하다. 눈 깜짝할 사이에 해치우는 거미의 살생은 전에 벌이 마취 기술에 정통했음을 보여 준 것과 똑같은 솜씨가 있음을 보여 준 것이다. 거미도 남아메리카 팜파스(Pampas)에서 소를 도살하는 것과 똑같은 기술을 완전하게 갖췄다. 결국 타란튤라도 완숙한 백정(desnucardor)이었다. 이제는 야외에서 실험한 결과를 실험실에서 확인할 차례이다. 독거미의 독성이 얼마나 강한지, 이빨로 문 곳이 벌의 어느 부분인지 다시 확인하려고 거미 사육장을 만들었다. 12개의 유리병과 시험관을 준비해서 각각 포로를 한 마리씩 넣었다. 거미를 보기만 해도 무섭다고 비명을 지르는 사람이 진짜 무서운 독거미들이 우글거리는 내 연구실을 보았다면, 여기야말로 그들에게는 정말 불안한 장소라고 생각했을 것이다.

유리병의 타란튤라는 자기 눈앞에 잡혀 온 상대를 깔본다. 좀더 정확히 말하자면, 자진해서 공격하지는 않아도 독니 앞에 있는 것이라면 무엇이든 서슴없이 달려들어 물어 버린다. 핀셋으로 거미의 가슴을 잡고 무엇이든 입 앞에 대주면, 지치지 않은 이상 곧장 깨문다. 먼저 어리호박벌이 물린 상처를 조사했다. 목덜미를 물렸을 때는 그 자리에서 즉사한다. 굴 앞에서 목격했던 것처럼 벼락을 맞은 듯 즉사했다. 자유롭게 움직일 수 있는 넓은 병에서 몸통의 어딘가를 물렸을 때는, 한동안 별일이 없었던 것처럼 날기도 날뛰기도 하며 붕붕 날갯소리를 낸다. 그러나 30분도 안 되어 죽음이 찾아온다. 벌렁 뒤집히거나 웅크렸다가 끝내는 못 움직인다. 다음 날은 다리를 떨거나 배를 조금씩 벌렁거리는 것으로 보아 아직 완전히 죽지는 않은 것 같다. 하지만 곧 모든 움직임을 정지하고 시체로 변한다.

이 실험 결과에는 주목할 점이 있다. 목덜미를 물리면 아무리 강한 벌이라도 순식간에 죽는다. 따라서 거미는 목숨을 건 모험싸움도 겁내지 않는다. 하지만 다른 곳, 예를 들어 배를 물면 벌은 거의 30분 동안 침, 큰턱, 다리 등을 움직일 수 있어서 독거미라도 운이 나쁘면 쏘일 수 있다. 침 근처를 잘못 물었다가 입 주변을 찔리면 거미 역시 24시간 안에 죽는 것을 여러 번 보았다. 따라서 이렇게 위험한 적수는 목신경 중추[7]를 물어 즉사시켜야 한다. 그렇지 못했다가는 거미 역시 위험하다.

다음 실험 재료는 메뚜기목 곤충들이다. 몸길이가 손가락만 한 중베짱이(Sauterelle verte: *Tettigonia viridissima*), 유럽민충이(*Ephippigera ephippiger*), 머리가 큰 여치[8] 따위였다. 목덜미를 물렸을 때는 역시 즉사했다. 다른 부분, 특히 배를 물린 녀석들은 상당히 오랫동안 버텼다. 민충이는 배를 물리고도 미끄러운 유리병의 수직 벽에 15시간이나 찰싹 매달려 있는 것을 보았으나 끝내는 죽어 떨어졌다. 섬세한 체질의 벌은 30분도 안 되어 죽었으나, 모습이 초라한 초식성 메뚜기는 하루를 꼬박 버텼다. 이 차이는 신체의 구조가 달라 독의 감수성이 달랐다는 이야기가 된다. 어쨌든 이상의 결과는 두 가지 요점으로 정리될 수 있다. 타란튤라에게 목덜미를 물리면 덩치가 매우 큰 곤충이라도 즉사한다. 다른 부분을 물려도 역시 죽는데, 사망 소요 시간은 곤충의 종류에 따라 큰 차이가 있다.

둥지 안에서는 그렇게도 당당하던 타란튤라였다. 그런데 그 앞에 힘센 사냥감을 놓아주면 왜 그렇게 공격을 망설였는지, 그것도 관찰자가 진절머리를 낼 만큼 오래 기다리도록 망설였는지, 이제 그 이유를 알겠다. 대다수의 독거미는 어리호박벌을 던져 주었을 때 공격을 거부한다. 사실상 그런 사냥감은 쉽게 요리할 수 있는 상대가 아니다. 함부로 달려들었다가 급소를 빗나가는 날이면 그야말로 사냥꾼의 생명이 위태롭다. 물어야 하는 곳은 반드시 목덜미이다. 그 자리에서 당장 쓰러뜨려야 하므로 다른 곳을 물어서는 안 된다. 그렇지 못하면 상대가 심하게 흥분해서 되레 위험해질 것이다. 거미는 이런 사정을 잘 알고 있다. 제 둥지의 문지방 뒤에 숨어서 만일의 경우 도망칠 준비를 해놓은 다음 상대방에게 공격할 기회를 엿본다. 덩치 큰 벌이 목덜미

---

7 곤충에게 목의 위치는 있어도 목 기관은 없어서 목신경은 물론 목 신경절이 존재할 수 없다. 그런데도 파브르는 이 용어를 자주 쓰고 있다. 곤충은 배 쪽 목 부분과 식도 사이에 식도하신경절(食道下神經節)이 있고, 이것은 머리를 제외한 전신의 신경이 감지한 자극을 통합하여 뇌로 보내는 가장 큰 신경절이다. 거미가 목덜미를 물었을 때는 이 신경절이 손상될 수 있어도, 뒷덜미를 물렸을 때는 이야기가 달라진다.

8 역자의 짐작으로는 대머리여치(Decticus albifrons)일 것 같다.

여치 잡식성이다. 역자도 어린 시절에, 그것도 서울에서 밀집으로 충롱을 만들어 그 안에 여치를 잡아다 넣고 소리를 들으며 즐겼던 일이 있다. 시흥, 14. VIII. '92

를 물리기 쉽도록 이쪽을 바라볼 때까지 기다렸다가 기회가 오면 갑자기 달려들어 요리한다. 그렇지 못할 때는 둥지로 되돌아간다. 거미가 벌을 죽이는 것을 겨우 세 번 보는 데 4시간씩 두 번이나 소비해야만 했다.

전에 나는 벌의 마취법을 알아냈다. 그때 여러 곤충의 가슴 부위에 암모니아수 방울을 주사해 마취를 시도했었다. 바구미, 비단벌레, 왕소똥구리 등 신경절이 한곳에 모인 곤충들은 생리학적 수술에 아주 적당한 재료였다. 학생이나 다름없는 나는 큰 실수 없이 곤충 선생에게 보답하느라고, 비단벌레와 바구미를 노래기벌만큼 훌륭히 마취시켰었다. 타란튤라가 악명 높은 살육자라고 해서 그런 기술을 발휘하지 못할 이유라도 있을까? 가는 철사 침에 암모니아 방울을 묻혀서 어리호박벌과 메뚜기의 머리 아랫

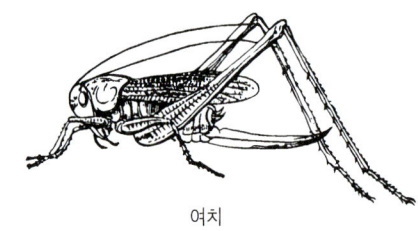

여치

부분에 주사했다. 이들은 그 자리에 서 쓰러져 다리를 마구 떨었을 뿐 별 움직임이 없었다. 코를 찌르는 냄새의 이 액체가 묻으면 뇌신경절이 마비되어 즉사한다. 하지만 사실은 즉사한 게 아니라 잠시 경련만 일으켰다. 그렇다면 내 실험 절차에서 무엇이 빠졌을까? 혹시 암모니아가 곤충을 죽이는 효력은 거미의 독보다 약한지도 모르겠다. 곧 결과를 보게 될 것이다.

 털이 대충 나서 이제 막 둥지를 떠나려는 어린 참새의 다리를 거미에게 물려보았다. 피가 한 방울 나오고 물린 곳의 가장자리가 벌겋게 부어올랐다가 보랏빛으로 변했다. 새는 곧 다리를 쓰지 못하며 발가락을 꼬부린 채 질질 끌고 다닌다. 가끔씩 한 다리로 깡충깡충 뛴다. 상처가 별로 마음에 걸리는 것 같지는 않았다. 식성도 좋았다. 딸이 파리, 빵 부스러기, 살구 씨 따위를 먹였다. 상처가 다 나았다. 원기를 회복한 것 같다고 생각했다. 과학이라는 호기심 덕분에 심하게 희생당한 어린 참새를 놓아주자는 게 식구들의 소망이고 계획이었다. 우리는 12시간 뒤에는 깨끗이 나을 것이라는 희망에 부풀었다. 모이도 잘 먹고, 조금만 늦게 주면 짹짹거리며 독촉까지 했다. 하지만 아직도 다리는 끌고 다녔다. 그래 보았자 일시적이겠지, 곧 낫겠지 하며 믿었다. 그다음 다음 날 모이를 먹지 않는다. 마치 금욕주의에 빠진 것 같고, 깃털은 헝클어졌으며, 몸을 둥글게 움츠리고는 꼼짝 않는다. 가끔 경련을 일으킨다. 딸들이 손으로 감싸 주며 입김을 불어 몸을 데워 준다. 하지만 경련이 자주 일어난다. 하품하듯 입을 크게 벌린다. 그것이 마지막이었다. 마침내 죽었다.

저녁 식사 때 냉기가 감돌았다. 둘러앉은 식구들의 시선에서 나는 실험에 대한 무언의 비난이 읽혀졌다. 나 자신도 내 주위에서 무엇인가가 잔혹한 행위에 대해 꾸짖음을 느꼈다. 불쌍한 참새의 죽음은 가족을 모두 슬픔에 빠뜨렸다. 나도 후회했다. 큰 대가를 치렀으나 얻은 것은 너무도 싸구려였다. 이런 형국인데 별로 대단한 성과도 없이, 눈살도 찌푸리지 않고 멀쩡한 개의 배를 가르는 자라면 그자는 목석인간이다.

하지만 다시 용기를 내서 실험을 계속했다. 이번에는 상추밭을 망치는 두더지를 잡아 재료로 삼았다. 이 포로는 계속 먹어야 하는 만성 굶주림 증세가 있어서 며칠 동안 사육하려면 적지 않은 문제가 생길 것 같다. 적당한 음식을 많이, 그것도 자주 먹이지 않으면 상처가 아니라 쇠약해져 죽을지도 모른다. 굶어서 죽은 것을 독으로 죽었다고 잘못 판단할지 모른다. 그래서 먼저 두더지를 기를 수 있는지 알아 둘 필요가 있었다. 녀석이 도망칠 수 없을 만큼 넓고 깊은 상자에 넣고 각종 곤충인 풍뎅이, 메뚜기, 매미 따위를 먹이로 주었더니 아주 맛있게 먹었다. 특히 매미를 아드득 아드득 깨물어 먹었다. 24시간을 이런 식단으로 길러 보니, 먹기도 잘하고 포로 생활도 잘 견뎌 낸다는 확신이 섰다.

녀석의 콧등을 타란튤라에게 물린 다음 상자로 옮겼더니, 넓적한 손바닥으로 계속 콧등을 긁는다. 뜨끔뜨끔하고 가려운가 보다. 그다음에는 가장 좋아하는 매미를 주어도 점점 덜 먹는다. 이튿날 저녁부터 전혀 안 먹더니, 물린 지 36시간 뒤의 밤사이에 죽고 말았다. 사육장에는 산 매미가 6마리, 풍뎅이도 몇 마리가 남아 있었으니 굶어 죽은 게 아니다.

이렇게 나르본느타란튤라에게 물린 상처는 곤충이 아닌 동물에서도 무서웠다. 참새도, 두더지도 치명적이었다. 어느 범위의 동물까지 그럴까? 다른 동물은 실험하지 않았으니 알 수가 없다. 그러나 얼마 안 되는 내 실험으로 볼 때 사람도 이 거미가 문 상처는 내버려 둘 수 없을 것 같다. 이것이 의학적 관점에서의 내 견해이다.

곤충학적 관점에서는 다른 이야기를 하련다. 학문적 관심을 마취 수술의 대가들과 겨룰 만큼 살육자들의 깊은 지식이 있는 것으로 돌려야겠다. 살육자들이라고 복수를 쓴 이유는 다른 거미도 그물을 치지 않고, 타란튤라와 같은 기술로 사냥하는 녀석들이 있어서였다. 그들도 살아 있는 곤충을 잡아먹는데, 역시 뇌신경 중추를 물어 즉사시킨다. 사냥벌들은 새끼에게 먹일 고기를 신선하게 보존하려고, 먹잇감의 신경 중 어느 중추를 찔러 운동능력을 잃게 한다. 양자 모두 신경절을 겨냥하나 목적에 따라 찌르는 장소

11. 독거미 검정배타란튤라 237

가 다르다. 사냥꾼 자신이 위험하지 않게 그 자리에서 바로 죽여야 할 때는 목덜미를 찌른다. 그러나 마비시킴만 필요할 때는 여기가 아닌 뒤쪽 몸마디를 찌르는데 사냥감의 체제적 구조에 따라 하나, 둘 또는 모두 찌른다.

마취 수술을 하는 벌 중 적어도 몇몇은 뇌신경절이 생명을 좌우하는 아주 중요한 곳임을 알고 있다. 쇠털나나니(*Podalonia hirsuta*)가 큰턱으로 송충이 머리를 조이는 것을 보았고, 홍배조롱박벌(*Palmodes occitanicus*)이 일시적인 혼수상태를 만들려고 민충이 머리를 단단히 죄는 것도 보았다. 하지만 이들은 살짝 누를 뿐, 그것도 아주 조심해서 어림잡아 누를 뿐, 결코 생명의 원천인 뇌신경절을 깨물지는 않는다. 만일 그랬다가는 새끼가 손도 댈 수 없는 시체가 된다. 거미는 2개의 독니를 그 중요한 장소 꼭 그 자리에만 꽂는다. 만일 다른 곳에 꽂는다면 격분한 먹이곤충의 저항이 거세질 것이므로 극도로 조심하며 갑자기 급소를 두 이빨로 찌른다.

살육자의 이런 과학적 본능이 벌이든 거미든 다른 동물이든 선천적 소질이 아니라 후천적으로 얻어진 하나의 습성에 불과하다는 것을, 그리고 나 자신도 후천적 습성임을 이해하고 받아들이라며 어떤 정신적 고문을 가해도 나는 결코 받아들일 수 없다. 이 사실을 먹구름 속의 이론으로 쌓아 두고 싶다면 여러분 마음대로 하시라. 하지만 당신들이 과거에 누적시켜 온 부조리에 대하여 곤충들이 보여 준 명확한 증거를 투명한 천으로 덮을 수는 없으리라.

12 대모벌

사냥감인 나나니의 송충이, 코벌의 등에, 노래기벌의 비단벌레와 바구미, 조롱박벌의 메뚜기, 귀뚜라미, 민충이, 이들은 모두 얌전한 곤충이다. 말하자면 어리석게도 인간에게 곧잘 도살당하는 양이나 마찬가지다. 이 얌전이들은 변변한 저항 한번 못하고, 멍청하게 벌의 마취 수술을 받는다. 큰턱을 딱 벌리고, 다리를 바동거리며, 엉덩이를 비꼬는 것으로 항의해 보지만 겨우 그것뿐이다. 이들은 암살자의 칼과 싸울 만한 무기가 없다. 내가 보고 싶은 것은 자신만큼 교활하고 매복 잘하며, 독침을 가진 녀석과 상대하여 한판 승부를 벌이는 장면이다. 칼잡이 강도에게 역시 칼잡이 강도가 팽팽히 맞서 싸우는 장면을 보고 싶다. 과연 그런 결투가 있을까? 물론 있다. 그것도 아주 흔하게 있다. 한쪽은 언제나 이기는 대모벌(Pompilidae), 상대는 언제나 지기만 하는 거미이다.

곤충을 조금이라도 다루어 보았다면 대모벌을 모르는 사람이 있을까? 낡은 담벼락 밑이나 인적이 드문 오솔길의 비탈 아래 또는 가을걷이 후 밑동이 시든 덤불 따위로, 거미가 줄을 칠 만한 곳이면 어디든 이 벌이 있다. 날개를 등에 세우고는 한참 분주한 듯 붕붕거리며 이리저리 뛰어다니거나, 약간 날아올랐다가 또다시 이리저리 찔끔찔끔 뛰어다니는 것을 본 사람이 있는지? 이 모습들이 바로 사냥감을 찾아다니는 대모벌의 행동이다. 하지만 때로는 이 먹잇감이 반대로 그 사냥꾼을 먹잇감으로 노릴 때도 없지는 않다.

 대모벌은 새끼를 거미로 기른다. 한편 거미는 그물에 걸린 곤충이 자신에게 적당한 크기이면 모두 먹잇감이다. 벌이 독침을 가졌다면 거미는 2개의 독니를 가졌고, 더러는 거미가 힘이 더 셀 때도 있다. 벌은 싸움의 전략이 우수하고 독침을 쓰는 방법도 뛰어났지만, 거미에게는 위험한 함정과 교묘한 꾀가 있다. 벌은 동작이 매우 빠르나, 거미도 포승줄로 후닥닥 묶을 수 있다. 한쪽은 상대의 급소를 침으로 찔러 완전히 마비시키고, 다른 쪽은 이빨로 사냥꾼의 목덜미를 물어 즉사시킨다. 한편은 마취사, 한편은 도살자인데 어느 쪽이 상대의 먹이가 될까?

 무기의 위력, 독성의 강도, 기타 전투 방법 등을 고려하여 양자의 힘을 저울질해 보면, 강자는 아무래도 거미 쪽으로 기울 것 같다. 하지만 위험해 보이는 전투에서 승리자는 항상 대모벌이다. 그렇다면 벌은 어떤 특수 전법을 가졌는지, 정말로 그 비밀을 알고 싶다.

 이 지방에서 가장 용감하고 가장 힘센 거미 사냥꾼은 황띠대모벌(Pompile annelé: *Cryptocheilus alternatus*)[•]이다. 긴 다리는 노란색과 검정색 띠를 둘렀고, 날개는 연기에 그을린 듯 어두운데 끝은 검

다. 크기는 말벌〔Frelon(*Vespa crabro*)〕정도이
다. 이 벌은 매우 드물어서 1년에 겨우 서
너 마리밖에 눈에 띄지 않는다. 용감한 이
벌이 먼지가 덮인 밭에서 성큼성큼 걷는
것을 보면 나는 반드시 그 앞에 멈추게 된
다. 그 늠름한 자세, 거침없이 걷는 호전적
위풍으로 보아, 그는 틀림없이 내가 상상

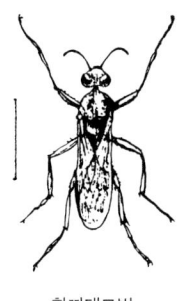

황띠대모벌

도 못할 정도의 큼직한 녀석을 사냥할 것이라는 생각을 오랫동안
해왔다. 마침내 내 예상이 맞았음을 알았다. 엿보며 기다린 덕분
에 이 사냥꾼의 큰턱에 먹잇감이 물린 것을 보았다. 그것은 어리
호박벌이나 뒤영벌 따위를 단번에 죽이는 무서운 거미 나르본느
타란튤라였다. 참새도 두더지도 죽이며, 아마 사람도 물리면 무사
하지 못할 것 같은 거미였다. 그렇다. 이 대모벌이 제 새끼의 밥상
에 차릴 식단은 바로 이 거미였다.

　그가 보여 준 전투 장면, 즉 이 대모벌의 전투 장면을 나는 한
번밖에 보지 못했는데, 그 광경은 아직도 내게 가장 인상적인 것
중 하나였다. 사건은 시골의 내 집 바로 옆 아르마스의 초라한 연
구소 뜰에서 일어났다. 이 대담한 밀렵꾼이 돌담 근처에서 괴물
같은 먹잇감을 사냥해서 다리를 물고 끌고 가던 모습이 아직도 눈
에 선하다. 담에는 돌을 쌓을 때 생긴 틈이 있다. 벌이 그 틈새로
들어가는데 그 녀석에게는 낯선 곳이 아니다. 전부터 알고 있었으
며, 이 굴이 마음에 들어 거기서 살았다. 움직이지 못하는 거미는
잠시 어딘가에 놓였고, 사냥꾼은 이것을 식량 창고에 넣으려고

가져오는 길이다. 바로 그 순간을 보았다. 대모벌은 다시 한 번 굴 속을 조사하고, 담에서 부서져 떨어진 몇 개의 시멘트 조각을 치운다. 그것으로 만족이다. 거미는 뒤집힌 몸으로 다리를 물린 채 끌려 들어간다. 나는 벌의 행동을 그대로 놔두었다. 이윽고 다시 밖으로 모습을 나타내고, 방금 끌어냈던 시멘트 부스러기를 적당히 밀어 넣어 입구를 막은 다음 날아갔다. 작업은 끝이다. 알은 이미 낳았다. 그런대로 문단속도 끝냈다. 이제는 둥지와 그 안에 들어 있는 것들을 조사할 수 있다.

대모벌은 대부분 제 손으로 굴을 파지 않는다. 돌담의 굴속은 널찍하지만 이것은 벌의 작품이 아니다. 담을 쌓던 미장이가 꼼꼼하지 못해서 생긴 우둘투둘한 공간을 우연히 손에 넣은 것이다. 문단속도 거칠다. 문 앞에 쌓인 시멘트 부스러기가 문짝보다는 바리케이드라는 표현이 더 어울린다. 타란튤라 살육자인 이 벌은 새끼에게 물려줄 굴을 팔 줄도 모르고, 먼지를 쓸어 모아 입구를 막을 줄도 모른다. 울타리 밑의 구멍이라도 그저 널찍하기만 하면 잘 이용한다. 문단속도 흙더미가 조금만 있으면 충분하다. 그렇게 간편할 수가 없다.

굴에서 거미를 꺼냈다. 배에 알이 붙어 있다. 하지만 꺼낼 때 실수해서 알이 떨어졌다. 이젠 끝장이다. 알을 부화시킬 수도 발육 과정을 볼 수도 없게 되었다. 거미는 꼼짝 않는다. 어디에도 상처는 없고, 움직이진 못해도 살아 있어서 몸이 연하다. 가끔 앞다리 끝이 조금 떨리는 것, 그것뿐이다. 나는 이런 가짜 시체에 익숙해져서 무슨 일이 있었는지 상상할 수 있다. 녀석은 가슴 근처를 찔

구멍벌류
대부분의 구멍벌은 각종 메뚜기목 곤충을 사냥하며, 우리나라에서도 10여 종이 알려졌다. 하지만 사진처럼 노린재를 잡아다 땅굴에 넣는 종류는 알려지지 않아 구멍벌이 맞는지조차 의심된다.

1, 2, 3. 벽의 갈라진 틈새를 넓혀 새끼의 보금자리를 만든다.
4, 5. 사냥한 노린재를 집안으로 들이는 중이다.

린 것이다. 거미 신경계의 분포 상태로 미루어 볼 때 거기를 한 번만 찔렀다. 나는 이 희생물을 8월 2일부터 9월 20일까지 7주 동안이나 상자 안에 놓아두었는데, 그동안 본래의 신선함 그대로 유지했고 살아 있을 때처럼 부드러웠다. 이런 불가사의를 우리는 이미 잘 안다. 알을 잃어버렸다고 해서 지금 붓을 멈출 필요는 없다.

가장 중요한 문제가 나를 외면하고 있었다. 내가 원했고 지금도 원하는 것은 대모벌과 독거미와의 한판 승부를 구경하는 것이다. 도대체 결투가 어떻게 진행될지. 틀림없이 한쪽 계략이 상대방의 가공할 무기를 제압하지 않겠더냐! 벌이 타란튤라의 굴에 침입해서 구석에 숨어 있는 거미를 습격할까? 하지만 그것은 제 운명을 재촉하는 무모한 짓이다. 이 거미는 몸집이 거대한 뒤영벌조차 눈

깜짝할 사이에 물어 죽였다. 대담하게 쳐들어갔다가는 곧 죽음을 자초하게 된다. 목덜미를 겨누고 즉사시킬 만반의 준비를 끝내고 기다리는 거미에게 벌이 달려들까? 아니다. 대모벌은 거미 굴로 들어가지 않는다. 분명히 안 들어간다. 그렇다면 성채 밖에서 기습할까? 그러나 독거미는 외출을 몹시 꺼린다. 여름에는 그 녀석이 밖에서 돌아다니는 것을 본 적이 없다. 조금 늦은 계절 가을이 오면 타란튤라가 굴에서는 보이지 않는데, 이때는 밖에서 떠돌아다닌다. 이 보헤미안(집시)들은 많은 새끼를 등에 업고 야외를 떠돈다. 어미가 되어 이렇게 떠도는 일 말고는 자신의 저택을 떠난 적이 없다. 따라서 황띠대모벌이 굴 밖의 거미와 마주칠 기회는 거의 없다. 문제가 이렇게 복잡하다. 사냥꾼은 거미에게 급살 당할 염려가 있으니 굴속 침입을 꺼리고, 거미는 항상 둥지 속에 머물렀으니 양자가 굴 밖에서 마주칠 것 같지가 않다. 그야말로 풀어 보고 싶은 수수께끼인데 기회를 못 만날 것 같다. 그렇다면 역시 거미를 사냥하는 다른 벌을 관찰해서 이 문제를 풀어 보자. 비슷한 사례를 밝힘으로써 결론을 끌어낼 수 있을지도 모른다.

    나는 각종 대모벌이 사냥하는 것을 여러 번 보았지만, 거미 굴속으로 헤치고 들어가는 것은 전혀 보지 못했다. 거미집이 담 밑에서 불쑥 솟아났든, 풀이나 뿌리 사이에 걸쳐 놓은 차일 모양이든, 아라비아 사람들의 천막 같은 오두막이든, 나뭇잎을 여러 겹 쌓아 대롱처럼 만든 오두막이든, 한 장의 헝겊 같은 그물에 망보기 창이 있는 집이든, 집주인이 지키는 한 조심성 많은 대모벌은 그 집에 접근하지 않는다. 집이 비었을 때는 사정이 좀 다르다. 다른 곤충은 거미줄이 몸에 달라붙지만, 대모벌은 그런 줄들이 뒤엉킨 그물의 함정 위에서 자유롭게 뛰어다닌다. 끈끈한 거미줄이 이 벌에게는 지장이 없는 것 같다. 그 녀석들은 빈집의 거미줄 위를 돌아다니며 무엇을 찾을까? 다른 거미가 숨어 있는 옆 그물에서 무슨 일이 벌어지는지 알아보려는 것이다. 거미가 기다리는 그물로 돌진하기는 죽어도 싫다. 그것은 백번 옳은 짓이다. 타란튤라가 벌의 목덜미에 일격을 가해서 숨통을 끊는 방법을 안다면, 다른 거미 역시 그 방법을 알 것이다. 따라서 힘이 자신과 비슷한 거미집 앞에서 얼씬거리던 벌에게는 재난이 닥칠 것이다.

거미 사냥벌들은 조심성이 많다는 실례를 수집했는데, 그 중 하나만 소개해도 그 조심성이 충분히 증명될 것 같다. 거미 한 마리가 석 장의 작은 양골담초류(Cytise de Virgile: *Cytisus* sp.) 잎을 실로 끌어당겨 요람을 만들었다. 요람은 양쪽 끝이 열린 대롱 모양이며 수평으로 놓였다. 먹이를 찾아다니던 대모벌이 갑자기 나타났다. 마침 적당한 사냥감을 발견한 벌은 그 대롱 안으로 머리를 들이민다. 곧 뒷걸음쳐서 반대편 구멍에 나타난다. 다시 대롱 밖을 돌아 저쪽 구멍에 나타난다. 그러면 거미도 물겠다고 따라서 반대편 구멍으로 간다. 벌은 되돌아오지만 다시 바깥을 돌고, 다시 왔을 때는 거미가 저쪽으로 돌아간다. 이렇게 15분 동안이나 거미는 안에서, 벌은 바깥에서 대롱을 왔다 갔다 한다.

어쨌든 먹잇감이 마음에 드는 모양이다. 벌은 계속 골탕을 먹이며 아주 오랫동안 끈기 있게 기다린다. 벌이 탐나는 먹이를 얻으려면 어떻게 해야 할까? 두 구멍의 왕복놀이를 계속해서 거미가

나 잡아 봐라~

당황하게 만들어야 한다. 구멍 바깥에서 이쪽저쪽을 왕래할 것이 아니라, 거미집인 나뭇잎 대롱 속을 헤치고 들어가 직접 잡으면 될 것 같다. 그렇게 날렵하고 재주가 많으니 틀림없이 잘 해낼 것이라 생각했다. 반면에 거미는 몸놀림이 둔한 데다 게처럼 옆으로 기는 녀석이니 쉽게 공격당할 것으로 생각했다. 하지만 벌은 대롱으로 들어가지 않았다. 녀석은 아주 위험하다고 판단한 것이다. 나는 지금에 와서야 그 녀석의 판단이 옳았다고 생각한다. 벌이 그리 들어갔다면 목덜미를 물려서 사냥꾼이 오히려 희생물이 되었을 것이다.

여러 해가 흘렀으나 거미 마취사는 그 비밀을 보여 주지 않았다. 당시 상황은 내게 불리했다. 힘든 일에 쫓기는 터라 시간이 없었다. 마침내 오랑주에 머물렀던 마지막 해에 겨우 광명이 비쳤다. 우리 집 돌담은 긴 세월을 지나면서 거무튀튀해졌다. 그 돌 틈에 거미가 많이 살았는데, 특히 검정공주거미 (Ségestrie perfide: *Segestria perfida*→ *florentina*) 가 많았다. 대개 검정거미(Araignée noir)

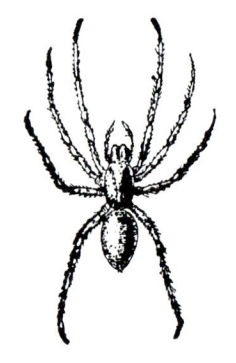

검정공주거미 또는 검정거미

또는 지하실거미(A. des cave)라고 불렀으며, 온몸이 마치 옻칠을 한 것처럼 새까맣고, 독니만 청동의 금속 세공품 같다. 황폐한 돌담이나 한적한 구석 어디에나 손가락 굵기의 구멍만 있으면 틀림없이 이 거미 가족이 살았다. 그들의 거미줄은 커다란 깔때기가 위를 향해 열린 모양인데, 방사형으로 넓게 펼쳐진 끝자락들이 담벼락에 고정되어 있다. 아래쪽 구멍은 그 밑으로 가는 대롱이 연결되어 벽의 틈새로 들어간다. 그 안쪽은 식당이다. 거미는 한가롭게 그 안에 틀어박혀 잡힌 녀석을 먹는다.

두 개의 뒷다리는 대롱 안에 디뎌 몸을 받치고, 여섯 개의 앞다리는 각 방향에서 오는 그물의 진동을 잘 느끼도록 입구 주변에 벌려 놓았다. 진동은 먹이가 줄에 걸렸다는 신호이다. 곤충이 찾아와 그물에 걸리기를 깔때기 모양의 둥지 입구에서 이런 식으로 꼼짝 않고 기다린다. 큼직한 꽃등에(Eristalis)가 멍청하게 걸려드는데 이 녀석들은 항상 걸려드는 단골손님이다. 줄에 걸린 녀석이 날뛰면 거미가 달려 나간다. 어떤 때는 거미가 그물 위를 뛰어넘는데, 이때는 꽁무니에서 내보낸 명주실을 몸에 붙이고, 반대쪽은 거미줄에 고정시켜서 공중을 수직으로 뛰어내려도 다칠 염려가 없다. 검정공주거미는 목덜미를 물어 즉사시킨 무덤꽃등에(Éristale succombe: *E. sepulchralis*)를 안으로 가져간다.

대롱 안에 숨어 있는 사냥꾼은 방

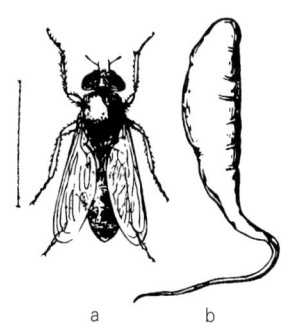

a. 꽃등에 b. 그의 애벌레

꽃등에 봄부터 늦가을까지 각종 꽃에 모여들어 꿀을 핥아먹는다. 애벌레는 하수구 오물이나 분뇨와 같은 유기물을 용해시켜서 섭취하며 자란다.
도창동, 11. X. '96

사상으로 펼친 그물이 몸의 뒤를 받쳐 주어 떨어질 염려가 없고, 먹이에게 뛰어들 때는 구명밧줄을 이용해서 꽃등에보다 훨씬 위험한 사냥감이라도 쉽게 잡는다. 말벌도 겁내지 않는다고 하는데 특별히 조사해 보지는 못했다. 하지만 거미가 대담함을 잘 알고 있으니 그 말을 믿기로 하자.

대담성은 독의 위력 덕분이다. 목덜미를 물린 곤충에게 독니의 작용이 어느 정도인지는 검정공주거미가 커다란 파리나 꽃등에를 즉사시키는 것으로 알 수 있다. 거미줄 깔때기에 걸린 꽃등에가 죽는 모습은 마치 타란튤라 둥지에서 살해된 뒤영벌의 모습 같다. 사람에 대한 독작용은 뒤재(A. Dugès)[1]의 연구가 알려졌는데 이 용감한 실험자의 말을 들어 보자.

검정공주거미, 일명 지하실큰거미(Grande

[1] Alfredo Dugès, 1826~1910년, 멕시코 동물학자 Antoine Louis Dugès(1797~1838년)의 아들, Montpellier 출생, Paris대학에서 의학 공부, 1952년 멕시코로 이주한 물리학자, 박물학자

Araignée des caves)² 는 우리 지방에서 독거미로 알려졌는데 나는 주로 이 거미를 실험 재료로 했다. 몸길이는 독니에서 거미줄을 분비하는 방적돌기(紡績突起)까지 9리뉴(ligne＝약 2.1mm→ 19mm). 손가락으로 거미의 등을 잡으면 몸을 움츠리고 다리를 구부린다. 이런 식으로 잡으면 그 거미에게 물릴 염려도 없고, 녀석이 다치지도 않으면서 마음대로 처리할 수 있다. 거미를 각종 물건이나 입은 옷 위에 놓았는데 아무 일도 없었다. 하지만 걷어붙인 팔뚝에 올려놓자 즉시 반들거리는 녹색의 두 이빨로 깊숙이 찔렀다. 녀석의 몸뚱이를 잡아당겨도 팔에 박힌 이빨은 잠시 물고 늘어진다. 이윽고 이빨을 빼더니 밑으로 떨어져 도망쳤다. 팔에는 2리뉴(약 4mm) 간격으로 2개의 상처가 생겼다. 피는 안 났지만 마치 굵은 침으로 찔린 것처럼 주변이 부어오르는 상처가 생겼다.

물린 순간의 느낌은 아주 격렬했고 상당히 아팠다. 통증은 5~6분 정도 지속되다가 차차 줄어들었다. 이때의 느낌은 쐐기풀에 찔렸을 때의 불타는 느낌과 비슷했다. 곧 지름 1인치 정도의 넓이로 벌겋게 부어올랐고, 그 둘레도 허옇게 부풀었다. 대략 한 시간 반가량 지나자 통증은 없어졌지만, 물린 상처는 며칠 동안 남아 있었다. 그때가 9월의 서늘한 계절이었기에 망정이지 더운 철이었다면 증상이 훨씬 심했을지도 모른다.

검정공주거미의 독이 그렇게 강하지는 않았어도 작용은 분명히 있었다. 심한 통증과 함께 벌겋게 부어올랐다면 어느 정도의 독성이 인정되는 수준이다. 어쨌든 뒤재의 실험이 우리를 안심시켰다. 하지만 녀석의 먹잇감인 곤충은 몸집이 작고 체제의 구조도 사

2 파브르는 '검정공주거미' 한 종에 대해 학명과 3개의 불어 이름을 썼다.

람과 많이 다르니 그들에게는 이 거미 독도 무섭다. 그런데 크기든 체력이든 공주거미보다 훨씬 못한 대모벌이 이 무서운 거미에게 덤벼들어 결국은 쓰러뜨린다. 이 벌은 몸길이도 꿀벌과 별 차이가 없는 꼬마대모벌(Pompile apical: *Pompilus*→ *Agenioideus apicalis*)이다. 전신이 검고, 날개는 진한 갈색인데 끝은 투명하다. 검정공주거미가 사는 낡은 담장으로 원정 가는 벌의 뒤를 따라가 보자. 사냥감이 저렇게 위험한 녀석이니, 대모벌도 그를 잡는 데 시간이 제법 많이 걸릴 것이다. 그러니 7월 오후 한나절의 무더위도 참자. 무엇보다도 참을성이 제일 필요하다.

거미 사냥꾼은 담벼락을 자세히 살핀다. 달려도 보고, 뛰어도 보고, 날기도 하고, 저쪽으로 갔다 되돌아오기도 하며 왔다 갔다 한다. 더듬이를 덜덜덜 흔들며, 등에 똑바로 세운 날개를 계속 비빈다. 아아! 지금 벌이 깔때기 모양의 거미집 바로 옆으로 왔다. 그러자 지금까지 보이지 않던 검정공주거미가 깔때기 입구에 나타난다. 밖으로 6개의 다리를 펼쳐 사냥꾼을 맞아 싸울 채비를 한다. 거미는 무서운 적이 나타났는데 도망은커녕 되레 자기를 노리는 녀석을 노린다. 어떻게 잘해서 제 요릿감으로 만들 생각이다. 거미의 이런 용감한 태도에 대모벌도 물러선다. 그리고 다시 조사한다. 탐나는 사냥감이나 주변을 잠시 돌아보다가 공격해 보지도 못하고 물러선다. 벌이 떠나자 거미도 제집으로 들어간다. 깔때기 바로 옆으로 두 번째 벌이 다가온다. 꼼꼼하게 주의하던 거미가 곧 문 앞에 나타난다. 대롱 밖으로 절반쯤 몸을 내밀고 방어 태세를 취할 겸 경우에 따라서는 공격할 생각이다. 이 대모벌도 물러난다. 공주거미는 다시 대롱 안으로 돌아간다. 또 대모벌이 오고 다시 비상이다. 거미도 위협적이다. 바로 옆집의 거미가 더 잘 해내는 것 같다. 잠시 후 사냥꾼 벌이 깔때기 근처를 어슬렁거린다. 거미는 방적돌기에 항상 구명밧줄이 붙어 있어서 떨어져도 추락사하지는 않을 테니 벌의
바로 앞 20cm 지점에서 후닥닥 뛰어내린다. 당황한 대모벌은 급히 물러났다. 거미도 빨리 제집으로 돌아갔다.

 자, 우리 눈에는 참으로 이상한 먹잇감이다. 거미가 숨기는커녕 당당하게 모습을 드러낸다. 도망치지 않고 사냥꾼 앞으로 뛰어나갔다. 여기까지만 관찰했다면 두 마리 중 어느 쪽이 사냥꾼이고 어느 쪽이 희생물일까? 조심성 없는 대모벌 쪽이 가엾어 보이지 않은가? 거미줄이 다리를 휘감는 날이면 모든 게 끝장이다. 다른 함정에서는 거미가 목덜미에 비수를 들이대려고 기다린다. 그렇더라도 항상 방비 태세를 갖춤과 동시에 대담한 공격까지 시도하려는 거미에 대하여 벌 역시 공격할 때는 대담성이 필요하지 않겠더냐! 나는 이 문제에 너무 열중한 나머지 몇 주일 동안을 낡은 담벼락 밑에서 꼼짝 않고 관찰했다. 이 행동에 대해 독자들은 놀라셨습니까? 하지만 글로 쓰면 너무나도 간단한 내용이랍니다.

대모벌이 거미에게 달려들어 큰턱으로 다리 하나를 물고 둥지 밖으로 끌어내는 것을 여러 번 보았다. 이 행동은 느닷없이 뛰어올라 눈 깜짝할 사이에 일어나는 기습이며, 거미는 미처 대비할 틈이 없다. 다행히도 검정공주거미는 뒷다리가 대롱 안의 거미줄에 고정되어 있으니, 오로지 몸을 흔들기만 하면 재난을 면한다. 이렇게 흔들면 벌도 흔들린다. 흔들리는 벌은 당황하며, 이 상태가 오래가면 공격에 실패할 테니 물었던 다리를 놓는다. 그리고 다른 깔때기로 가서 새로 작업을 시작한다. 먼젓번 거미도 경계가 소홀해지면 다시 그 둥지로 가기도 한다. 벌은 언제나 공주거미가 다리를 뻗치고 자신을 노리는 둥지 입구 근처에서 뛰거나 날면서 어슬렁거린다. 유리한 순간을 노리다가 녀석에게 달려들어 다리 하나를 물고 끌어당긴다. 대개는 거미가 잘 버티지만 때로는 둥지 밖으로 몇 인치쯤 끌려 나오다가 곧바로 제집으로 되돌아간다. 아마도 구명밧줄이 끊어지지 않은 덕분일 것이다.

벌의 의도는 분명하다. 공주거미를 성채에서 유인해 멀리 끌어내려는 것이다. 애쓴 보람으로 이번에는 성공했다. 잘 계산됐고 힘차게 뛰어올랐기에 거미를 끌어냈고 곧 땅에 떨어뜨린다. 떨어져서 얼떨떨해졌는지, 숨었던 곳에서 밖으로 끌려 나와서 그런지, 거미는 사기를 잃었다. 이제는 전처럼 대담한 상대가 아니다. 우묵한 땅에서 다리를 모으며 쪼그린다. 사냥꾼은 곧 전리품의 수술을 시작한다. 나는 겨우 그 옆에 접근할 틈을 내서 이 극적인 광경을 놓치지 않았다. 거미는 가슴에 독침 한 방을 맞고 마비되었다.

자 그렇다면 대모벌의 교활한 수법이란 바로 이 마키아벨리즘(Machiavélism)[3]이다. 거미가 둥지에 있을 때 공격했다가는 벌도 생명을 빼앗길 위험이 있음을 잘 안다. 그래서 무리한 행동은 안 한다. 또한 집 안에서는 그렇게도 용감하던 거미가 일단 밖으로 끌려 나오면 아

주 무기력한 겁쟁이가 되는 것도 잘 안다. 따라서 벌의 전술은 오직 거미를 집에서 끌어내는 것뿐이다. 이 전술만 잘 성공하면 될 뿐 그 밖에는 별것이 없다.

타란튤라를 사냥하는 대모벌도 이런 식으로 할 것이 틀림없다. 나는 같은 종족인 꼬마대모벌의 행동을 보고 황띠대모벌 역시 엉큼한 생각을 가졌으며, 타란튤라는 사냥감이 접근했다는 착각으로 굴에서 올라올 것으로 생각한다. 가파른 굴에서 올라와 휙 뛰어오르려고 앞다리를 굴 밖으로 뻗는다. 이 찰나 다리 하나를 잡아 힘껏 굴 밖으로 끌어내는 쪽은 황띠대모벌이다. 일단 끌려 나오면 거미는 한낱 겁쟁이에 지나지 않으며, 독니는 쓸 생각조차 못한다. 도리 없이 독침을

---

[3] 마키아벨리(Niccolo Machiavelli, 1469~1527년). 이탈리아의 역사학자이자 정치이론가. 대표작 『군주론』에서 마키아벨리즘(정치 목적을 달성하기 위한 수단을 가리지 않는 권모술수주의)이란 용어가 생겨났다.

맞는다. 지금 지혜가 무력을 이겼다. 이때의 전략은 타란튤라를 잡으려고 굴속에 이삭을 넣고 거미를 끌어낸 전략과 맞먹는다. 곤충학자나 대모벌이나 꼭 필요한 전술은 거미를 그들의 요새 밖으로 끌어내는 일이다. 일단 밖으로 끌려 나오면 당황해하니 잡는 것은 문제가 아니다.

  방금 설명한 사실 중 정반대의 두 모순점이 나를 놀라게 했다. 대모벌의 교활함과 거미의 우매함이다. 우선 벌은 굴에서 사냥감을 끌어낸 다음 아무 위험도 없이 마취시켰는데, 이렇게 철저한 본능 행동이 종족을 위해 유리한 쪽으로 조금씩 바뀜을 획득했다고 나도 기꺼이 인정해 보자. 그렇다면 거미의 지적능력도 절대로 대모벌에 뒤지지 않는데, 거미는 옛날부터 이런 희생을 당하면서 왜 대책을 세우지 못했는지 그 답변을 듣고 싶다. 검정공주거미가 어떻게 하면 살육자 대모벌로부터 헤어날까? 이 점은 사실상 문제도 아니다. 적이 접근해 올 때 문 앞에서 보초를 설 게 아니라 굴속에 틀어박히면 그만이다. 나는 거미가 틀림없이 용감하다는 것을 인정하지만 녀석의 행동은 대단히 위험한 짓이다. 대모벌은 거미가 방어와 공격 목적으로 굴 밖에 내민 다리 하나에 즉각 달려들고, 자기 요새를 지키던 용사는 자신의 만용 덕분에 희생된다. 이런 자세가 사냥감을 기다릴 때는 유리해도 대모벌은 다르다. 그는 적, 그것도 무서운 적이다. 거미도 그것을 모를 리 없다. 그렇다면 대모벌이 가까이 왔을 때 굴 앞에서 허세를 부리며 바보짓을 할 게 아니라 그가 쳐들어오지 못하는 요새 안으로 후퇴하면 어떨까? 거미도 수 세대에 걸쳐 이런 경험을 쌓아 왔을 테니 이렇게 초보적이며 종족의 번영에 절대로 필요한 전술을 배웠어야 할 것이다. 대모벌은 공격법을 조금씩 개량해 왔는데 어째서 거미는 적절한 방어 수단을 개량하지 못했는가? 수많은 세기에 걸쳐 한쪽만 유리하게 개량하고, 다른 쪽은 왜 그러지 않았을까? 나는 이 점을 도무지 이해할 수 없다. 그저 단순한 내 생각은 이렇다. "대모벌에게는 거미가 절대로 필요하다. 어느 시대에도 벌은 교활한 끈기를 가졌고, 거미는 바보 같은 대담성만 가졌다." 유치한 답변이다. 요즈음 유행하는 뛰어난 이론과 일치하지 않는단다. 객관도 주관도 없고, 적응(適應)도 분화(分化)도 유전(遺傳)도 진화(進化)도 없어서 그렇단다. 어쨌든 나도 그렇게 생각하면 이해가 된다.

꼬마대모벌 습성 이야기로 돌아가자. 넓은 유리병 속에서 벌과 거미를 대면시켰더니 서로 도망쳤다. 양쪽 모두 상대를 겁내는 것 같았다. 살육자나 희생자 양쪽 모두 포로 상태에서는 각자의 기량을 발휘하지 않아 흥미로운 결과를 얻지 못했다. 병을 흔들어 서로 접촉시켜 보았다. 검정공주거미는 가끔 벌을 잡았으나 벌은 웅크린 채 독침을 사용할 생각이 없다. 거미도 다리나 이빨 사이에 벌이 끼어드는 게 싫은가 보다. 반듯이 누워서 벌을 앞발 위에 올려놓고 굴린다. 굴리다가 이빨로 무는 것을 딱 한 번 보았는데 벌이 스스로 탈출했는지, 거미가 놓쳤는지 알 수가 없다. 어쨌든 벌은 재빨리 도망쳤다. 멀리 달아났으나 방금 당한 것에 별로 개의치는 않는 것 같았다. 보통 때처럼 날개를 닦고 더듬이를 끌어내려 앞발로 빗질한다. 병을 흔들어 거미를 자극했더니 열 번쯤 벌을 공격했다. 하지만 벌은 매번 불사신처럼 아무 상처도 없이 그

갈퀴에서 벗어났다.

과연 그랬을까? 전혀 아니다. 곧 증거를 보여 주겠다. 거미가 갈퀴를 사용하지 않았기 때문에 벌이 도망칠 수 있었다. 휴전의 약속, 즉 생명을 빼앗는 무기의 사용은 금지하자는 전술적 합의가 있었다. 아니 그보다는 포로 신세에 사기가 떨어져 칼을 휘두를 공격성이 없어졌다. 거미 앞에서 허세를 부리며, 차분한 자세로 빗질하는 것을 본 나는 벌이 안전하다고 생각했다. 밤에는 더 안전하게 해주려고, 병 속에 종잇조각을 넣어 그 주름에서 피난처를 찾게 했다. 벌은 그 속으로 들어갔으나 이튿날 죽어 있었다. 야행성인 거미가 밤중에 대담성을 발휘해서 적을 물어 죽인 것이다. 평소에 내가 예상했던 대로 그 녀석은 밤중에 자신의 처지를 뒤엎었다. 어제의 사형 집행자가 오늘의 희생자로 바뀐 것이다.

대모벌 대신 꿀벌로 바꾸었다. 거미와 마주한 시간은 길지 않았다. 2시간 만에 꿀벌이 물려 죽었다. 꽃등에도 같은 운명이었다. 하지만 검정공주거미는 두 시체에 입을 대지 않았다. 대모벌 역시 손대지 않았다. 이 경우 포로 신세의 거미는 귀찮은 이웃을 처리한 것 밖의 목적은 없어 보였다. 식욕이 되살아나 희생자를 모두 먹을까? 하지만 먹지 않았다. 보통 크기의 뒤영벌을 병에 넣었더니 그 역시 이튿날 죽었다. 함께 넣어 둔 깡패가 때려눕힌 것이다.

유리병에 갇힌 포로들 사이의 변칙적 대결 이야기는 이제 끝내고, 마비된 거미를 담 밑에 내려놓았던 대모벌 이야기를 다시 하자. 벌은 사냥물을 땅에 내려놓고 담으로 돌아와 거미의 깔때기 그물을 일일이 조사한다. 그물 위를 마치 맨땅처럼 쉽게 걷는다. 대롱을 조사하며 그 안으로 탐색용 탐침인 더듬이를 서슴없이 꽂아 본다. 검정공주거미의 동굴 속으로 쳐들어가는 이런 과감성이 도대체 어디서 생겨났을까? 조금 전까지만 해도 극도로 조심했는데 지금은 아무런 위험도 없는가 보다. 실제로 그렇다. 지금은 실제로 위험이 없다. 벌은 주인 없는 집을 방문 중이다. 녀석은 깔때기 속으로 들어갈 때 주인이 없음을 알았다. 만일 거미가 있었다면 문 앞에 얼굴을 내밀었을 텐데 그렇지 않아서 안 것이다. 가까운 줄을 흔들어도 주인이 나오지 않으면 그 굴은 비었다는 증거이다. 대모벌은 아무 걱정 없이 들어간다. 장래의 연구자는 벌의 이런 탐색 행동을 사냥 행동으로 잘못 알면 안 됨을 명심하시라. 거미가 굴속에 있는 한 대모벌은 절대로 거미줄을 친 매복 장소로 들어가지 않는다.

깔때기 하나가 다른 것보다 마음에 드는 모양이다. 한 시간가량 관찰하는 동안 벌은 그 깔때기로 몇 번을 다시 찾아왔다. 땅에 놓아둔 거미도 가끔씩 보러 온다. 조사한 다음 담벼락 가까이 끌어다 놓고 다시 마음에 드는 깔때기를 찾아 날아간다. 이제 놓아두었던 거미로 돌아와 배를 문다. 사냥물은 덩치가 아주 크고 무거워서 평탄한 길이라도 옮기기 어렵겠다. 담까지의 거리는 2인치

정도이다. 힘은 들어도 여기까지 가져오면 이제 그의 일은 끝난다. 앙떼아(Antaeus)[4]가 헤라클레스와 싸울 때 발이 땅에 닿기만 하면 힘이 되살아났다고 한다. 돌담의 아들이라고 할 대모벌도 담장의 돌에 발이 닿으면 힘이 열배나 솟는 모양이다.

사실상 대모벌은 그렇게 크고 축 늘어진 사냥물을 뒷걸음질로 끌어올린다. 울퉁불퉁한 돌담 표면을, 때로는 수직면이나 경사면을 기어오른다. 돌에 등이 걸쳐진 먹잇감을 허공에 늘어뜨리고, 돌과 돌의 틈새를 때로는 뒤집힌 자세로 지나갈 곳을 통과한다. 2m 높이까지 올라가지만 아무도 이 벌을 막지 못한다. 뒷걸음질이라 목적지가 안 보이니 길을 골라서 갈 수도 없다. 저기 불쑥 튀어나온 곳이 있는데 아마도 미리 보아 둔 장소일 것이다. 보이지 않는 그곳에 도착한 벌은 거미를 내려놓는다. 자기 마음에 드는 깔때기가 거기서 20cm쯤 떨어진 곳에 있다. 녀석은 빨리 가서 한 번 더 조사하고, 되돌아서서 먹잇감을 대롱 안에 넣는다.

얼마 후 벌이 밖으로 나오는 것을 보았다.

[4] 『그리스 로마 신화』에서 포세이돈과 가이아의 아들로 거인 씨름꾼이다.

여기저기의 담벼락 위에서 두 세 개의 커다란 시멘트 조각을 물어다 문단속을 한다. 작업이 끝났다. 그리고 날아간다.

다음 날 그 이상한 둥지를 찾아가 보았다. 거미는 대롱 깊숙한 곳에 마치 해먹에 탄 것처럼 사방의 벽과 떨어져 있다. 거미의 배에다 알을 붙여 놓았는데 배 쪽이 아니라 등 쪽의 가운데로 몸통과 연결되기 시작하는 곳 근처였

호랑거미 암컷 멋있기도 하고, 무시무시하기도 한 호랑거미가 지금은 얼마나 살아남았는지 궁금하다. 아마도 긴호랑거미보다 적을 것 같다. 증평, 16, Ⅶ. '88

다. 알은 흰색 원통 모양으로 길이는 약 2mm였다. 벌이 가져온 회반죽 부스러기들은 명주실로 짠 방의 밑을 대충 막았다. 꼬마대모벌은 이렇게 먹잇감과 알을 자신이 건축한 둥지가 아니라 거미 둥지에 가져다 놓았다. 혹시 이 대롱은 지금 잡혀 온 거미의 것이었을지도 모른다. 그렇다면 이 거미는 벌에게 먹이와 집을 한꺼번에 제공한 셈이다. 검정공주거미의 따뜻한 은신처와 더불어 푹신한 해먹, 대모벌의 애벌레에게는 이 얼마나 훌륭한 집이더냐!

자, 이렇게 두 종의 거미 사냥꾼인 황띠대모벌과 꼬마대모벌은 광부 노릇을 할 줄 모른다. 그래서 그들의 애벌레는 돌담에서 발견된 구멍이나 거미의 헌 둥지에서 기른다. 집을 손쉽게 구하고도 몇 개의 시멘트 조각으로 적당히 울타리 흉내만 낸다. 그렇다고

세줄호랑거미 2/3

해서 모든 대모벌이 이렇게 간단한 방법을 쓴다고 일반화시키지는 말자. 개중에는 진짜 광부도 있어서 땅을 2인치나 파고 둥지를 짓는 용감한 종도 있다. 검정색과 노란색 옷으로 단장하고, 날개는 호박색인데 끝은 검은 팔점대모벌(Pompile à huit points: *Pompilus octopunctatus*→ *Batozonellus lacerticida*)이 여기에 속한다. 녀석의 사냥감은 커다란 그물을 수직으로 치고, 그 가운데서 망을 보는 아름다운 모습의 대형 왕거미(*Epeira fasciata*→ *Argiope trifasciata*→ *bruennichii*, 세줄호랑거미와 *E. sericea*→ *Araneus sericea*→ *Argiope lobata*, 누에왕거미)들이다.[5] 나는 이 벌의 습성을 설명할 만한 지식이 없으며 더욱이 어떻게 사냥하는지도 모른다. 하지만 그들의 둥지는 잘 안다. 땅굴인데 여느 땅굴벌처럼 굴을 파고 마무리 문단속도 하는 것을 보았다.

[5] 2종 모두 왕거미과임.

13 나무딸기의 주민들

나무딸기(Ronce: *Rubus*) 울타리에서 잎이 볼썽사납게 자라 길가로 삐져나오면, 농부는 지상 몇 팡(pan=empan=약 20~22.5cm)의 밑동만 남기고 가지치기를 한다. 잘린 줄기의 밑동도 곧 마른다. 가시투성이로 자신을 방어하던 이 나무딸기 줄기에 가족의 둥지를 지으려고 찾아드는 벌 무리가 대단히 많다. 말라 버린 줄기는 수액으로 습할 염려가 없어서 이 벌들에게는 아주 위생적인 주택을 지을 수 있는 훌륭한 곳이다. 속질은 연해서 작업이 쉽고 폭도 넓어서 둥지가 넉넉하니 더욱 좋다. 베인 자리는 벌이 갉아 내기 쉽고, 이런 층이 계속 나타나서 둘레의 단단한 목질부까지 파낼 필요도 없다. 꿀을 모으는 녀석들, 사냥하는 녀석들 등의 많은 벌 종류가 이 마른 줄기에 둥지를 튼다. 여기에 집을 짓고 싶은 녀석이 자신의 몸집 굵기와 그 속의 넓이가 맞으면, 그것은 정말로 진귀한 선물이다. 이 줄기 속 거주자들은 곤충학자에게도 아주 흥미로운 연구 대상이다. 겨울에 전정(剪定)가위 하나만 들고 울타리로 가면, 아주 작고 진귀한 공예품들이 잔뜩 든 가지를 다발로 수집할 수 있다. 오랜 옛날부터 일기가 불순한 계절에는 이런 울타리를 찾아다니는 일이 내가 즐기는 도락의 하나였다. 하지만 채집하다 긁힌 피부의 상처를 보상받을 새로운 발견이나 예기치 않았던 사실들은 별로 없다.

내가 작성한 목록이 완전함과는 상당한 거리가 있지만, 우리 집 근처의 나무딸기에 둥지를 트는 30종 정도의 곤충들이 수록되어 있다. 다른 지방에서 나보다 열심히 관찰한 사람은 더 폭넓게 조사하여 50종 내외를 보고하기도 했다. 그래도 내가 발견한 종의 목록을 작성하여 주석을 달아 보았다.※

목록에 수록된 곤충들의 직종은 매우 다양했다. 어떤 녀석은 편리한 도구도 갖췄고 재주도 많아서 나무딸기 고갱이에 원통 같은 굴을 1꾸데(coudée = 52.4cm)나 파 내려간다. 이런 굴에 칸을 막아 여러 층으로 나누고, 각 층을 각각의 애벌레 방으로 이용한다. 한편 힘도 도구도 없는 녀석들은 다른 벌의 애벌레가 살다가 버린 헌 둥지를 이용한다. 우선 낡은 오두막을 수리하고 번데기나 고치[1]의 껍질 부스러기를 굴 밖으로 버린다. 지저분한 바닥도 청소한 다음 마지막으

※ 보클뤼즈(Vaucluse) 현 세리냥(Sérignan) 근교의 나무딸기에 서식하는 곤충들
1) 꿀 수집벌 : 뿔가위벌 2종 (Osmia tridentata; O. detrita), 어깨가위벌붙이(Anthidium scapulare), 가위벌류(Heriades rubicola), 구멍애꽃벌류(Prosopis confusa), 어리꿀벌 4종 (Ceratina chalcites, albilabris, callosa와 coerulea)
2) 사냥벌(사냥감) : 은주둥이벌 [Solenius vagus→ Ectemnius continnus(쌍시류)], 북극은주둥이벌[Solenius→ E. lapidarius(? 거미)], 단색진딧물벌※ [Cemonus unicolor→ Pemphredon rugifer(진딧물)], 검정꼬마구멍벌[Psen atratus(진딧물)], 고려어리나나니[Trypoxylon figulus※(거미)], 대모벌 [종명 미확인(거미)], 물돼지감탕벌[Odynerus delphinalis]
3) 기생벌(숙주) : 밑들이벌[Leucospsis sp.(어깨가위벌붙이)], 배벌[Scolia, 종명 미확인(은주둥이벌)], 금치레청벌[Omalus auratus(딸기 서식 각종

로 진흙 덩이나 침으로 반죽한 시멘트로 새로 칸막이를 할 뿐이다.

이렇게 얻은 오막살이는 각 층의 길이가 제각각이라 금방 알아볼 수 있다. 직접 굴을 파는 벌들은 노동이 얼마나 힘든지 잘 알므로 공간을 절약하고 방도 좁게 만든다. 또한 각 방의 넓이가 같고 애벌레가 살기에 너무 넓거나 좁지 않은 아주 적당한 크기이다. 이런 굴을 파려면 열심히 일해도 몇 주일은 걸린다. 그래서 각 방은 애벌레 한 마리에게 꼭 필요한 넓이인 동시에, 될수록 한 줄기에 여러 마리가 들어가게 한다. 각 층 사이에는 쓸데없는 공간이 없도록 할 필요가 있다.

하지만 헌 둥지를 이용하는 벌들은 낭비한다. 고려어리나나니(*Trypoxylon figulus*: 한국산은 아종 *T. f. koma*)*가 바로 이런 경우이다. 고운 흙으로 얇게 칸막이해서 크고 작은 여러 개로 나눈 방안에 별로 많지도 않은 식량을 넣는데, 어떤 방은 길이가 1cm로 애벌레

곤충)), 두점뾰족맵시벌(*Cryptus bimaculatus*(가위벌류)), 뾰족맵시벌류(*C. gyrator*(어리나나니류)), 점쟁이납작맵시벌(*Ephialtes divinator*(단색진딧물벌)), 황납작맵시벌(*E. mediator*(검정꼬마구멍벌)), 피레네곤봉허리벌(*Foenus→ Gasteruption pyrenaicus*)와 씨살이좀벌류(*Eurytoma rubicola*(늙은뿔가위벌))

4) 딱정벌레 : 삼치뿔가위벌(*O. tridentata*)의 기생충인 적갈색황가뢰(*Zonitis mutica→ immaculata*)

이상의 종명 대다수는 보르도(Bordeaux) 이과대학 교수이며 학식이 풍부한 선배 페레(Pérez)에 의해 확인되었다. 이 자리를 빌려 종명 확인에 애써 주신 고마움에 다시 한 번 깊이 감사드린다.

1 고치와 번데기가 구분되어야 하는데 원문은 매번 cocon(고치)으로 쓰였다. 내용을 참조하여 두 용어로 나누어 번역했고, 부화(孵化)로 쓰인 éclosion도 우화(羽化)로 번역하였다.

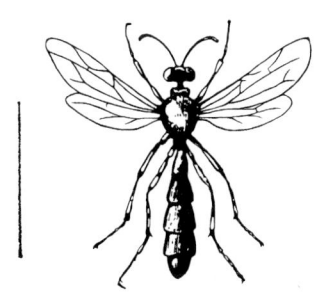

고려어리나나니

어리나나니 어리나나니과(Try-poxylidae) 벌은 대개 나나니류(Ammophila)보다 훨씬 작고, 배자루도 아주 짧다. 하지만 사진의 어리나나니는 좀 작기는 해도 나나니를 무척 많이 닮았다. 제1배마디 후반과 제2배마디 전부, 제3배마디 기부 일부에 적황색 빛을 띤다. 제2배마디에는 암갈색 무늬가 있다.

에게 적당하나 6cm인 방도 있었다. 이토록 큰 방은 녀석이 아무 노력 없이 얻은 것을 그대로 이용했다는 이야기이다. 이 집주인이야말로 얼마나 생각 없고 무심한 녀석인지 충분히 짐작할 만하다.

스스로 둥지를 건축하는 벌이든 헌 둥지를 이용하는 벌이든 이들을 공격하는 기생곤충이 있는데, 그 녀석들은 나무딸기 줄기 주민의 제3그룹에 속한다. 그들은 주로 기생벌로서 둥지를 짓지도 식량을 저장하지도 않는다. 그저 남의 집에다 알을 낳는데 부화한 새끼는 원래의 집주인이 장만한 식량을 먹거나 그 주인의 애벌레를 잡아먹는다.

여기에 입주한 주민 중 둥지의 규모나 완성시킨 모습이 첫째로 손꼽히는 녀석은 삼치뿔가위벌(Osmie tridentée: *Osmia*→ *Hoplitis tridentata*)이다. 지금 특히 이 벌에 대해서 이야기하려 한다. 연필 굵기의 굴 깊이가 약 50cm인 것도 있다. 처음에는 거의 정확한 원통 같았는데 식량을 저장할 때마다 손질해야 해서 기하학적으로 일정한 길이를 유지하기는 좀 어렵다. 구멍 뚫기 공사에는 특별한 흥밋거리가 없다. 7월이면 잘린 줄기에서 고갱이를 갉아 낸다. 우물 모양의 구멍이 어느 정도 깊어지면 안으로 들어가 속 부스러기를 물고 나와 밖에 버리는 게 보인다. 사실상 단조로운 작업에 지나지 않으나 이 뿔가위벌은 굴의 길이가 충분하다고 생각할 때까지 또는 아주 단단해서 뚫을 수 없는 마디를 만날 때까지 파내기를 계속한다.

 곧 꿀떡 저장하기, 산란, 문 닫기가 이어진다. 이런 일련의 작업이 굴 밑에서 시작하여 꼭대기까지 차례차례 진행된다. 가장 밑에 꿀떡을 저장하고, 그 위에 알을 낳는다. 그리고 그 방과 다음 방 사이에 칸막이를 만들어 새끼벌레에게 각각 방 하나씩을 나누어 준다. 각 방의 길이는 대개 1.5cm이며, 다른 방과는 전혀 연락이 안 된다. 칸막이 재료는 어디서 마련할까? 구멍을 팔 때 버린 부스러기를 주우러 줄기 밖으로 나가 땅바닥까지 내려갈까? 시간을 아끼는 벌이 그렇게 어리석은 짓을 하지는 않는다. 갉았던 고갱이 부스러기를 침으로 반죽해서 아교처럼 굳히는데 그것이 있는 곳을 잘 기억하고 있다. 굴의 벽에 얇은 층이 남아 있는 것이다. 이 층은 미래를 내다본 건축가 뿔가위벌이 칸막이 재료로 남겨 둔 것이다. 큰턱으로 자기 주변의 벽을 일정한 높이까지 깎는다. 이 높이는 다음 방도 마찬가지다. 하지만 벽의 중간 근처는 훨씬 더 많이 깎아서 나중에는 방의 위와 아래쪽 끝은 약간 오므라든 형태가 된다. 그래서 처음에는 대롱 같았으나 손질이 끝난 다음에는 달걀이나 술통 모양의 방이 된다. 다음 공간은 두 번째 방이 된다. 긁어낸 부스러기는 그 자리에서 이용되는데 앞방의 천장 겸 다음 방의 마루가 된다. 우리가 청부업자에게 일을 맡겨도 작업 시간을 이렇게 잘 이용하지는 못할 것이다. 건축된 마루 위에 다시 꿀 한 덩이를 가져다 놓고 알을 낳는다. 다음, 역시 술통 모양인 방의 천장 칸막이가 만들어지는데 여기는 세 번째 방을 만들 때 나오는 부스러기를 쓴다. 이런 식으로 각 방이 만들어지고, 그때마다 다음 방이 칸막이 재료를 제공한다. 방을 더 만들지 못하는 곳까지 오면 같은 재료를 같은 방법으로 반죽해서 두꺼운 마개로 구멍을 막는다. 이 줄기에서의 일은 끝났다. 아직도 어미벌의 난소에 알이 남아 있으면 또다시 다른 나무딸기의 마른 줄기를 이용한다.

  만든 방의 수는 줄기의 성질에 따라 크게 다르다. 줄기가 곧고 길며, 마디가 없으면 15개나 된다. 이것이 내가 본 것 중 가장 많은 수였다. 줄기 안의 구조를 알고 싶으면 겨울에 세로로 쪼개 보면 된다. 겨울은 애벌레가 방안의 먹이를 다 먹고, 이미 지은 고치 속에 들어앉았을 때이다. 쪼개 보면 대롱이 거의 같은 거리마다 약간씩 좁아진 느낌이며, 그곳에 1~2mm 두께의 원반 모양 칸막이가 있다. 술통 모양의 작은 방들 안에 갈색 고치가 들어 있다. 고치는 반투명해서 안에 애벌레가 웅크린 모습이 희미하게 보인다. 결국 둥지 전체는 호박으로 만든 염주 모양이며, 양 끝이 막힌 방끼리 서로 이어진 모습이다.

염주 알처럼 차례로 나열된 고치 중 어느 것이 오래된 것이고, 어느 것이 새것일까? 가장 오래된 것은 틀림없이 제일 아래쪽, 즉 제일 먼저 만든 것이고, 가장 새것은 가장 위쪽의 마지막에 만든 것이다.

한 대롱에서 같은 층에 2마리의 뿔가위벌이 들지 않은 점이 주목된다. 사실상 고치마다 제 방을 꽉 채워서 빈자리가 없다. 성충이 되면 모두 줄기가 베인 자리에 열린 단 하나의 구멍인 맨 위의 구멍으로 나갈 수밖에 없는 점 역시 주목거리이다. 거기는 부서진 고갱이를 반죽해서 만든 마개뿐이다. 마개는 큰턱에 쉽게 뚫려서 탈출에는 별 문제가 없다. 한편 줄기의 아래쪽은 통로가 없을 뿐만 아니라 뿌리로 이어져 땅속으로 뻗었다. 둘레의 목질부는 두껍고 단단해서 뚫기가 어렵다. 결국 벌들이 밖으로 나가려면 모두 맨 위의 구멍밖에 길이 없다. 원래부터 방이 좁아서 윗방 녀석이 제 방에 머물러 있으면 아랫방 벌은 나갈 수가 없다. 따라서 밖으로의 탈출은 위쪽에서 시작하여 아래쪽으로 차례차례 계속되다가 제일 밑 방에서 끝내야 한다. 그렇다면 내가 계산한 이들의 발생 순서와 외출 순서는 뒤집혔다. 가장 어린 녀석이 가장 먼저 둥지를 떠나고, 가장 연장자가 마지막에 나간다.

맨 아랫방의 최고령자가 가장 먼저 꿀떡을 먹고 고치를 짓는다. 그가 동생들보다 성장이 앞섰으니, 제일 먼저 고치에서 나와 칸막이 천장을 뚫어야 할 것이다. 적어도 논리적으로는 그렇다. 그렇다면 빨리 나가고 싶어 안달이 난 맏형이 어떻게 해야 해방될까? 나갈 통로는 아직 안 깨어난 동생 고치들로 막혀 있다. 염주 알처럼 연결된 고치 대롱에 강제로 구멍을 뚫는다면 그야말로 동생들을 다 죽이는 꼴이다. 곤충은 자신이 해야 할 행동에 관한 한 고집불통이다. 그렇다면 맏형이 나가고 싶을 때 길을 막은 자들에게 피해를 주지는 않을까?

문제가 너무 어려워서 아무도 못 풀 것 같다는 생각이 든다. 한편 뿔가위벌은 부화나 고치에서의 탈출이 정말 나이 순서인지도 의문이다. 아주 별난 예겠지만 둥지가 이런 조건이라면 최연소자가 가장 먼저, 최고령자가 마지막에 천장을 뚫고 나올 수밖에 없다. 따라서 나이순과 반대인 윗방부터 아랫방의 순서로 부화하지 않을까? 실제로 그런다면 곤란한 문제가 해결된다. 아랫방 벌은 명주실 고치를 찢어야만 눈앞에 길이 보이고, 출구가 될 윗방은 이미 비었으니 문제가 풀린다. 실제로 그렇게 진행될까? 우리 생각과 곤충의 실제와는 어긋날 때가 많다. 우리에게 가장 논리적으로 보였던 문제라도 단정적인 결론을 내리기 전에 반드시 눈으로

줄감탕벌 나비류 애벌레를 사냥해서 진흙으로 지은 둥지에 저장한다.
시흥, 12. IX. 05

확인하는 게 좋다. 레옹 뒤푸르는 이 렇게 사소한 문제를 처음 만났을 때 별로 조심하지 못했다. 그는 나무딸기 의 줄기 속에 진흙으로 만든 방들을 염주처럼 여러 층으로 지은 루비콜라 감탕벌(*Odynerus rubicola*)의 습성을 이야

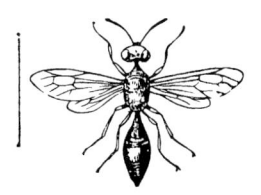

루비콜라감탕벌

기했다. 이 재주꾼에게 열정이 가득했던 그는 이렇게 덧붙였다.

끝끼리 서로 맞닿은 8개의 시멘트 통 속에서 제일 먼저 만든 아랫방의 애벌레, 즉 제일 먼저 부화할 애벌레가 맏아들의 권리를 넘긴다. 그래서 반드시 동생들 다음에 탈바꿈해야만 하는 사명을 짊어지고 태어났다면, 여러분은 이해하시겠습니까? 언뜻 보기에는 자연의 법칙에 어긋나는 결과, 이런 결과가 발생하려면 어떤 조건이 작동해야 할까? 현실적인 사실 앞에서는 교만한 마음을 버려야 한다. 부질없는 설명으로 곤란한 처지를 어물어물 넘기려 하지 말고, 솔직하게 모른다고 자백하는 것이 좋지 않 겠더냐!

어미벌의 최초 알이 가장 먼저 성충 감탕벌이 된다면, 이 성충이 날개를 달고 곧 빛을 보려고 줄기 밖으로 나가야 한다면, 그 감옥의 벽을 뚫거나 위쪽 7개의 천장을 뚫고 나가야 한다. 그런데 하느님은 벽으로의 탈출을 허락지 않았다. 밑에서 위까지 난폭하게 뚫는 것도 허락지 않았다. 이를 허락했다가는 맏이 하나를 구하려고 7마리의 동생을 희생시켜야 한다. 교묘한 발상과 풍부한 지략을 자랑하는 자연, 이런 자연은 모든 곤란을 미리 알고 거기에 대비도 했을 것이다. 자연은 가장 나중에 만든

잠자리의 막내아들이 제일 먼저 나와 그 형에게 길을 열어 주고, 그 형이 그 위의 형에게, 이런 식으로 이어 가기를 바란다. 사실 나무딸기 줄기 속 감탕벌의 탄생도 이런 순서였다.

네 그렇습니다, 존경하는 선배님, 나무딸기에 사는 벌들이 탈출하는 순서는 나이순과 반대임을 저도 믿습니다. 최연소자가 제일 먼저, 최고령자가 마지막에 탈출한다고 서슴없이 말씀드릴 수 있습니다. 항상 그렇다고 단언하는 게 아니라 아주 흔한 말로 그렇다는 이야깁니다. 아무튼 우화(羽化, 날개돋이)란 번데기에서의 탈출인데 이 우화 순서가 탈출과 반대라는 말씀입니까? 형의 발육이 동생보다 늦고, 통로를 막았던 동생이 먼저 고치에서 나와 길을 터서 형에게 나갈 길을 마련해 준다는 말씀입니까? 제 생각에는 사실과 동떨어진 이론이 선생님의 결론을 그르치게 한 것 같습니다. 존경하는 선생님, 선생님의 추리만큼 엄밀한 이론은 없습니다. 하지만 선생님이 말씀하신 그 이상한, 나이순과 반대로 우화한다는 생각은 버리셔야 합니다. 제가 실험한 벌들은 어느 집단도 그런 식으로 행동하지 않았습니다. 여기는 루비콜라감탕벌이 없어서 그 종은 저도 모릅니다. 하지만 주거양식이 같다면 탈출 방법도 대개 비슷할 겁니다. 몇몇 나무딸기의 서식 종으로 실험해 보면 다른 종에 대한 일반적인 생태도 충분히 알 수 있을 것 같습니다.

내 실험 재료는 삼치뿔가위벌이 좋았다. 이 종은 튼튼할 뿐만 아니라 줄기 하나에 만든 방의 수도 많아 다른 벌보다 연구실에서 조사하기에 적당했다. 먼저 밝힐 것은 우화 순서였다. 뿔가위벌 둥

지의 대롱 넓이와 비슷한 유리관의 한쪽 끝을 막고, 열린 쪽으로 나무딸기에서 채집한 10개 내외의 고치를 정확히 원래의 순서대로 밀어 넣었다. 준비는 겨울에 했다. 이 무렵 애벌레들은 벌써 오랫동안 명주실 고치 속에 들어 있었다. 수수깡을 약 5mm 두께로 둥글게 잘라 고치와 고치 사이를 분리시켰다. 이 마개는 옥수수의 질긴 껍질을 벗긴 하얀 속질이라 벌이 큰턱으로 쉽게 갉을 수 있다. 두께는 자연산보다 두꺼웠다. 얇은 것은 유리관 속으로 밀어 넣을 때 미는 막대기의 힘을 견디지 못해 처리가 곤란했기 때문이다. 물론 뿔가위벌은 두꺼워도 쉽게 뚫는 것을 실험 결과가 보여 주었다.

이 벌의 애벌레는 완전히 어두운 곳에서 살아야 할 운명이니 햇빛을 싫어할 것 같다. 그래서 유리관을 두꺼운 종이봉투에 넣고, 관찰할 때는 쉽게 꺼내 보게 했다. 나무딸기에 살던 벌의 애벌레를 유리관에 넣고, 관의 입구가 위로 향하게 하여 연구실 벽에 걸어 놓았다. 유리관들이 자연 상태를 유지한 셈이다. 물론 고치도 줄기 속에 있던 원래의 순서대로 자리 잡았다. 제일 연장자가 맨 밑에, 최연소자는 입구 근처에 놓였으며, 각각은 수수깡 칸막이로 분리되었다. 모든 고치가 머리를 위로 향하게 세로로 배치되었다. 나무딸기의 벽은 불투명하나 투명한 유리관은 그들이 깨어날 때마다 관찰할 수 있다.

뿔가위벌이 고치를 찢고 나오는 시기는 수컷이 6월 말, 암컷이 7월 초였다. 이 시기에는 하루에도 몇 차례씩 관찰해야 한다. 그 녀석들의 정확한 출생증명서를 만들려면 매일 자주 유리관을 조사해야 한다. 이 문제와 벌써 6년이나 씨름해 왔으니 이제는 정말 보기 싫을 정도로 많이 관찰했다. 그 결과 벌의 우화 순서를 지배하는 규칙은 아무것도 없었다. 절대로 없다고 단언할 수 있다. 맨 밑의 녀석이 가장 빨리 깨나오기도, 입구 쪽이나 가운데 녀석이 먼저 나오기도 했다. 누가 먼저라고 정해지지 않은 것이다. 두 번째로 깨어 나온 녀석이 먼저 깬 녀석의 옆자리일 경우도, 멀리 떨어진 경우도 있었다. 어떤 때는 하루 만에 또는 한 시간 안에 여러 마리가 동시에 깨어날 때도 있었는데 아래위 층과는 상관이 없었다. 이때는 왜 동시에 우화하는지 그 이유를 알 수가 없다. 어쨌든 우화가 연속적이든 동시에 일어나든 우리는 그 시각을 예측할 수 없는 어떤 요인에 의해 시간이 결정되었다. 하지만 이 요인은 아무리 궁리해도 알 수가 없었다.

만일 우리가 지나치게 편협한 이론에 사로잡히지 않았다면 아마도 결과를 이렇게 예측했을 것이다. 벌은 시간이나 날짜 간격에 큰 차이 없이 각 방에 산란했다. 1년이라는 긴 시간에 걸쳐 발육하는 벌들에게 짧은 시간 차이가 무슨 영향을 주겠는가? 지금은 수학적으로 정밀성을 따질 때가 아니다. 배아(胚芽)와 애벌레는 각자 고유한 에너지를 가졌고, 그 양은 서로 다르다. 그 양이 어떻게 결정되는지는 알 수 없다. 난소 속 어느 알의 에너지가 다른 알보다 풍부했다면 넘치는 그 생명력이 형이나 동생보다 먼저 고치를 찢고 나올 수도 있다. 따라서 산란 시간의 근소한 차이는 우화 순서에 영향을 주지 못한다. 암탉이 품은 알 중에서 제일 먼저 부화하는 녀석이 항상 최고령의 알일까? 이때처럼 줄기의 아랫방에 있는 고령의 애벌레가 다른 애벌레보다 먼저 성충이 된다고 말할 수는 없다.

 이 문제를 좀더 깊이 생각해 보면, 또 하나의 다른 이유가 산술적으로 엄밀히 따지려는 생각을 흔들 것이다. 줄기 속에 염주 알처럼 배열된 고치는 암수의 위치도 정해진 것이 아니라 여기저기 흩어져 있다. 그런데 벌의 세계에서는 수컷이 암컷보다 조금 일찍 나온다는 규칙이 있다. 삼치뿔가위벌은 그 차이가 약 일주일이다. 벌이 많은 줄기 속에는 일주일 먼저 깨어날 일정 수의 수컷이 염주 행렬의 여기저기에 섞여 있다. 이런 사실을 보아도 위든 아래든 방향에 따라 규칙적으로 우화가 일어나기는 불가능하다.

 실제로 예상과 사실이 일치했다. 방을 만든 순서로 우화 순서를 알 수는 없다. 염주 행렬 속에서의 우화는 어떤 규칙적인 순서 없이 일어난다. 따라서 뒤푸르가 생각한 것처럼 맏아들이 우화의 순번을 사퇴하지는 않는다. 어느 벌이든 자신의 우화 시간이 되면 다른 벌의 눈치를 볼 것 없이 고치를 찢고 나올 뿐이다. 우리는 그 시기가 언제인지 모른다. 그 시간은 아마도 고유의 생명력에 의해 결정될 것이다. 내가 주로 실험한 삼치뿔가위벌 외의 다른 벌[늙은뿔가위벌(*O. detrita*), 어깨가위벌붙이(*Anthidium scapulare* → *Pseudoanthidum lituratum*), 은주둥이벌(Solenius vagabond: *Solenius vagus* → *Ectemnius continuus*)* 등] 역시 마찬가지였다. 아마도 루비콜라감탕벌의 행동

어깨가위벌붙이

도 같을 것이다. 뒤푸르를 그렇게도 감동시켰던 불가사의한 예외가 사실은 순수한 논리적 발상에서 나온 환상에 지나지 않은 것이다.

하나의 잘못을 멀리하는 것은 하나의 진리를 발견하는 것만큼 가치가 있다. 하지만 여기서 그치고 만다면 내 실험 결과도 별로 가치가 없을 것이다. 파괴 다음에는 건설하자. 어쩌면 버려진 환상에 대한 보상을 찾을 수 있을지도 모른다. 우선 고치가 까나오는 장면을 지켜보자.

제일 처음 고치를 뚫고 나온 뿔가위벌은 그 방의 위치가 염주 행렬의 어디였든 윗방과의 칸막이인 천장을 긁기 시작한다. 어느 방에 있던 벌이든 천장을 조금 긁어내고 넘어가면 앞이 고치들로 막힌 여러 방을 지나 밖으로 나갈 수 있다. 수컷은 일찍 부화하므로 이 방법에 의지할 수밖에 없는데 항상 성공할지는 의문이다. 칸막이를 긁기 시작할 때는 자기 몸집보다 좀 넓게 판다. 하지만 끝은 제 몸이 겨우 빠져나갈 만큼 좁게 판다. 이런 방식으로 파내서 칸막이의 모습은 끝이 잘린 원뿔 모양이 된다. 그런데 이런 원뿔 모양이 뿔가위벌에만 국한되지는 않았다. 나무딸기가 아니라 다른 주택에 사는 벌들의 구멍도 이렇게 뚫린 것을 보았다. 한편 자연 상태에서는 칸막이가 아주 얇아서 몽땅 파내 알 수 없을 때도 있다. 구멍이 원뿔 모양인 것, 즉 뚫기 시작한 부분이 항상 넓은 것은 벌의 작업 광경을 직접 보지 않고도 두 마리의 벌 중 누가 어느 쪽으로 뚫었는지 알 수 있어서 내게는 아주 유리했다. 즉, 내가 보지 못한 밤중에도 어느 쪽 벌이 옮겨 갔는지를 알려 준다.

 여기저기서 우화한 뿔가위벌들이 천장에 구멍을 뚫는다. 뚫린 구멍에 머리를 디밀고 내다보면 윗방의 고치가 보인다. 대개는 제 형제 고치를 보고 정지해서 상당히 망설인다. 제 방으로 돌아가 고치 껍질과 천장에서 떨어진 부스러기 사이를 맴돈다. 하루, 이틀, 사흘, 필요하면 그 이상이라도 기다린다. 그러다가 참을 수 없으면 앞을 가로막은 고치와 벽 사이의 틈으로 빠져나가려 한다. 될 수 있으면 틈새를 넓혀 보려고 갉아 내기도 한다. 나무딸기 대롱 속 여기저기에서 벽을 갉은 흔적이 보인다. 어떤 때는 목질부까지 깊게 팠다. 필요 없는 이야기지만 나중에 줄기를 갈라 보면 벌이 옆구리로 빠져나가려고 깊이 팠음을 알 수 있다.

 관찰을 돕고자 유리관을 좀 개조했다. 이중의 두꺼운 회색 종이로 관의 안쪽 절반에 세로로 끼웠다. 나머지 절반은 종이에 가려지지 않아 벌의 행동을 관찰할 수 있다. 이제 내 죄수(벌)들은 원래 제 방의 속질 층에 해당하는 이중의 두꺼운 종이 벽을 필사적으로 갉는다. 유리벽과의 사이에 길을 내려는 것이다. 수컷은 암컷보다 몸집이 가늘어서 통과의 성공률이 높다. 몸을 납작 엎드리고, 좁은 틈을 통해 윗방으로 들어간다. 가끔은 윗방의 고치를 건드려 움푹하게 쭈그러뜨린다. 하지만 고치는 탄력성이 있어 곧 제 모습으로 돌아온다.

암컷처럼 대롱의 굵기가 몸에 꽉 끼는 때는 고치 행렬 옆으로 빠져나가는 탈출법이 좀 무리였다. 그래도 첫째 칸막이를 통과하면 다음 칸막이가 기다리는데 그것 역시 뚫는다. 힘닿는 데까지 제3이나 그 이상의 칸막이도 뚫는다. 수컷은 힘이 모자라 여러 칸막이를 뚫지 못하고, 더욱이 내가 막은 두꺼운 칸막이는 멀리까지 통과하지 못한다. 그래도 나무딸기 줄기인 자연의 칸막이라면 수컷도 단숨에 뚫는다. 방금 말했듯이 윗방의 고치와 벽 사이를 조금만 긁고 넘어가면 어느 방에서 깨났던 고치 행렬을 지나 제일 먼저 밖으로 나갈 수 있다. 수컷은 일찍 부화하므로 이 방법을 따를 수밖에 없는데 항상 성공하는지는 의문이다. 암컷은 더 튼튼해서 내가 마련한 유리대롱도 멀리까지 갈 수 있다. 더러는 서너 개의 벽을 뚫고 전진하는 녀석도 있다. 어떤 때는 오랫동안 뚫는 사이 앞에 자리 잡았던 녀석이 길을 터 주어 아주 쉬워질 때도 있다. 사실상 대롱의 넓이는 비교적 여유가 있다.

만일 대롱의 지름이 고치와 정확하게 꼭 맞는다면 옆을 통해서 나가는 것조차 어렵다. 수컷은 가능할 때도 있겠지만 이때도 나무딸기의 속질이 많이 남아 있어서 그것을 긁어 길이 트일 경우이다. 대롱이 아주 가는 경우도 생각해 보자. 이때는 도저히 순서를 바꿔서 탈출할 수 없다. 이럴 때는 어떤 일이 일어날까? 이렇게 간단한 것도 없다. 칸막이를 뚫었는데 그 앞에 멀쩡한 고치가 길을 가로막고 있으면 그 옆으로 빠져나가려고 시도해 본다. 하지만 힘에 부치면 제 방에서 며칠이라도 윗방 고치가 깨어나기를 기다린다. 벌은 참을성이 아주 많고, 암컷 고치도 일주일 안팎이면 모두 깨어나서 지나치게 오랜 시련을 겪지는 않는다.

바로 옆집끼리인 2마리가 동시에 깨어났을 때는 두 방 사이의 구멍으로 왕래하기도 한다. 가끔 2마리가 한 방에 머물 때도 있었다. 녀석들은 서로 왕래함으로써 기운을 돋우거나 더 참을 수 있는 것은 아닌지 모르겠다. 그러다 보면 여기저기의 방에서 벽이 뚫려 길이 열리고, 위층의 벌들이 탈출한다. 이미 나갈 준비가 되었다면 차례차례 뒤따라 나가겠지만 언제나 우물쭈물하는 녀석이 있게 마련이다. 이럴 때 뒷줄 녀석들은 앞의 벌이 빠져나갈 때까지 기다려야 한다.

결국 우화는 순서 없이 일어나는 반면, 벌은 가장 윗방에 있던 녀석이 제일 먼저 나간다. 윗방이 비지 않고는 아무리 해도 나갈 수가 없어서 그렇다. 나이 순서와 반대로 빨리 성장하는 이상한 법칙 따위는 없지만, 그래도 이 순서로 탈출할 수밖에 없다. 만일 자기 차례가 오기 전에 탈출할 기회가 생기면 그 기회를 놓치지는 않는다. 더는 참지 못하는 벌이 여러 층의 고치 옆으로 운 좋게 빠져나간 것이 그 증거이다. 내 관찰에서 가장 주목할 점은 아직 깨어나지 않은 옆집 고치에게 세심하게 주의한다는 점이다. 탈출을 아무리 빨리 서두를 경우라도 그 고치를 깨무는 일은 없다. 고치는 신성한 것이다. 뿔가위벌은 칸막이를 부수고 목질부 벽까지 파헤치며 모든 것을 가루로 만들지언정 막고 있는 고치는 절대로 공격하지 않는다. 제 형제나 자매 고치에게 구멍을 내며 길 열기는 절대로 용납되지 않는다.

뿔가위벌이 아무리 참고 기다려도 허사일 때가 있다. 길을 막은 방해물이 없어지지 않는 사고도 일어난다. 어떤 방의 알이 발육하지 못할 수도 있다. 이때는 저장된 먹이가 통째로 말라붙었거나 곰팡이가 푸슬푸슬 슬어 통로의 마개가 되어 버렸다. 아래층 벌은 이 마개를 부수고 길을 낼 수가 없다. 더러는 고치 안의 번데기가 죽어서 그 방은 그 아기의 관이 된 채 영원한 장애물로 남기도 한다. 이렇게 중대한 사고가 발생했을 때는 어떻게 해야 할까?

비교적 드문 경우이나 나무딸기에서 특별한 줄기들을 본 적이 있다. 이 줄기들은 위쪽 구멍 외에도 벽에 한 개 또는 여러 개의 구멍이 뚫려 있었다. 이미 버려진 둥지라서 줄기를 쪼개 보고 나서 이런 구멍이 생긴 이유를 알았다. 알이 죽어서 먹히지 않은 윗방에 곰팡이가 슨 꿀떡이 차 있었다. 결국 정상 통로로는 탈출할 수가 없었다. 아래층 뿔가위벌은 도저히 뚫을 수 없는 위층 마개 덕분에 탈출로가 막히자 벽을 뚫은 것이다. 이 벌의 독창적 탈출법이었다. 위쪽에 열린 본래의 출구까지 올라갈 수 없게 되자 이빨로 벽에 창문을 낸 것이다. 이 독창적 탈출법은 방 안에 찢겨져 남아 있는 고치껍질이 잘 대변해 준다. 똑같은 사실을 삼치뿔가위벌이 들어 있는 나무딸기 줄기에서도 여러 번 보았고, 어깨가위벌붙이가 들어 있던 줄기에서도 보았다. 이 현상을 실험적으로 확인할 필요가 있다.

목질부가 얇아서 뿔가위벌이 쉽게 파일 나무딸기 줄기를 골라 절반으로 쪼갠 다음, 안쪽 벽을 깎아 매끈한 도랑처럼 만들었다. 준비한 고치를 도랑에 한 줄로 가지런히 놓고, 각 고치 사이는 수수깡 칸막이로 막았다. 양 끝의 구멍은 벌이 이빨로 갉을 수 없는 스페인산 밀랍으로 잘 발랐다. 두 쪽으로 쪼갰던 줄기를 도로 맞추어서 끈으로 동여맨 다음, 이음매에 접합제를 발라 광선이 들어가지 못하게 했다. 다음 머리가 위로 향하게 매달았다. 이제 기다리는 일만 남았다. 벌들은 양 끝이 밀랍으로 막혔으니, 보통 방법으로는 탈출할 수 없다. 탈출 방법은 벽에 창문을 내는 것 한 가지뿐이다. 그러려면 본능과 힘이 필요하다.

7월에 들어서자 결과가 나왔다. 그렇게 갇혔던 20마리의 뿔가위벌 중 6마리가 벽에 둥근 구멍을 뚫고 탈출했다. 나머지는 제 방 안에서 죽었다. 묶었던 두 개의 줄기를 풀고 도랑 안을 살펴보니 모든 방의 벽 한쪽 부분에 집중적으로 갉은 자국이 있었다. 모두 벽으로 탈출하려고 노력했다는 증거이다. 탈출에 성공한 녀석처럼 모두 갉았는데 이 녀석들은 힘이 모자라서 실패한 것이다. 안쪽 절반을 회색 종이로 막았던 유리관에서도 더러는 벽을 뚫으려 했던 흔적이 눈에 띄었다. 종이의 여기저기에 둥근 구멍이 났다.

또 하나의 실험 결과를 나무딸기에 사는 벌들의 생활사로 기록해 두고 싶다. 뿔가위벌, 가위벌붙이, 어쩌면 다른 벌들도 본래의 통로로 탈출할 수 없으면 비장한 결심으로 줄기에 구멍을 낸다. 이것은 최후의 수단이며, 다른 방법을 모조리 써 보다가 실패했을 때 쓴다. 끝까지 버티는 힘센 녀석이 해내고 약한 녀석은 뚫다가 도중에 쓰러진다.

뿔가위벌은 본능적으로 큰턱이 나무 벽 뚫기에 충분한 힘이 있다고 가정해 보자. 그러면 각 층의 벌들은 위층의 공동 출구로 나가기보다 제 방에 창문을 뚫고 나가는 것이 더 편할 것이다. 지금 고치를 벗어 버린 벌이 위층 벌들의 출타를 기다리지 않아도 된다면 즉시 스스로 나갈 준비를 해도 될 것이다. 그러면 목숨을 잃을지도 모르는 장시간을 기다리지 않아도 될 것이다. 하지만 실제로는 위층 녀석이 기한 내에 방을 비우지 않아 그 대롱에 있던 여러 마리가 함께 죽은 것이 보인다. 정말 그렇다. 그러니 한 대롱 속의 이웃 간에 무슨 일이든 서로 상관하지 않는다면 벽을 뚫는 것이 더욱 유리할 것이다. 하지만 실제로는 죽지 않을 녀석들이 많이 죽기도 한다. 뿔가위벌은 모두 옆에 구멍을 내려는 본능을 가졌고, 도저히 탈출할 수단이 없을 때는 이 방법을 써서 나온다. 하지만 이 일을 잘 해내는 벌은 아주 드물다. 특별히 운이 좋은 벌, 끝까지 버티는 벌, 힘 있는 벌만 성공한다.

지금 세계를 지배하고 변화시키는 저 유명한 자연도태(선택) 법칙에 어떤 근거가 있다면, 즉 생존에 적합한 자가 그렇지 못한 자를 소멸시키는 것이 참말이라면, 그리고 미래는 더욱 강한 자 더욱 유능한 자의 것이라면 나무딸기 줄기에 구멍을 뚫는 뿔가위벌 가족은 초기의 옛날부터 공동 출구에 집착하는 약한 자들을 소멸시키고 대신 벽에 구멍을 뚫는 힘센 벌로 바뀌었어야 하지 않을까? 만일 바뀌었다면 이 벌은 번영을 위해 크게 진화했다고 해야 할 것이며, 또한 그 단계에 도달했어야 할 것이다. 하지만 이들은 그렇게 좁은 폭의 선조차 넘지 못했다. 자연도태에 대하여 선택할 시간은 충분히 있었다. 그런데 몇몇은 성공했으나 실패한 녀석들이 압도적으로 많다. 강자의 계통이 약자의 일족을 전멸시킬 수도 없었다. 숫자 면에서는 강자가 훨씬 열세였고 아마도 이 경향은 옛날부터 그래 왔을 것이다. 나는 자연선택 법칙의 응용범위가 매우 넓은 것에 놀랐다. 하지만 내가 관찰한 사실을 거기에 맞춰 보려 했을 때는 언제나 그리고 틀림없이 모든 것이 허공으로 던져졌다. 그리고 그 사실에 대해 설명하려 했을 때는 근거를 찾기가 어려웠다. 법칙으로서는 거창하고 웅대했으나 사실 앞에서는 바람에 부푼 풍선 같다. 아주 장엄했지만 메말랐다. 도대체 세상의 수수께끼에 대한 해답은 어디에 있을까? 누가 그것을 알까? 누가 언제 그것을 알게 될까?

 이런 암흑 속에서 더는 꾸물대지 말자. 진화론 같은 무익한 법칙이 이 어둠을 밝혀 주지는 못하리라. 사실로 돌아가자. 결코 기초부터 무너지지 않는 유일한 사실의 땅으로 돌아가자. 뿔가위벌은 옆집 고치를 존경한다. 그를 소중히 여긴다는 것은 상상 밖이었으며, 그래서 고치와 벽 사이로 빠져나가려 했었고, 쓸데없이 벽에 구멍을 내려는 노력도 해보았다. 주인이 있는 옆집에 버릇없이 구멍을 뚫고 탈출하기보다는 차라리 제 방에서 죽는다. 통과하려는 길을 막은 고치 속 번데기가 죽었을 때도 그럴까?

유리관에 살아 있는 고치 대신, 같은 종의 뿔가위벌 고치를 유화수소 가스로 죽인 다음 바꿔 넣었다. 각 방의 칸막이는 예전처럼 수수깡을 잘라 만든 원반 모양이다. 번데기가 벌이 되어 고치를 찢고 나오면 기다리지 않는다. 칸막이를 뚫고 말라서 가슬가슬하게 죽은 고치도 즉시 갉아 가루로 만든다. 그 앞을 막은 것들은 엉망으로 만들고 해방된다. 지금 보았듯이 죽은 고치는 전혀 용서되지 않았다. 이런 것들은 다른 장애물과 똑같이 이빨로 갉아 버린다. 겉보기에는 아무런 차이가 없는데 이 벌은 산 고치와 죽은 고치를 어떻게 구별할까? 시각으로 판단하지는 않을 것 같다. 그러면 후각일까? 후각이라면 나는 의심이 생긴다. 곤충은 후각기관이 어디에 있는지 모르며, 학자들은 설명할 수 없는 것은 무엇이든 곧바로 후각을 들고 나오니 의심할 수밖에.

이번에는 살아 있는 고치를 늘어놓아 보자. 물론 다른 종의 고치이며 같은 종끼리는 이미 실험된 셈이다. 그래서 각각 다른 시기에 우화하는 두 종의 고치를 채집해 왔다. 벽과 고치 사이에 틈이 생기지 않아야 하니 크기도 거의 같아야 한다. 그래서 선택된 두 종은 각각 6월 초와 말에 탈출하는 늙은뿔가위벌(*O. detrita*)과 은주둥이벌(*E. continuus*)이었다. 유리관이나 나무딸기 줄기를 둘로 쪼개서 도랑을 파고, 두 종을 서

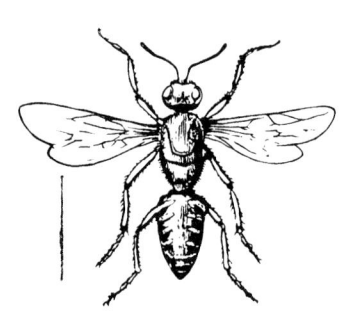

은주둥이벌

로 번갈아 넣은 다음 다시 붙였다. 가장 윗방에는 은주둥이벌 고치를 넣었다.

　이렇게 섞어 놓았더니 아주 분명한 결과가 나왔다. 은주둥이벌보다 일찍 우화한 뿔가위벌이 탈출했다. 그런데 은주둥이벌은 고치 상태이든 이미 성충 상태이든 모두 부서져 누더기처럼 너덜거렸다. 불행하게 목숨을 빼앗긴 벌들의 머리가 여기저기 뒹굴었을 뿐, 제 모습을 갖춘 개체는 한 마리도 없었다. 결국 뿔가위벌은 다른 종이면 살아 있는 고치라도 전혀 소중하게 여기지 않았다. 녀석은 탈출할 때 엇갈려 배치된 은주둥이벌을 타고 넘어갔다. 내가 지금 무슨 말을 하고 있나? 타고 넘다니. 뿔가위벌은 발육이 느린 녀석들의 몸통을 큰턱으로 물어뜯고 통과했다. 수수깡을 물어뜯은 것이나 전혀 다를 게 없다. 탈출할 때가 된 뿔가위벌은 앞길을 막는 것은 무엇이든 부수고 지나갔다. 자신이나 자기 종족 이외의 것에 대한 곤충의 철저한 무관심, 적어도 이것이 우리가 믿을 수 있는 하나의 법칙이다.

　그런데 죽은 자와 산 자를 후각으로 구별한다고? 여기는 모든 고치가 살아 있었다. 그런데도 뿔가위벌은 죽은 자들이 나란히 누워 있을 때처럼 구멍을 뚫었다. 만일 뿔가위벌과 은주둥이벌의 냄새가 서로 다르다면 이에 대하여 나는 이렇게 답변하고 싶다. 올바른 생각을 가졌다면 곤충의 후각이 그렇게 예민함을 인정하기나 못하거나 둘 중 하나이다. 그러면 앞의 두 사실을 어떻게 설명해야 할까? 설명이라! 나는 설명하지 않겠노라! 나 자신이 모른다는 것을 아는 그 자체에서 흔쾌히 끝내고 싶다. 적어도 그렇게 하면 엉터리 이론에 머리를 쑤셔 박지는 않아도 될 것이다. 뿔가위벌은 캄캄한 어둠 속에서 동족의 산 고치와 죽은 고치를 어떻게 구별하는지 나는 모른다. 또 다른 종의 고치를 어떻게 구별하는지도 모른다. 이렇게 자신의 무지함을 고백해 버리면 내가 유행에 뒤떨어졌다고들 한다. 아아! 장엄한 연설장에서 할 수 있는 말이 아무것도 없으니 나는 절호의 찬스를 잃고 마는구나.

잘린 나무딸기 줄기가 수직이든 약간 기울었든 벌이 나가는 구멍은 위쪽에 있다. 자연 상태는 그렇지만 나는 그 상태를 바꿀 수 있다. 나가는 구멍의 방향을 위로도 아래로도 돌릴 수 있고, 대롱 양 끝에 구멍을 낼 수도 있다. 그러면 출구가 둘이 된다. 이렇게 다양한 조건에서는 어떤 일이 벌어질까? 삼치뿔가위벌로 조사해 보자.

유리관을 수직으로 걸어 놓았으나 위는 막았고 아래쪽을 열었다. 자연 상태의 줄기가 아래위로 뒤집힌 셈이다. 실험을 다양하고 복잡하게 하려고 내 도구가 고치 열을 자연 상태와 똑같이 배치하지는 않았다. 고치의 머리가 아래의 출구로도, 이와 반대 방향으로도, 머리끼리 또는 꼬리끼리 향하게도 배치했다. 칸막이는 역시 수수깡이었다.

결과는 모든 대롱이 같았다. 머리를 위로 향했을 때는 여느 때처럼 위쪽 칸막이를 공격한다. 아래로 향했을 때는 벌이 몸을 한 바퀴 돌려서 위를 뚫는다. 결국 고치의 방향이 어떻든 항상 위쪽으로 탈출한다.

여기에 작용하는 것은 틀림없이 중력이며, 이 중력이 뒤집힌 곤충의 자세를 바로잡게 한다. 마치 우리가 머리를 아래로 향하면 중력의 작용으로 그것을 느끼는 것과 같다. 자연 상태라면 벌레는 중력의 명령에 따라 위쪽을 파며 그러면 틀림없이 위쪽 출구로 나간다. 하지만 나는 실험 장치로 뿔가위벌을 속였다. 벌은 위쪽을 향해 갔지만 그쪽에는 출구가 없다. 내 계략에 속은 벌은 위층에 겹겹이 쌓인 칸막이 부스러기에 파묻혀 죽고 만다.

더러는 아래쪽에 통로를 만들려고 애쓰는 녀석도 있다. 하지만 아래로 파 내려가 출구에 도달하는 경우는 극히 드물었다. 특히 줄기의 중간이나 위쪽 방에 거처하던 녀석들은 더욱 그렇다. 곤충은 늘 자신에게 익숙한 방향과 반대로는 좀처럼 가지 않는다. 게다가 반대 방향으로 길을 연다는 것 자체가 곤란하다. 파낸 부스러기를 뒤로 던지면 자신에게 떨어지니 그것들을 계속 다시 끌어내야 한다. 그러면 시시포스(Sisyhe)의 고된 노동으로 지쳐 버린다. 게다가 익숙지 못한 구멍을 팔 자신도 없다. 그래서 뿔가위벌은 단념하고 죽음으로 끝낸다. 그러나 밑의 출구와 아주 가까운 방의 벌 중에는 더러 탈출에 성공하는 경우가 있음을 덧붙여야겠다. 어떤 때는 한 마리 또는 두세 마리가 탈출에 성공한다. 이럴 때는 벌이 주저 없이 자기 발밑의 칸막이를 파낸다. 하지만 대다수는 머리 위쪽의 칸막이를 뚫는 데 골몰하다가 그 위층에서 죽어 버린다.

자연 상태를 바꾸지 않고 고치의 방향만 바꾸어 반복실험하기도 쉬웠다. 줄기의 출구가 아래로 향하게 수직으로 매달면 된다. 이때도 뿔가위벌은 한 마리도 탈출하지 못했다. 모두 죽었는데 어떤 녀석은 위를, 어떤 녀석은 아래를 향하고 있었다. 이와 반대로 가위벌붙이가 들어 있던 3개의 줄기에서는 모두 무사히 탈출했다. 이들은 제일 첫째부터 맨 끝 녀석까지 아무 지장 없이 아래쪽으로 나왔다. 이 두 종 간에는 중력의 영향이 서로 다를까? 가위벌붙이는 칸막이 재료가 솜뭉치 모양인데 이런 것에서 일하는 솜씨가 뿔가위벌보다 쉬워서 그럴까? 아니면 솜뭉치가 일에 방해되는 부스러기를 처분해 주어서 그럴까? 그럴 수도 있겠지만 내가 어느 경우라고 판단할 수는 없다.

이번에는 양 끝을 자른 줄기로 실험해 보자. 위쪽에도 출구가 있는 것 말고는 앞의 실험과 조건이 같다. 고치의 방향은 대롱에 따라 아래나 위로 또는 엇갈려 놓았다. 결과는 앞에서와 같았다. 아래쪽 출구와 가까운 뿔가위벌 중 몇 마리는 머리의 방향이 어디든 아래쪽 출구로 탈출했다. 나머지 대부분은 머리가 아래로 향했었어도 위쪽 출구로 나갔다. 사실상 양 끝에 모두 출구가 있어 어

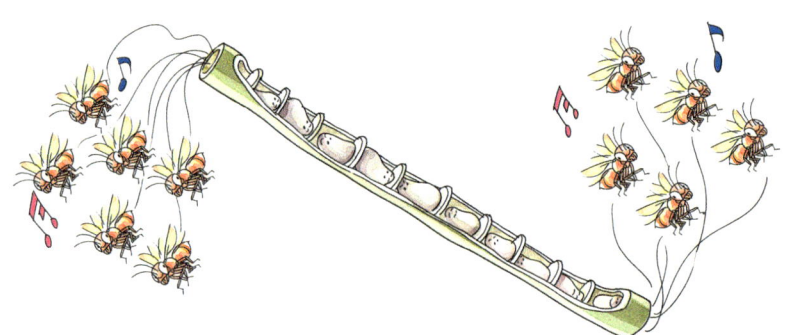

느 출구든 쉽게 탈출할 수 있다.

 이상의 실험들로 어떤 결론을 내려야 할까? 첫째, 자연 조건에서는 중력이 벌레를 출구가 있는 위쪽으로 유도한다. 고치의 방향이 거꾸로 놓였을 때는 방안에서 몸을 돌려 방향을 바꾼다. 둘째, 벌을 아래 출구로 향하게 하는 것은 대기 외의 다른 원인은 없을 것 같다. 바로 옆에 공기가 있고, 그것이 칸막이벽을 통해 방안의 벌에게 영향을 준 것 같다.

 동물은 이렇게 부분적으로 중력의 영향을 받는다. 어느 방에 있든 다 함께 받는다. 맨 아래층에서 가장 위층까지 일렬로 누워 있는 고치 전체의 안내자는 바로 중력이다. 하지만 아래에도 출구가 열렸으면 아래층 고치에게 제2의 안내자가 있다. 그것은 대기로서 중력보다 강하게 작용한다. 줄기 바깥의 공기가 칸막이벽을 통해 고치의 방으로 스며드는 게 미약하다. 그래서 아래층 방에서는 그것을 느껴도 위로 올라갈수록 못 느낄 것이다. 따라서 약간의 아래층 벌들은 영향력이 강한 대기를 따라 아래 출구로 향하나 필요에 따라 위로 나갈 수도 있다. 하지만 대부분의 위층 벌들은 중력에만 인도되므로 출구가 막혔어도 위로만 향한다. 줄기의 아래위가 모두 열려 있으면 위쪽 벌들은 중력과 대기의 이중 영향을 받지만 위쪽으로 향하고, 아랫방 고치들은 대기를 더 가깝게 느끼므로 아래쪽 출구로 향하게 된다.

 내 설명이 옳은지 그른지를 판단하는 한 가지 수단이 있다. 양 끝이 열린 대롱을 수평으로 놓고 실험하는 것이다. 수평으로 놓으면 두 가지 장점이 있다. 첫째는 곤충이 중력의 영향을 받지 않으며, 우측으로 가든 좌측으로 가든 상관없다. 둘째는 통로를 아래쪽으로 내고 싶을 때 갉아 낸 부스러기가 큰턱 밑으로 떨어져서 작업을 방해하지 않는다. 따라서 벌은 싫증이 나서 일을 포기할 염려가 없다.

이 실험을 잘하려면 몇 가지 주의할 점이 있다. 직접 실험하고 싶은 사람에게 알려 주고 싶으니 지금까지 설명한 실험들도 잘 기억하기 바란다. 수컷은 몸이 허약해서 노동에는 적합하지 않다. 이 녀석들은 내가 만든 유리관 속의 수수깡조차 끝까지 뚫지 못하고 비참한 죽음을 맞는다. 본능에 관한 한 암컷만큼 혜택 받지 못했다. 대롱 여기저기에 수컷의 시체가 즐비하게 널려 있어서 방해가 되니 이 녀석들은 제외시키는 게 좋다. 그래서 덩치가 크고 튼튼해 보이는 고치를 실험 재료로 택했다. 큰 것은 가끔 아닐 때도 있지만 대개 암컷이다. 이 녀석들을 염주처럼 나란히 늘어놓되 여러 방향으로도 같은 방향으로도 놓는다. 한 그룹 전체가 같은 줄기든 다른 줄기든 상관없다. 마음대로 선택해도 실험 결과와는 무관하다.

우선 양 끝이 열린 줄기를 수평으로 놓고 실험한 결과에 내가 크게 놀랐다. 한 줄에 고치가 10마리씩 들어 있었는데, 정확히 두 그룹으로 나뉘었다. 왼쪽 5마리는 왼쪽으로, 오른쪽 5마리는 오른쪽으로 탈출했다. 몸의 방향까지 바꾸어서 자신의 방향으로 탈출했다. 정말 아름다운 대칭을 이룬 것이다. 그것은 모든 가능한 조합 중에서도 가장 확률이 적은 조합인데 다음과 같은 계산으로 그 조합을 설명해 보자.

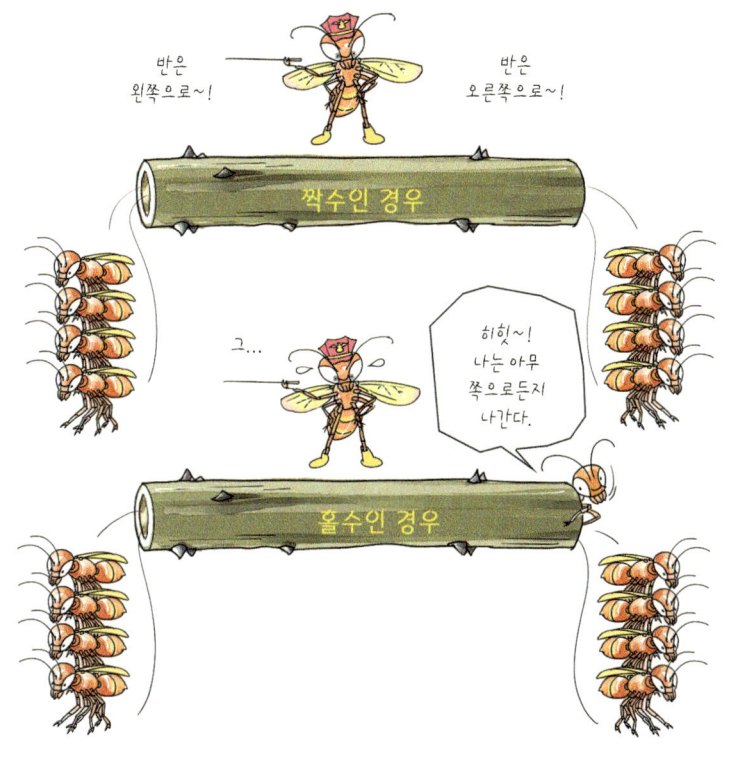

뿔가위벌 수를 n마리라고 하자. 중력이 작용하지 않을 때는 줄기의 좌우 어느 출구든 벌에게는 마찬가지다. 따라서 각 벌은 좌우 중 어느 쪽도 택할 수 있다. 제1벌이 취하는 두 방향 중 하나와 제2벌의 두 방향 중 하나를 조합하면 전체는 $2 \times 2 = 2^2$의 배열이 된다. 제3벌도 마찬가지로 조합되므로 3마리의 뿔가위벌에서는 $2 \times 2 \times 2 = 2^3$의 배열이 나온다. 이와 같은 방법으로 벌은 각각 앞에서 얻은 결과에 2의 인수를 하나씩 더하게 된다. 따라서 n마리의 뿔가위벌 전체의 배열 수는 2^n이 된다.

그러나 조합들은 둘씩 대칭을 이루었음을 주의해야 한다. 오른쪽 배열에 대응하여 왼쪽에도 같은 배열이 있다. 어떤 배열이 줄기의 왼쪽 조합에 있든 오른쪽 조합에 있든 마찬가지므로, 대칭의 값은 서로 같다. 따라서 앞에서 얻은 수는 2로 나누어야 한다. 그래서 n마리의 뿔가위벌은 내가 준비한 수평대롱 속에서 머리를 각각 오른쪽으로 향하느냐 왼쪽으로 향하느냐에 따라 2^{n-1}회의 조합을 취할 수 있다. 만일 제1의 실험처럼 n = 10이면 조합의 총수는 2^9 = 512가 된다.

이 계산 결과처럼 10마리의 벌은 512가지 방법으로 탈출할 수 있는데, 실제로는 그 중 가장 눈에 띄는 대칭의 방법을 택했다. 여기서 주목할 것은 적당히 무작위 실험을 반복해서 얻은 결과가 아니라는 점이다. 오른쪽 절반의 뿔가위벌은 모두 왼쪽은 손대지 않고 오른쪽 칸막이만 팠으며, 왼쪽 벌 역시 왼쪽만 팠다. 이들이 선택한 방향은 출구의 모양과 뚫린 칸막이의 표면 상태로 알 수 있다. 벌이 절반은 왼쪽, 절반은 오른쪽으로 즉석에서 결정했다.

실제로 나타난 조합은 대칭의 장점보다 더 훌륭한 이점이 또 있다. 그것은 벌들이 에너지의 소비를 최소화했다는 점이다. 만일 한 줄에 n개의 방이 있다면, 모든 벌이 탈출하는 데 우선 n개의 칸막이에 구멍을 뚫어야 한다. 각 뿔가위벌이 자기 칸막이를 뚫거나 한 마리가 여러 벽을 뚫어서 옆방 벌의 수고를 덜어 주는 것은 문제가 안 된다. 어떤 방법으로 탈출했든 한 줄기 속의 벌들이 소비한 노력 전체는 칸막이 수에 정비례한다.

하지만 그들의 작업에서 또 크게 계산해야 할 것이 있다. 그것은 갉아 낸 부스러기 속을 통과하며 길을 내는 작업인데, 구멍 뚫기보다 더 힘든 작업이다. 이렇게 생각해 보자. 벽은 뚫렸으나 대롱이 수평으로 놓였으니 각 방은 그 방 쓰레기로 가득 찼다. 그 쓰레기를 헤치고 나갈 때 벌이 통과할 방의 수가 가장 적은 쪽인 가장 가까운 출구로 향한다면 그 벌은 최소한의 노력으로 나가게 된다. 각자의 최소한의 노력이 전체의 최소한의 노력도 된다. 결국 뿔가위벌이 최소한의 노력으로 탈출하려면 지금 이들이 행동한 대로 하는 것이 최선이다. 곤충이 역학에서 말하는 '최소작용의 원리'를 응용한 것을 보면 참으로 흥미롭다.

 이 원리를 충족시키는 조합은 대칭의 법칙과 일치한다. 그것은 512가지 조합 중 단 하나뿐인데 결코 우연의 산물이 아니라 어떤 하나의 원인에 의해 결정된 것이다. 이 원인은 항상 작용하므로 다시 실험해도 역시 같은 조합이 나올 것이다. 그래도 나는 이듬해 다시 실험했다. 잘린 나무딸기 줄기를 가능한 한 모두 열심히 찾아 충분한 재료를 마련했다. 첫번 실험에서 역시 지난해와 똑같

가위벌류 우리나라에서는 지금까지 25종 정도의 가위벌이 보고되었으나 사진과 같은 종은 알려지지 않았다. 이 종은 사찰 내의 벽 틈이나 기둥의 구멍 속에 나뭇잎을 오려 컵 모양의 방을 만들고 꿀과 꽃가루를 모아다 반죽한 꿀떡에 산란한다. 둥지는 10~15개의 방이 차례대로 나열되었다.
영광, 14. IX. 05

은 흥미로운 사실을 다시 확인했다. 모든 실험에서 고치의 수가 짝수이면 그 중 절반은 오른쪽으로, 나머지 절반은 왼쪽으로 나왔다. 고치 수가 홀수인 11마리일 경우는 정 가운데의 벌은 오른쪽, 왼쪽 상관없이 나왔다. 뿔가위벌이 소비한 노력은 출구와 관계없이 최소작용의 원리를 지킨 것이다.

　나무딸기에 사는 다른 종이나 다른 방법으로 둥지를 트는 종도 탈출할 때 뿔가위벌처럼 고생하며 뚫어야 하는 벌들은 이런 능력이 있는지 조사하는 게 좋겠다. 어깨가위벌붙이도 같은 결과를 얻었다. 대롱 속에서 발육하지 못하고 죽은 고치나 굴 파기의 능력 부족으로 탈출에 실패한 수컷 말고는 이 종 역시 두 그룹으로 나뉘어 각자의 방향으로 향했다. 하지만 고려어리나나니는 어떻게 말해야 할지 모르겠다. 이 나약한 벌은 내가 만든 칸막이를 뚫을 힘이 없었다. 다만 약간 긁었던 흔적으로 어느 방향을 향했는지 짐작할 뿐인데 그나마도 흔적이 약해서 정확하게 말할 수가 없다. 은주둥이벌은 구멍 뚫는 선수였지만 뿔가위벌과 달랐다. 10개의 고치가 모두 한 방향으로 탈출했다.

　피레네진흙가위벌(원문은 Ch. des hangars: *Chalicodoma pyrenaica*, 헛간진흙가위벌)도 조사했다. 이들은 자연 상태에서 천장의 시멘트를 뚫으면 이미 탈출한 셈이다. 따라서 중간의 작은 방 몇 개쯤은 문제가 안 된다. 내 장치가 그들에게 별로 익숙지는 않겠지만 그래도 긍정적인 결과를 얻었다. 양 끝이 열린 대롱을 수평으로 놓고, 10개의 고치를 배치했더니 5마리씩 반대 방향으로 나갔다. 이 벌이나 담장진흙가위벌(*M. parietina*)의 헌 둥지에 기생하는 가위벌기생가위벌(*Dioxys cincta*)은 확실한 답을 주지 않았다. 담장진흙가위벌의 낡은 둥지에 나뭇잎을 둥글게 잘라다 술잔 모양의 둥지를 트는 끝검은가위벌(*M. apicalis*)은 은주둥이벌처럼 모두 한쪽으로 나갔다.

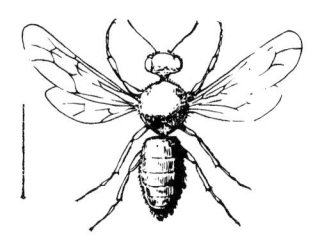

끝검은가위벌

이 정도의 실험으로는 불완전해도 삼치뿔가위벌 실험에서 얻은 결론을 일반화시켰다면 얼마나 위험했는지를 충분히 보여 주었다. 가위벌붙이, 진흙가위벌 따위는 뿔가위벌과 동일한 재능을 보였으나 은주둥이벌, 가위벌기생가위벌 등은 파뉘르주(Panurge)[1]의 양처럼 제일 먼저 나온 녀석의 뒤를 따라 나온다. 곤충의 세계는 다양하다. 그 재능도 정말 각양각색이며, 어떤 곤충이 잘하는 것을 다른 곤충은 못하기도 한다. 그런 차이를 알려면 아주 예리한 눈이 필요하다. 어쨌든 좀더 광범하게 조사하면 양 방향으로 탈출하는 종이 더 많을 것 같다. 현재는 세 종류만 찾아냈으나 이것으로도 충분하다.

수평으로 놓은 대롱의 한쪽 끝이 막혔을 때 뿔가위벌 행렬이 필요한 경우는 모두 머리 방향을 바꿔서 열린 구멍 쪽으로 갈 것이라고 덧붙이겠다.

사실이 제시되었으니 이제 원인을 추적해 보자. 수평대롱 안의 중력은 벌이 방향을 결정하는 데 영향을 주지 못한다. 오른쪽 칸막

---

[1] 르네상스 무렵 프랑스 풍자 소설가 라블레(Rabelais, 1483~1553년)의 작품에 등장하는 인물

이를 뚫을까, 왼쪽을 공격할까? 이 결정은 어떻게 할까? 나는 조사하면 할수록 출구 쪽 대기의 영향이 작용한다는 것으로 기울어진다. 그런데 이 영향의 실체는 과연 무엇일까? 기압, 온도, 습도, 전기 상태 또는 그 밖에 우리의 물리학이 아직 알지 못하는 어떤 힘의 작용일까? 상당히 대담하지 않고서는 어떤 것이라고 단정하기가 어렵다. 우리 자신도 일기 변화에 따라 무엇인가 표현할 수 없는 신체적 느낌을 받지 않던가? 하지만 우리가 벌처럼 작은 방 안에 틀어박힌 환경에서라면 이런 막연한 느낌마저 별로 갖지 못할 것이다. 아래위로 어둠과 침묵이 연속된 여러 개의 감방이 있는데 그 지하 감방 안에 갇혔다고 가정해 보자. 벽을 뚫을 연장은 있다. 하지만 탈출하려면, 그것도 가장 빨리 나가려면, 어느 쪽을 뚫어야 할까? 주변의 대기는 우리에게 아무것도 알려 주지 않을 것이다.

하지만 대기가 곤충에게는 무엇인가를 알려 준다. 여러 칸막이를 통해 감지해야만 하는 그 작용은 매우 미약하겠지만 어느 한쪽은 다른 쪽보다 크게 작용한다. 그게 사실인지는 모르겠어도 벌은 양쪽의 차이를 감지하고 망설임 없이 공기와 더 가까운 쪽의 벽을 향했다. 그래서 일렬로 배치되었던 뿔가위벌들은 서로 반대 방향의 두 그룹으로 갈라지며 전체가 최소의 노력으로 탈출하게 된다. 결국 이들은 자유로운 공간을 느낀다. 타고난 이 감각적 재능이 우리에게는 전수되지 않았다. 그런데도 최초의 단백질 분자가 오랜 세월에 걸쳐 세포를 부풀리면서 진화한 최고의 표현인 인간은 이렇게 완전치 못하더란 말이냐?

14 돌담가뢰

카르팡트라(Carpentras) 근처의 언덕들은 진흙과 모래가 섞인 땅으로 햇볕이 잘 들며 파기 쉬운 흙이라 많은 벌이 좋아하는 곳이다. 5월이면 거기에 두 종의 줄벌(*Anthophora*)이 몰려와 땅속에 둥지를 틀고 꿀을 모은다. 그 중 담벼락줄벌(*A. parietina*→ *plagiata*)은 둥지 입구에 감탕벌(*Odynerus*)처럼 불룩 튀어나온 요새를 건설했는데 그 것은 약간 구부러진 흙 대롱이며 굵기와 길이는 사람 손가락만 하다. 이 벌들이 동네로 모여들면 요새들이 마치 동굴 안에 늘어선 종유석처럼 보이며 장식된 모습이 시골 풍경 같아서 보는 사람들은 누구나 깜짝 놀란다. 또 한 종인 털보줄벌(*A. pilipes*→ *plumipes*)은 개체수가 매우 많아도 둥지 입구의 장식물은 없다. 이들이 둥지 틀기에 적당한 장소는 낡은 돌담이나 폐가의 돌 틈, 부드러운 사암, 이회암(泥灰巖) 등이다. 그러나 가장 좋아하며 많이 모이는 곳은 도로를 만들려고 깊이 깎아내린 산자락으로 남향의 가파른 벼랑이다. 이런 곳은 몇 발짝 안 되는 거리에도 수많은 구멍이 뚫

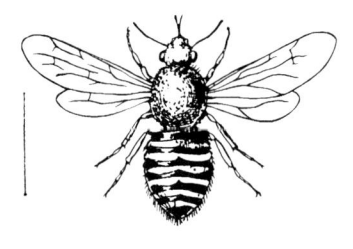
담벼락줄벌

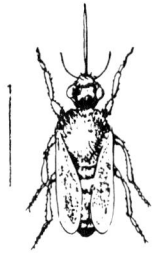
털보줄벌

려 있어 마치 커다란 해면(海綿)처럼 보인다. 구멍의 모양은 마치 송곳을 비벼서 뚫은 것처럼 아주 동그랗고, 깊이는 20~30cm인데 꼬불꼬불 구부러졌으며, 제일 구석에는 몇 개의 작은 방이 있다. 부지런한 이 벌들이 한창 공사하는 모습을 보고 싶으면 5월 하순경 그 공사장으로 가 보면 된다. 만일 그때 당신이 경험 부족으로 벌에 쏘이는 것이 무서우면 멀리서 조심하며 보면 된다.[1] 그들은 떼 지어 건축 공사와 꿀 모으기에 정신이 없으며, 분주하게 붕붕거리며 날아다닐 것이다.

　내가 벼랑에 둥지를 튼 줄벌들을 자주 찾아갔을 때는 방학을 맞은 8월과 9월이었다. 이때는 공사가 이미 끝나 둥지 근처는 소리 하나 없이 조용하다. 오히려 둥지의 이 구석 저 구석에 거미줄이 많이 쳐졌고, 대롱 모양의 거미집이 구멍 속까지 파고 들어간 것도 있었다. 지금은 이렇게 벌의 그림자조차 보이지 않지만 한동안 그렇게도 많이 모여 흥청거리던 거리를 가볍게 지나칠 수는 없다. 땅 밑 몇 센티미터에는 진흙으로 만든 방안에 틀어박혀 있는 수천 마리의 애벌레와 번

[1] 파브르의 농담 문구

데기들이 내년 봄을 기다린다. 이 애벌레들은 자신의 몸을 지키는 방법은 모르며, 맛있는 요리를 먹거나 정신없이 잠만 잔다. 그러니 교묘한 기생충들을 끌어들이지는 않았을까?

주름우단재니등에

어디 보자, 역시 있었구나. 검정색과 흰색으로 음산한 복장의 파리, 주름우단재니등에(*Anthrax sinuata*)가 이곳저곳 통로 사이를 날아다닌다. 아마도 알을 낳으려나 보다. 대다수는 이미 후손 남기기 사명을 끝냈으나 결과도 보지 못하고 바짝 말라죽은 채 거미줄에 걸려 있다. 다른 비탈의 땅거죽에는 마른 딱정벌레, 즉 돌담가뢰(*Sitaris humeralis → muralis*) 시체가 재니등에처럼 거미줄에 걸려 있는데 빈틈이 없을 정도로 많다. 시체들 사이를 돌담가뢰 수컷이 급하게 뛰어다닌다. 사랑에 정신이 팔려 죽음 따위는 생각지도 않고, 가까이 지나가는 암컷이면 누구든 교미하려 든다. 수정된 암컷은 부푼 배를 둥지 입구에 간신히 들이밀고, 뒷걸음질로 기어 들어가 보이지 않는다. 이제는 잘못될 일이 없다. 두 종의 곤충이 이곳에 온 이유는 어떤 큰 이득이 있어서였다.

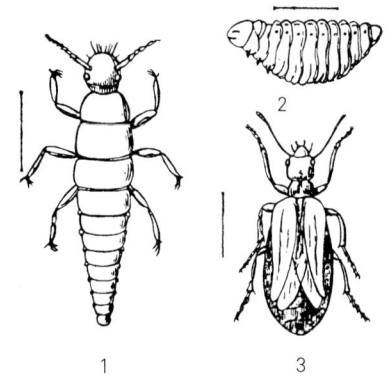

돌담가뢰: 1. 첫째 애벌레 2. 둘째 애벌레 3. 성충

줄벌 둥지 근처에 잠시 나타나 교미하고, 알을 낳고, 죽으러 온 것이 틀림없다.

여기를 곡괭이로 파 보자. 작년에도 그랬으니 올해에도 묘하게 마음에 끌리는 어떤 사건이 벌어질 게 틀림없다.

8월 초에 담벼락줄벌 둥지를 파 보면 기생곤충들이 보일 텐데 예측대로 증거가 나타날지 모르겠다. 지표에서 가까운 방과 더욱 깊은 곳의 방들은 모양이 서로 다르다. 이유는 땅굴 하나에 줄벌과 세뿔뿔가위벌(*O. tricornis*)의 두 종이 살아서 그런 것이다. 이 현상은 그들의 노동 계절인 5월의 관찰로 증명되었다. 줄벌은 진정한 개척자였다. 터널 파기 노동은 이들이 도맡았으며, 아주 깊은 곳에 자기네 방을 만들어 놓았다. 뿔가위벌은 집이 헐려서 그런지, 아니면 땅굴 구석에 이미 방이 있어서 그런지 안 쓰이는 통로를 이용한다. 그런데 통로는 고르지 못하며, 벽을 흙으로 조잡하게 쌓은 몇 개의 작은 방에 솜씨 없는 칸막이를 했다. 미장일은 겨우 벽 쌓기뿐인 것이다. 다른 몇몇 종은 뿔가위벌도 마찬가지였다. 이들은 몇 개의 작은 방을 만드는데 돌 틈이나 빈 달팽이 껍데기 또는 마른 나뭇가지에 생긴 구멍을 조금 손질해서 회반죽으로 싸구려 벽을 치고 그것으로 만족한다.

줄벌의 방은 기하학적으로 비틀린 곳 하나 없이 완전하며, 마무리도 완벽한 하나의 예술품이다. 모래가 섞인 진흙층을 적당히 파 내려간 다음 입구를 막은 것 말고는 별것이 아니나 그래도 걸작품이다. 방안은 어미벌의 꼼꼼한 기술로 보호되어 모든 위험과 격리된 튼튼한 은신처이다. 또 고운 흙으로 마무리하여 반들반들하니 명주실 분비샘이 없는 애벌레가 고치도 안 지은 벌거숭이로 방안에서 뒹군다. 이와는 반대로 뿔가위벌의 방은 지표와 가깝고, 안은 울퉁불퉁하며 흙은 외적에 대비할 수 없을 만큼 얇아서 특별한 보호 수단이 필요하다. 그래서 애벌레는 진한 갈색의 단단하며, 거친 벽에서 보호되는 고치를 짓고 그 안에 틀어박힌다. 또한 고

유럽불개미붙이 채집: Viols-en-Lavals, Hérault, France. 21. VIII. '96, 김진일

불개미붙이 개미붙이는 성충, 애벌레 모두 포식성인 종이 많다. 불개미붙이는 애벌레 때 메뚜기 알이나 벌의 애벌레를 잡아먹고, 성충이 되면 꽃가루를 먹으며 완전히 꽃 위의 생활을 누린다. 쌍옹, 17. VI. '93

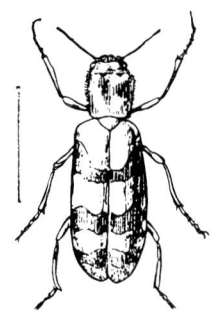
개미붙이

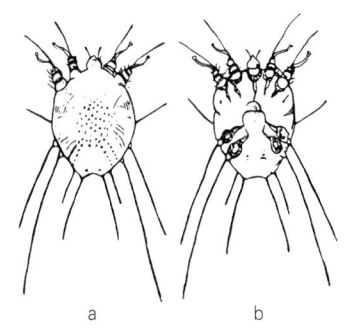
진드기 : a. 등 b. 배

치는 터널 속을 돌아다니며 먹이를 찾는 여러 외적, 즉 먹을거리를 찾아다니는(꾸오이렌스 꾸엠 데보레, *quærens quem devoret*) 진드기(Acariens), 개미붙이(Clairons: *Trichodes*), 알락수시렁이(Anthrènes: *Anthrenus*) 따위의 이빨에서 피난처가 되기도 한다. 결국 두 종의 애벌레는 서로 잘 보완된 기술을 가진 셈이며, 각각의 종은 방의 위치와 모양, 들어 있는 고치로 구별할 수 있다. 줄벌은 애벌레가 벌거숭이이며 뿔가위벌 애벌레는 고치 속에 들어 있다.

이런 뿔가위벌의 고치 몇 개를 열어 보면 개중에는 애벌레 대신 이상한 모습의 번데기가 들어 있다. 이런 고치는 조금만 흔들어도 안에 있는 번데기가 배를 실룩실룩 움직여서 고치 벽을 두드린다. 따라서 명주실 고치를 찢지 않고 흔들어만 보아도, 안에서 달랑거리는 소리가 나서 이상한 모습의 이 번데기가 들어 있음을 알 수 있다.

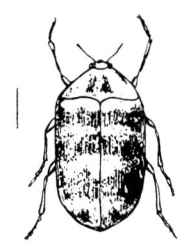
알락수시렁이

이상한 번데기는 머리끝에 무시무시하게

생긴 6개의 뿔이 있는데 마치 멧돼지의 코끝 형상이거나 흙을 고를 때 쓰는 가래의 날 모양이다. 배의 앞쪽 4마디 등판에는 2줄의 갈고리가 있다. 전진할 때는 지장이 없겠으나 후퇴할 때는 걸리는 구조이다. 그래서 코끝의 가래로 흙을 파고, 갈고리의 버팀으로 좁은 굴속을 밀치며 전진할 수 있다. 몸의 끝은 한 다발의 뾰족한 바늘로 무장했다. 이들이 침투한 곳의 벼랑 표면을 잘 살펴보면 이런 번데기들이 몸에 꽉 끼는 구멍 속에 배는 박혀 있고 상반신은 밖으로 불쑥 나온 것들이 있다. 자세히 보면 머리와 등 쪽에 죽 찢어진 틈새가 있다. 번데기가 성충이 되어 그 틈새로 빠져나가고 남은 껍질이다. 이제 번데기가 요란스럽게 무장한 이유를 알겠다. 머리에 달린 6개의 뿔은 갇혀 있던 고치를 찢고, 단단하게 굳은 흙을 파헤쳐 터널을 뚫고 밖으로 탈출하기 위한 무기들이었다. 성충이 된 다음에는 그렇게 거친 일을 할 수가 없기 때문이다.

　고치와 함께 채집해 온 번데기들은 며칠 뒤 가냘픈 파리, 즉 주름우단재니등에로 우화해 나온다. 이 재니등에는 고치를 찢을 힘조차 없는데 내가 곡괭이로 파도 그렇게 힘든 땅속 터널을 뚫는다는 것은 꿈조차 꿀 수 없는 일이다. 이런 현상은 곤충의 세계에서 흔히 있는 일이며, 이런 사실을 밝혀내는 것 역시 아주 흥미 있는 일이다. 이해할 수 없는 어떤 힘이 어떤 특정 시기에 갑자기 애벌레에게 명령을 내린다. 그러면 녀석은 안전하게 살던 은신처를 버리고, 온갖 고난을 헤쳐 나가 빛 앞에 도달한다. 그 빛이 애벌레에게는 치명적일지라도 성충에게는 필요 불가결한 것이다. 그런데 지금 곡괭이가 뿔가위벌 층은 다 파냈고 줄벌 둥지에 다다랐다.

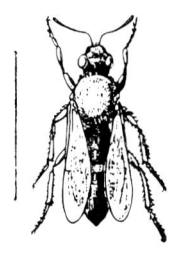
연루리알락꽃벌붙이

어떤 방에는 애벌레가 들어 있는데 이것은 지난 5월 말 노동의 산물이다. 같은 날 일했어도 다른 방에서는 벌써 성충이 되었다. 애벌레에 따라 발육 속도가 달라 며칠간의 나이 차이와는 무관하게 탈바꿈 날짜가 달라진 것이다. 또 재니등에만큼이나 많은 다른 방에는 기생벌인 연루리알락꽃벌붙이(*Melecta*→ *Crosia armata*)의 고치나 성충이 들어 있다. 아주 이상하게 생긴 껍질도 많은데 마디가 떨어졌고 숨구멍 흔적도 보인다. 투명한 호박색인데 너무 얇아서 잘 부서지며, 얇은 막을 통해 속이 잘 들여다보인다. 지금 자유를 찾으려고 몸부림치는 돌담가뢰 성충이 들여다보인다. 좀 전에 줄벌 둥지 밖에서 재니등에와 함께 돌아다니던 돌담가뢰가 여기서 교미하려는 사연이 있었음을 이제 이해하게 되었다. 같은 건물주들인 뿔가위벌과 줄벌은 각자 자신들만의 기생충을 보유하고 있었다. 뿔가위벌에게는 재니등에가, 담벼락줄벌에게는 돌담가뢰가 기생했다.

하지만 딱정벌레는 이런 예가 없는데 돌담가뢰가 한결같이 뒤집어쓰고 있는 이 진귀한 껍질은 도대체 무엇일까? 돌담가뢰는 제2그룹에 속하는 곤충일까, 줄벌 애벌레에 기생한 제1차 기생충의 번데기 속에 재차 기생했다는 말일까? 줄벌의 방은 너무 깊은 곳에 있어서 침입할 수 없을 것 같아 더욱 그렇다. 확대경으로 자세히 관찰해도 이 기생충이 비집고 들어간 흔적은 없다. 그렇다면 이 도둑들은 어떤 방법으로 그 방안에 들어갔을까? 이 문제들은

먹가뢰 가뢰들은 몸 안에 칸다리딘(Cantharidin)이라는 독성물질을 가지고 있어 조심해야 한다. 하지만 사람들은 이 독을 개발하여 여러 가지 치료약을 발명했다. 평창, 17. Ⅵ. '93

내가 열심히 관찰하던 1855년도에 이미 생각났던 의문들이다. 계속 3년 동안 열심히 관찰한 결과, 나는 곤충의 탈바꿈(변태, 變態)에 관해 하나의 경이로운 장을 추가하게 되었다.

  이 문제를 해결하려고 돌담가뢰의 껍질을 아주 많이 채집했다. 그리고 껍질에서 성충이 나와 교미하고 산란하는 것을 실컷 관찰해서 만족했다. 껍질에서 나오기는 쉬웠다. 큰턱으로 몇 군데를 물고 다리로 몇 번 차내면 연약한 감옥에서 쉽게 빠져나왔다.

  유리병 안의 돌담가뢰를 들여다보면 고치에서 해방된 녀석은 꾸물댐 없이 즉시 교미한다. 성충은 지체 없이 종을 유지·보존하는 행위가 그렇게도 강력한 지상명령인지는 몰라도 그 행위를 훌륭하게 증명

하는 장면을 충분히 목격했다. 머리만 껍질 밖으로 나온 암컷 한 마리가 나머지 몸도 빠져나오려고 애쓴다. 바로 2시간 전에 자유의 몸이 된 수컷이 이 암컷의 껍질을 타고 올라가 이곳저곳을 누르고 큰턱으로 당겨서 암컷이 뒤집어쓴 칼을 벗겨 주려고 애쓴다. 녀석의 노력은 곧 성공한다. 껍질 뒤쪽에 갈라진 틈이 생기면 암컷의 몸은 아직도 3/4이나 덮여 있는데 교미가 이루어진다. 약 1분간 계속된다. 암컷이 완전히 자유로울 때까지 수컷은 등 쪽 껍질 위에서 꼼짝 않는다. 수컷은 보통 때도 이런 식으로 암컷을 도와주는지 모르겠다.[2] 제 방에서 나온 수컷이 암컷 방으로 들어가 교미하는 수도 있지만 대개는 둥지 입구에서 이루어진다. 교미가 끝난 수컷이나 암컷에게는 껍질이 전혀 남지 있지 않다.

교미가 끝난 두 가뢰는 더듬이와 다리를 입으로 잘 닦아 윤을 내고 각자의 길을 찾아 떠난다. 수컷은 벼랑의 흙이 움푹움푹 주름진 곳으로 가서 2~3일 동안 몸을 웅크린 채 멍하니 있다가 죽는다. 암컷도 산란하면 그 굴속에서 바로 죽는다. 줄벌 둥지 근처에 쳐 놓은 거미줄에 주렁주렁 매달린 시체들은 모두 이런 사연의 산물들이다.

결국 돌담가뢰가 성충 상태로 살아 있는 시간은 오직 교미와 산란에 필요한 시간뿐이다. 죽음의 무대이자 사랑의 무대인 이곳 이외의 장소에서 산란하는 경우는 한 번도 보지 못했다. 가까운 곳의 무성한 식물로 찾아가 먹이를 먹는 녀석도 본 적이 없다. 이들도 소화기관은 제대로 갖추고 있어서 조금이라도 먹이를 먹었는지 크게 의심하게 된

---

[2] 다음 문장에서 보듯이 파브르의 비아냥거림이다.

다. 도대체 그들의 존재(생애)란! 꿀 창고 안에서 보름 간의 향연, 다음 땅 밑에서 1년간의 긴 잠, 그리고 햇볕 아래서 한순간의 사랑, 그다음 죽음!

일단 수정이 끝난 돌담가뢰 암컷은 알 낳기 좋은 장소를 불안하게 찾아다닌다. 산란 장소를 정확히 알아야겠다. 이 방에서 저 방으로 찾아다니며, 담벼락줄벌이나 그의 기생충, 아니면 자신이 태어난 괴상한 껍질 옆에 알을 맡길까? 왜 가뢰가 줄벌의 방을 침입한 흔적은 보이지 않을까? 나는 이 불가사의한 일을 조금이라도 알아내려는 욕망이 대단히 강력했었다. 그래서 오랫동안 고난을 참아 가며 계속 조사했다. 그런데 어째서 가뢰가 점령한 방은 하나도 내 손에 들어오지 않는지, 혹시 이 가뢰는 기생충과 아무 관계가 없는 것일까? 곤충학 지식이 빈약했던 나 자신에게 풀리지 않는 미궁의 모순된 사실, 이 문제로 얼마나 충격을 받았는지 독자들은 상상조차 못할 것이다. 그래도 참아라! 때가 되면 광명이 비치리라.

우선 어디에 산란하는지 정확한 장소를 찾아보자. 한 마리의 암컷이 내 눈앞에서 수정했다. 몇 개의 방이 있는 줄벌 둥지의 흙덩이와 함께 그를 유리병으로 옮겼다. 둥지에서 어떤 방에는 애벌레가, 다른 방에는 흰색 번데기가 들어 있고, 몇 개의 방은 열려서 안이 들여다보인다. 병마개의 안쪽 면을 원통처럼 파내 줄벌 둥지의 통로와 같은 넓이의 공터를 만들었다. 병을 수평으로 눕혀서 인공의 이 공터로 들어가고 싶으면 들어가게 한 것이다.

뚱뚱한 암컷은 그 큰 몸집을 겨우 끌고 다니며, 방금 내가 만든 통로의 이곳저곳을 빠짐없이 돌아다니며, 가는 곳마다 조사한다. 약 반 시간 동안 더듬이로 조사하고 조사한 끝에 코르크 마개에 파낸 수평의 인공터널을 택했다. 이 홈통 안으로 배를 들이밀고, 머리는 밖으로 나온 채 산란하기 시작한다. 자그마치 36시간 동안을 산란했다. 참을성이 많은 이 벌레는 이렇게 어처구니없이 긴 시간을 꼼짝하지 않았다.

알은 흰색 타원형으로 매우 작은데 길이는 1mm의 1/3 정도였다. 이렇게 작은 알들이 서로 약간 엉겨 붙어서 산 같은 모습이다. 마치 덜 익은 난(蘭) 씨앗을 한 줌 듬뿍 집어서 산처럼 쌓아 놓은 모습이다. 그 숫자가 너무 많아서 나의 끈기로도 셀 수가 없었음을 고백한다. 아마 2,000개쯤 된다고 해도 과장이 아닐 것 같다는 생각이다. 이 숫자의 근거는 36시간 동안 산란을 계속한 것에 있다. 병뚜껑의 홈통에서 산란하는 모습을 시시각각으로 관찰했는데 알을 계속해서 낳을 뿐 중간에 쉬는 것 같지가 않았다. 한 개의 알을 낳고 다음 알을 낳는 시간은 채 1분도 안 되었다. 따라서 36시간에 걸쳐 낳은 알이 2,160개보다 적지는 않다는 이야기이다. 여기서 정확한 수치는 큰 문제가 아니다. 아주 많다는 것만 이해하면 된다. 그러나 이렇게 많다는 것은 부화한 애벌레에게 엄청난 파멸 요인의 존재가 예상되며, 종을 적정 수준으로 유지하려면 이렇게 많은 수의 알이 필요함을 말해 준다.

이 관찰 덕분에 알의 모양, 수, 배치를 알았으니 돌담가뢰가 담벼락줄벌 둥지 안에 낳은 것을 찾아보기로 했다. 늘 열려 있는 입구에서 분명히 3~4cm쯤 되는 터널 안쪽에 쌓여 있는 것들을 찾아냈다. 당연히 방안일 것으로 생각했던 예상이 이렇게 빗나간 것이다. 알을 줄벌의 방안에 낳은 것이 아니라 둥지 입구에 한 무더기를 쌓아 놓은 것이다. 보호대책은 전혀 없었다. 날씨가 추워지기 전에 문을 막고, 알을 위협하는 여러 적으로부터 지키려는 계획 따위는 없다. 알이나 갓 깨어난 애벌레는 거미, 진드기, 알락수시렁이(Anthrène: *Anthrenus*) 따위의 약탈자들이 열린 문을 통해 터널 안으로 들어와 어정거리며 돌아다니다가 입맛을 다실 요릿감인 셈이다. 어미의 무관심으로 게걸스런 약탈자들, 그리고 차가운 비바람을 피할 수 있는 애벌레는 거의 없을 것이다. 아마도 그래서 어미 자신은 갖지 못한 기술을 알의 숫자로 보충할 필요가 있었나 보다.

부화는 산란한 지 한 달 후인 9월 말이나 10월 초에 시작한다. 날씨가 별로 춥지 않으니 애벌레는 곧 걷게 될 것이며, 몰래 줄벌의 방으로 들어가려고 우리에게는 안 보이는 작은 틈바구니를 찾아 흩어질 것이라고 생각했었다. 하지만 이 예상도 완전히 빗나갔다. 터널이나 사육상자 안의 어린 애벌레들은 몸길이가 1mm 정도로 아주 작았는데 매우 튼튼한 다리를 가졌으면서도 자리를 뜨려 하지 않았다. 그냥 자신들이 빠져나온 흰 껍질과 섞여서 남아 있었다.

　줄벌 둥지의 흙덩이, 애벌레나 번데기가 든 방, 열린 방 등의 이것저것을 모두 제공했어도 녀석들은 쳐다보지도 않는다. 녀석들은 언제까지나 밀가루 산이나 마치 한 줌의 먼지처럼 알껍질과 함께 머물러 있었다. 그들 무더기를 바늘로 여기저기 찔러 보면 활발히 움직여서 나는 겨우 그 녀석들이 살아 있음을 알 수 있었다. 그 밖에는 모든 것이 휴식이다. 부더기에서 몇 마리를 강제로 끌어내 보았다. 그러자 당황해서 다시 무리 속으로 파고 들어간다. 이렇게 알껍질에 모여 있으면 서로 기대며 추위 걱정은 없겠지. 모여 있는 이유가 무엇이든 내가 생각해 낼 수 있는 모든 수단을 다 써 보았지만, 해면 덩이처럼 보이는 이 무더기에서 그들을 끌어낼 수는 없었다. 야외에서도 부화한 다음 흩어지지 않았는지 확인하려고, 겨우내 카르팡트라 언덕의 줄벌 둥지를 방문했다. 거기서도 병 속의 애벌레 무더기와 똑같은 무더기를 보았을 뿐이다.

15 돌담가뢰의 1령 애벌레

이듬해 4월 말까지 돌담가뢰(*Sitaris muralis*) 애벌레에게는 아무 일도 일어나지 않았다. 나는 긴 방학을 이용해 어린 애벌레에 대해 좀더 알아보려 했다. 이때 알아낸 것들을 여기에 기록한다.

몸길이는 1mm 또는 그 미만, 피부는 두껍고 녹색 광택이 감도는 검정색이다. 몸은 길고 등 쪽은 볼록하며 배 쪽은 납작하다. 머리는 뒷가슴의 뒤끝 넓이만큼 차차 넓어지다가 갑자기 좁아진다. 폭보다는 약간 길고 기부 쪽이 살짝 늘어났다. 입 주변은 갈색이고 홑눈(단안, 單眼)[1]은 더욱 짙은 색이다.

윗입술은 둥근 다갈색이며 몇 개의 짧고 빳빳한 털(센털, 剛毛)이 드물게 나 있다. 큰턱은 단단하고 적갈색인데 구부러졌고 끝이 뾰족하다. 보통 닫고 있어서 가위 모양은 아니다. 작은턱수염은 아주 긴데 같은 길이의 원통 모양인 2마디로 구성되었고 끝에는 짧고 가는 섬모(纖毛)가 나 있다. 턱이 연결된 부분과 아랫입술은 잘 보이지 않아 정확히

---

[1] 겹눈이 너무 작아서 홑눈이라고 표현한 것 같다.

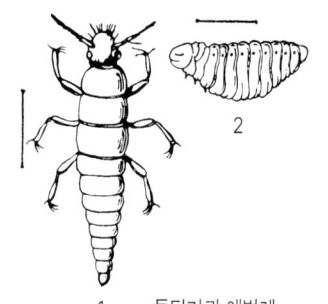

1 돌담가뢰 애벌레

설명할 수 없다.

홑눈은 각 더듬이의 바로 뒤에 있다. 더듬이는 원통 모양의 2마디로 구성되었으나 마디가 분명하게 나뉘지는 않았다. 밑마디는 수염과 거의 같은 길이이나 끝마디는 머리 길이의 3배이며 강력한 확대경으로 보면 아주 희미한 털들이 많이 나 있다.[2]

가슴마디는 각각 같은 길이이며 너비는 뒷마디일수록 넓어진다. 앞가슴은 머리보다 넓은데 앞 가장자리는 그보다 좁고 양옆은 둥글다. 다리는 보통 길이인데 아주 튼튼하며, 끝에는 길고 뾰족한 발톱이 아주 잘 움직인다. 각 밑마디와 넓적다리마디에는 더듬이의 털과 같은 길이의 털이 나 있고, 다른 부분의 전체에도 비슷한 길이의 털이 나 있다. 걸을 때는 다리를 운동면과 직각으로 옮긴다. 종아리마디에는 몇 개의 센털이 나 있다.

배는 9마디인데, 각 마디의 길이는 같으나 가슴마디보다 짧고, 너비는 뒷마디로 갈수록 뚜렷하게 좁아진다. 제8복절(배마디)의 복면 또는 제9절과의 사이인 연결막 중앙 좌우에 매우 강한 1쌍의 짧고 구부러진 가시가 있다. 2개의 이 부속물은 달팽이(Colimaçon = Escargot) 촉수(=더듬이)의 축소판인데 그 받침은 막질이라 안쪽으로 밀려들어갈 수 있다. 또한 제8절 밑에 가려지기도 하고 마지막 마디인 항절(肛

[2] 곤충의 더듬이의 첫 마디는 자루마디, 다음은 여러 마디의 채찍마디인데, 파브르는 확대경으로도 채찍마디의 각 마디를 구별하지 못해서 2마디라고 기재했다. 한편 그림에서 1, 2는 1령과 2령의 표시이다.

節)의 수축으로 이끌려 제 8절로 돌아가기도 한다. 제9복절 또는 항절의 뒤쪽 가장자리에는 더듬이나 다리에서와 같은 2줄의 섬모가 나 있는데 이것들은 끝이 구부러졌다. 항절 뒤의 약간 부푼 살덩이는 항문이

다. 숨구멍의 위치는 찾지 못했는데, 현미경으로도 확인할 수가 없었다.

쉬고 있을 때는 몸을 수축하고 있어서 각 체절 사이의 관절막이 보이지 않는다. 그러나 이동할 때는 막들이 드러나는데, 특히 배쪽은 각질판 넓이와 비슷할 만큼 넓게 늘어난다. 이때는 배의 마지막 마디인 항절도 노출되며 항문도 젖꼭지처럼 늘어난다. 제8과 9복절 사이의 가시돌기가 처음에는 천천히, 다음은 용수철처럼 갑자기 튀어나와 양쪽으로 갈라져 초승달 모양이 된다. 이 장치들이 펼쳐지면 매끄러운 표면에서도 잘 돌아다닐 수 있다.

마지막 복절과 혹 모양의 항절은 몸의 축과 직각으로 구부러져 항문이 지면과 접촉된 형태가 되는데, 그 접촉면에서 맑은 유리처럼 투명하고 끈적끈적한 액체가 분비된다. 이 접촉면은 그 애벌레가 자리 잡은 곳에 단단히 밀착되고, 이 부분과 초승달 모양으로 펼쳐진 가시돌기가 삼각대의 구조를 이루며, 그 위에 몸을 똑바로 세운다. 애벌레가 유리판 위에서 걸을 때 유리를 흔들거나 거꾸로

뒤집어도 이 접착제 덕분에 떨어지지 않는다.

떨어질 염려가 없는 이 미세한 벌레가 판자 위를 이동할 때는 보통 동물들과 다른 방법으로 걷는다. 배를 굽히고 활짝 열린 제8 복절의 가시돌기로 지면을 더듬어 확실한 발판을 찾아 그곳에 몸을 고정시키고, 배의 각 관절막을 확장시켜서 몸이 길게 늘어난다. 이때는 자유롭게 움직이는 다리의 도움을 받는다. 이 행동이 끝나면 강한 발톱을 바닥에 꽂고, 배의 근육을 수축시켜 접촉했던 항문 부분이 앞으로 끌려오게 하고, 다시 2개의 가시돌기와 함께 새 지점에 고정시킨다. 다음에도 이상하게 생긴 다리를 넓게 벌려 다시 걷는다.

어이~ 뒷부분 따라와~!

이런 식으로 이동할 때 다리의 털은 바닥을 스치며 끌려간다. 털의 길이나 탄력성은 걷는 데 방해만 될 것 같다. 하지만 결론을 서둘러서 부조리를 가져오면 안 된다. 아무리 작은 생물이라도 자신이 사는 환경조건에는 잘 적응하는 법이다. 이 털도 애벌레의 걸음에 방해는커녕 오히려 어떤 도움을 줄지도 모르는 일이다.

돌담가뢰 애벌레가 아무 데나 마음대로 걸을 수 없다는 사실을 알아낸 것도 얼마 안 되었다. 애벌레가 장차 살아갈 장소가 어딘지는 몰라도 떨어질 위험이 많은 곳임을 충분히 짐작할 수 있다. 이런 위험에 대처하려고 여러 이상한 기관이 발달했다. 매우 튼튼하고 자유롭게 움직이는 발톱, 매끄러운 표면에도 쉽게 접착되는 단단하고 날카로운 낫 모양의 구조물로 무장했다. 몸을 특별히 바닥에 찰싹 붙일 수 있는 구조는 없어도, 항문에 강력한 접착력을 가진 점액을 갖춰서 몸을 어느 곳에 부착한 채 오래 버틸 수 있다. 어린 애벌레가 살 곳이 심하게 흔들리거나 떨어질 위험이 큰 물체라면 그것이 무엇인지 알아내려고 머리를 짜냈다. 또 이런 구조물들이 왜 필요한지 아무리 생각해도 알 수가 없었다. 이런 구조로 볼 때 애벌레는 분명히 희귀한 생활양식을 가졌을 것 같았다. 그래서 그것을 조사해 볼 봄이 오기를 학수고대했었다. 끈질기게 관찰하면 수수께끼가 꼭 풀릴 것이라는 믿음 속에서 드디어 봄이 왔다. 나의 모든 인내와 지혜, 그리고 상상력을 총동원했다. 하지만 부끄럽고도 유감스럽게 그 비밀은 나를 피해 버렸다. 뜻대로 성공하지 못한 연구를 다음 해까지 또 기다려야 하는 참으로 괴로운 불안과 이 고민!

1856년 봄의 관찰은 완전한 실패로 끝났지만 흥미 있는 점도 있었다. 돌담가뢰 애벌레는 분명히 기생생활을 할 것이라고 생각한 데서 야기된 몇 가지 가정은 틀렸음이 증명된 것이다. 이 점을 간단히 몇 마디로 말해 보자. 4월 말이 되자 그때까지 알껍질과 함께 해면의 산처럼 쌓인 덩어리에서 꼼짝 않던 1령(齡) 애벌레가 움직이기 시작했다. 겨울을 보낸 상자나 병 속을 이리저리 돌아다닌다. 분주하게 걷는 모습이나 지칠 줄 모르고 달리는 모습에서 무엇인가 필요한 것을 찾고 있음이 쉽사리 추측되었다. 그 무엇이란 먹을 것 말고 또 무엇이 있겠나? 사실상 이 애벌레들은 9월 말에 부화해서 지금까지 7개월 동안 아무것도 먹지 않았다는 것을 잊어서는 안 된다. 정말로 먹은 게 없다. 게다가 내가 겨우내 수시로 녀석들을 자극하며 확인했다. 더욱이 그들은 그 긴 시간을 다른 동면(冬眠)동물처럼 혼수상태로 보낸 게 아니라 언제든 활동할 수 있는 상태로 보냈다. 부화한 애벌레는 생활력으로 충만했지만 7개월 동안 단식하기로 맹세했나 보다. 지금의 활발한 활동은 결국 참기 어려웠던 굶주림이 녀석들을 활발히 움직이도록 자극했을 것이라는 생각, 이 생각이 어쩌면 당연할지도 모른다.

돌담가뢰 애벌레가 원하는 먹이는 아마도 줄벌의 방안에 있는 것밖에 없을 것이다. 얼마 후 이들을 그 방에서 보았으니 말이다. 방안에는 어미벌이 저축한 꿀이 아니면 벌의 애벌레밖에 없다. 때마침 내 손에는 살아 있는 줄벌 애벌레와 번데기의 방들이 있었다. 그래서 지난번 돌담가뢰가 부화하기 직전에 준비했던 것처럼 문이 열렸거나 닫힌 몇 개의 방을 그들에게 제공했다. 녀석들을 방안에 넣어 보기도, 맛있어 보이는 벌 애벌레의 배 위에 얹어 보기도 했다. 온갖 방법을 총동원해서 녀석들의 식욕을 돋우려 했다. 이렇게 모든 방법을 다 써 보아도 전혀 효과가 없었다. 결국 굶주린 돌담가뢰 애벌레는 줄벌의 번데기도 애벌레도 원치 않는다는 결론이 내려졌다.

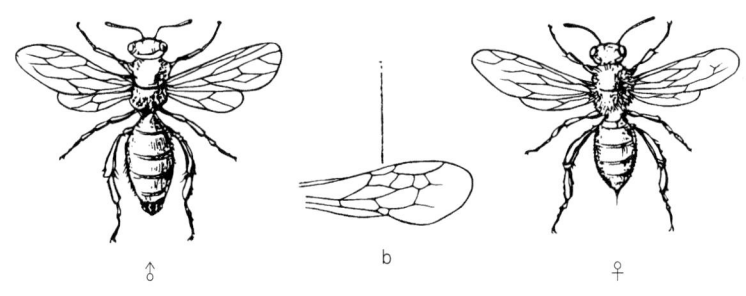

애꽃벌 : b. 날개

　이번에는 꿀로 실험해 보았다. 물론 가뢰의 숙주인 줄벌이 정제한 꿀이라야 하는데 아비뇽(Avignon)에는 이 벌이 많지 않다. 그래서 카르팡트라로 가야 하는데 학교 수업으로 갈 수가 없었다. 결국 5월 한 달을 아깝게도 꿀이 저장된 땅굴을 찾아다니는 데 소비하고 말았다. 결국은 최근에 뚜껑을 마감질한 줄벌 둥지를 발견했다. 오랫동안 갈망해 왔고 이제 더는 기다릴 수조차 없을 만큼 지쳐 버린 나는 둥지를 열었다. 진행은 아주 순조로웠다. 안에는 거무스름하고 질척질척하며, 강한 냄새의 꿀이 절반쯤 차 있었다. 표면에는 최근에 부화한 벌 애벌레가 떠 있었다. 그 애벌레를 꺼내고 대신 가뢰 애벌레를 조심스럽게 한 마리 또는 몇 마리 올려놓았다. 다른 방은 벌 애벌레를 남겨 두었든 아니든 그 벽이나 입구에 가뢰 애벌레를 놓았다. 이렇게 준비된 벌 둥지를 유리관에 넣어 굶주린 그들의 식사를 방해하지 않고 편히 관찰할 수 있게 해놓았다.
　그러나 무슨 말을 해야겠더냐! 녀석들은 먹지를 않는다. 입구에 놓아둔 애벌레가 방에는 안 들어가고 유리관에서 맴돌기만 한다.

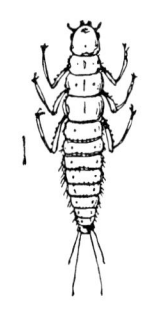

트리웅굴리누스(남가뢰 애벌레)

꿀 근처 벽에 놓아주었던 녀석들은 끈끈한 꿀이 몸에 묻자 허둥지둥 밖으로 도망친다. 대접을 제일 잘해 주겠다고 꿀 위에 얹어 놓은 녀석들은 빠져 죽고 말았다. 실험이 아무 소득도 없이 무참한 실패로 끝나는 일은 좀처럼 없었다. 나는 너희에게 애벌레, 번데기, 둥지 자체, 꿀, 모든 것을 다 주어 보았다. 하지만 이 골치 아픈 녀석들아, 도대체 너희는 무엇을 원하느냐?

결말 없는 싸움에 나 역시 지쳤다. 결국 나는 그렇게 해야만 했고, 처음부터 같은 방식으로 재도전하려 했다. 그래서 카르팡트라로 갈 작정이었으나 너무 늦었다. 벌들의 작업이 이미 끝나 새것을 찾을 수 없는 시기였다. 뒤푸르에게 이런 사정을 전했더니 그는 이렇게 알려 왔다. 애꽃벌(Andrènes: *Andrena*) 몸에 붙어 있는 극히 미세한 동물이 발견되자 트리웅굴리누스(*Triungulinus*)라는 속명(屬名)을 붙여 기재되었는데, 그 뒤 뉴포트(Newport)[3]가 이 동물은 남가뢰(Méloés: *Meloe*) 애벌레임을 밝혀냈다고 한다.[4] 그런데 나는 돌담가뢰가 기생하는 줄벌의 방안에서 몇 마리의 진짜 남가뢰를 본 적이 있다. 돌담가뢰와 남가뢰, 이 두 종류의 곤충은 서로 같은 습성을 가졌을까? 이런 정황이 내게 한 줄기의 빛이 되었다. 철저한 연구 계획을 세울 만한 시간은 충분했다.

3 Gwent, 1845~1953년에 남가뢰의 발생과 생활사 및 해부학적 연구 논문 7편. 1957년에 북방반딧불의 생활사를 학술지 『Transactions of the Linnean Society of London』에 실렸다.
4 남가뢰는 다음 장에서 자세하게 설명된다.

4월이 왔다. 내 돌담가뢰들 역시 활동을 시작한다. 제일 먼저 잡은 뿔가위벌을 몇 마리의 가뢰 애벌레가 든 유리병에 넣었다. 15분 뒤 확대경으로 들여다보니 5마리의 애벌레가 벌의 가슴털 속으로 파고들었다. 바로 이것이로구나! …… 문제가 해결됐다. 돌담가뢰 애벌레도 남가뢰 애벌레처럼 그 숙주의 털에 달라붙어서 둥지 안까지 운반된다. 연구실 창밖에 핀 라일락꽃으로 꿀을 따러 온 벌들 중 줄벌 수컷을 십여 차례 조사했으나 결과는 항상 헛수고였다. 이렇게 여러 번 실패한 뒤라 많이 조심하게 된다. 이제는 현장으로 가서 관찰해야 한다. 마침 부활절이라 학교 수업이 없으니 천천히 관찰할 수 있어 다행이었다.

  이제서 고백하지만 줄벌의 서식처로 가서 그들의 새 둥지를 발견하고 그 앞에 섰을 때 나는 어느 때보다도 강하게 가슴이 뛰었다. 어떻게 조사해야 하나? 또다시 엉망이 되지는 않을까? 날씨는 춥고 비가 온다. 봄꽃이 피었으나 벌이라곤 한 마리도 보이지 않는다. 추워서 줄벌들은 땅굴 입구에서 꼼짝도 안 한다. 핀셋으로 겨우 한 마리씩 끄집어내 확대경으로 검사했다. 맨 처음 꺼낸 벌의 가슴에 가뢰 애벌레가 붙어 있었다. 두 번째 벌도 그랬다. 제3, 제4의 벌도 그랬다. 계속 조사해도 마찬가지였다. 다른 굴에서도 열 번, 스무 번, 또 굴을 바꿔 봐도 마찬가지였다. 그렇게도 여러 해 동안 다람쥐 쳇바퀴 돌듯 골치를 썩이던 문제를 드디어 나는 '유레카(*Eurêka*, 알았다)!'라고 쓸 수 있게 되었다.

  다음 날부터 날씨가 누그러들고 하늘은 화창했다. 줄벌도 둥지에서 나와 꽃을 따라 들로 산으로 흩어져 꿀을 찾는다. 나는 꽃에

서 꽃으로 자유로이 날아다니는 줄
벌을 그가 태어난 곳 근처에
서도 아주 먼 곳에서도 붙잡
아 조사했다. 더러는 가뢰 애
벌레가 없는 벌도 있었으나
거의 모두 가슴의 털 사이에
2마리, 3, 4, 5마리 혹은 더 많은 애
벌레가 붙어 있었다. 아비뇽에서는 아직 돌담

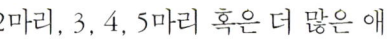
형아

가뢰를 본 적이 없고 같은 계절에 활동하는 줄벌의 몸에도 가뢰 애벌레는 없었다. 하지만 카르팡트라의 줄벌 둥지에서는 조사한 벌의 거의 3/4이 가슴털에 돌담가뢰 애벌레가 붙어 있었다.

 한편 며칠 전까지도 애벌레가 산더미처럼 쌓였던 줄벌의 땅굴 입구를 샅샅이 조사했으나 한 마리도 보이지 않았다. 줄벌이 방에서 나올 때 또는 날씨가 나쁘거나 하룻밤을 지내려고 땅굴에서 잠시 머물렀을 때 굴 입구에서 망을 보던 가뢰 애벌레가 본능의 자극을 받아 벌에게 기어올라 가슴털 속으로 파고들어 찰싹 달라붙었다. 벌이 아무리 멀리 날아다녀도 전혀 떨어질 염려가 없다. 어린 가뢰 애벌레가 이렇게 올라탄 목적은 당연히 그의 먹이가 저장된 벌 둥지의 방안으로 적당한 시기에 데려다 주길 바란 것이다.

 마치 이(Poux, 虱)나 참새털이(Philoptères: *Philopterus*) 따위의 체외 기생곤충이 숙주의 몸에 붙어서 생활하듯 가뢰 애벌레도 줄벌 몸에 기생할 것으로 생각하기 쉽지만 전혀 그렇지 않다. 털 속으로 파고든 애벌레는 자신이 선택한 벌의 어깨 근처에서 머리는 아래로, 꽁무니는 위로 거꾸로 매달려 꼼짝 않는다. 이들이 줄벌의 피부에서 얇은 곳을 찾아다니는 일도 없다. 만일 벌에게서 양분을 얻어야 한다면 얇은 곳을 찾아다녔어야 한다. 하지만 그렇지 않았다. 녀석들은 거의 항상 벌의 몸에서 가장 단단한 곳, 즉 날갯죽지의 조금 위쪽 가슴이나 머리에 찰싹 붙어서 꼼짝도 않는다. 큰턱과 다리, 그리고 제8복절에 달린 초승달 모양의 가시돌기와 항문의 혹에서 나오는 점액의 도움을 받아 몸을 고정시키고 있었다. 거기서 방해받으면 유감이라는 듯 가슴의 다른 곳으로 이동하여 그곳의 털을 다시 꽉 잡고 있다.

돌담가뢰 애벌레가 담벼락줄벌의 몸에서 양분을 취하지 않음을 확인하려고 죽은 지 오래되어 바싹 마른 벌을 애벌레가 든 유리병에 넣었다. 설사 갉을 수는 있더라도 빨아먹을 피나 체액 따위가 전혀 없는 시체였다. 그래도 녀석들은 살아 있는 벌과 똑같이 원하는 장소를 찾아가 제자리를 지킨다. 어쨌든 가뢰 애벌레는 줄벌에게서 아무것도 빨아먹지 않는다. 그렇다면 혹시 털이(*Philopterus*)가 새의 깃털을 갉아먹듯이 벌의 털을 갉아먹지는 않을까?

그러려면 제법 튼튼한 입틀(구기, 口器), 특히 단단하게 각질화(角質化)한 이빨이 있어야 한다. 물론 큰턱이 있다. 하지만 입틀은 확대경으로도 잘 안 보일 만큼 작고, 큰턱은 날카로우며 구부러져서 먹이를 끌어당기거나 찢기에는 적당해도 물어뜯거나 갉을 수는 없을 것 같다. 애벌레가 줄벌 몸에서 아무 짓도 안 한다는 증거는 또 있다. 이들이 아무리 꾀어들어도 벌이 귀찮아서 떨쳐 내려는 기색이 없다. 그들을 귀찮게 생각지는 않는 것 같다. 애벌레가 붙지 않은 줄벌과 대여섯 마리가 붙은 줄벌을 각각 다른 유리병에 넣어 보았다. 포로가 된 것의 소동이 가라앉으면 양쪽 집단의 행동에 차이가 없다. 아직도 이 애벌레의 성격 파악에 만족이 안 되면 다음처럼 보충해 보겠다. 이 극미동물(極微動物)들이 벌써 7개월 동안 아무것도 먹지 않았으니 이제는 곧 맛있는 체액을 먹어야 할 것이다. 그런데 맛도 없고 바짝 마른 벌의 털을 갉는다면 앞뒤가 맞지 않는다. 따라서 가뢰 애벌레가 줄벌에 붙은 것은 이제 건설 중인 벌의 저택으로 자신을 데려다 주기 바랐음을 나는 의심하지 않았다.

녀석들은 숙주의 둥지로 데려다 줄 때까지 벌이 꽃 속을 돌아다니든, 몸의 먼지를 털든, 꽃가루를 털려고 브러시로 솔질을 하든, 비바람을 피하거나 밤을 보내려고 굴속으로 들어가다 벽에 쓸리든 그의 털에 꼭 매달려 있어야 한다. 그래서 정상적으로 바닥에 앉거나 운동하는 도구와는 다른 이상한 기구들이 필요했다. 그렇

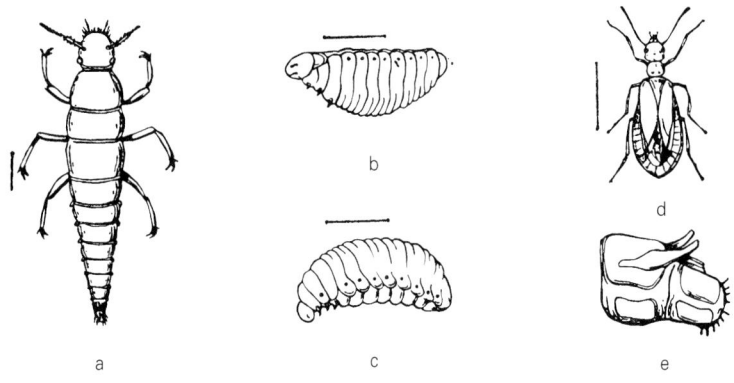

돌담가뢰 : a. 1령 b. 2령 c. 3령 d. 성충 e. 코 모양 돌기와 갈고리

다면 애벌레가 장차 살아야 하며 많이 움직이거나 흔들려서 위험한 장소는 바로 벌의 털이다. 벌은 재빨리 돌아다닌다. 좁은 굴속이나 가늘고 잘록한 꽃 속을 억지로 비집고 들어간다. 쉴 때는 몸을 솔질하고 털에 붙은 먼지를 털어 낸다.

지금에 와서야 돌출한 초승달 모양 돌기가 어디에 쓰이는지 알았다. 두 끝 부분을 합치면 한 가닥의 털을 가장 정교한 핀셋보다 더 잘 잡을 수 있다. 항문 혹에서 나오는 점액이 얼마나 편리한지도 알겠다. 조금만 떨어질 염려가 있어도 점액이 미세한 동물을 고정시킬 수 있다. 엉덩이와 다리에 난 탄력성 털들의 역할도 알았다. 편평한 곳을 걸을 때는 이런 털들이 성가신 방해물일지 몰라도 지금은 벌의 털 길이를 재는 탐침 역할을 하며 털 사이에 닻을 내린 것처럼 애벌레를 잡아 주기도 한다. 편평한 곳에서 몸을 끌어가는 모습을 볼 때는 그 몸의 구조가 기준 없이 제멋대로 만들어진 것 같아 보였다. 하지만 생각하면 할수록 이렇게 연약한 애벌레가 불안정한 곳에서 몸의 평형을 유지하려고, 이렇게 다양하고 정교한 수단이 아낌없이 주어진 것에 대해 감탄을 금할 수가 없다.

돌담가뢰 애벌레가 줄벌의 몸을 떠난 다음 어떻게 하는가를 말하기 전에 크게 주목해야 할 사실을 지적하지 않을 수가 없다. 지금까지 나는 줄벌의 수컷 말고는 이 애벌레가 붙어 있는 경우를 전혀 보지 못했다. 암컷에서도 열심히 찾아보았으나 한 마리도 없었다. 이렇게 암컷에게는 없는 이유는 쉽게 알 수 있었다.

벌이 둥지를 틀었던 흙덩이를 깨 보면 수컷은 모두 탈출했지만 암컷은 아직 밖으로 나갈 채비만 갖추었을 뿐 방안에 남아 있었다. 수컷이 암컷보다 거의 한 달이나 빨리 탈출하는 것은 비록 줄벌만이 아니다. 털보줄벌(*A. pilipes*) 굴에 둥지를 트는 세뿔뿔가위벌(*Osmia tricornis*)에서도 확인했다. 뿔가위벌 수컷이 줄벌 수컷보다 일찍 나타난다. 이때는 너무 일러서 어린 가뢰 애벌레는 아직 활동하라는 본능의 충동이 자극되지 않은 것 같다. 뿔가위벌 수컷이 너무 일찍 활동을 개시하여 가뢰 애벌레가 빼곡한 굴을 지나가도 그 벌에게 편승하지 않은 게 틀림없다. 최소한 이것 말고는 이들이 올라타지 않은 이유를 설명할 방법이 없다. 더군다나 뿔가위벌에게도 애벌레를 갖다 놓으면 줄벌처럼 올라탄다.

공동주택 단지에서 뿔가위벌 수컷이 가장 먼저 나오고, 그다음 줄벌 수컷이, 끝으로 뿔가위벌과 줄벌의 암컷이 나오는 것으로 끝난다. 봄에 밖으로 나오는 순서는 작년 가을에 채집해 두었던 방들을 연구실에서 관찰하여 그 시기를 확인한 것이다.

줄벌 수컷이 둥지를 떠날 때 돌담가뢰 애벌레들이 기다리는 통로를 지나면서 몇 마리의 애벌레를 몸에 붙였을 것이 틀림없다. 때로는 애벌레가 기다리지 않는 통로를 지나가서 그들을 만나지 않았을 수도 있다. 하지만 이런 수컷도 언제까지나 그럴 수는 없다. 4월 날씨는 대부분 비가 오거나 찬바람이 불고, 밤이 되면 수컷도 옛집이나 다른 둥지에서 피난한다. 거친 날씨가 오래가면 수컷도 굴을 왕래하며 장시간 머물 수밖에 없고, 가뢰 애벌레에게는 이런 시기가 벌의 털 속으로 침투할 절호의 기회이다. 이렇게 한 달을 지나면 숙주를 찾지 못해 우왕좌왕하는 녀석은 한 마리도 없게 된다. 이 시기는 줄벌 수컷의 등이 아니면 어디서도 가뢰 애벌레를 볼 수가 없다.

 따라서 줄벌 암컷이 둥지를 떠날 무렵인 5월이면 굴속을 지나다 녀석들에게 붙잡히는 일이 거의 없다. 만일 있더라도 수컷에 비하면 비교가 안 될 정도로 적다. 실제로 5월에 들어와 둥지 근처에서 제일 먼저 잡은 줄벌 암컷에는 애벌레가 없었다. 그러나 돌담가뢰 애벌레가 자기 몸을 최후로 의탁할 곳은 암컷이다. 지금 몸을 의탁한 수컷은 집짓기에도 식량 장만에도 관여하지 않아서 그에게 필요한 둥지로 데려가지 못한다. 따라서 언젠가는 반드시 암컷으로 옮겨 가야 한다. 이동이 가능한 때는 암수의 벌이 서로 만날 때뿐이다. 암컷은 종족을 유지하려고 수컷에게 몸을 맡기는 순간, 만반의 준비를 하고 기다리던 불청객이 그 종의 명맥을 끊으려고 수컷에서 암컷으로 옮아간다.

 이런 추측의 근거로 다음 실험이 있다. 자연 상태를 충분히 반영한 것은 아니나, 그래도 대충 이해할 수는 있다. 아직 가뢰 애벌

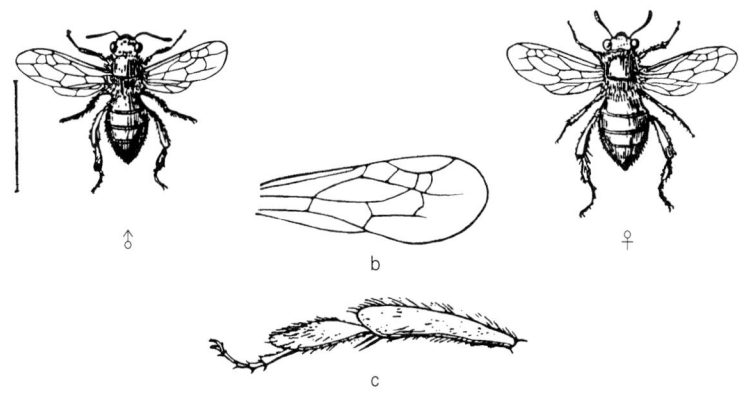

줄벌 : b. 날개 c. 뒷다리

레가 붙지 않은 암컷을 둥지에서 채집하여 애벌레가 있는 수컷을 강제로 15～20분 동안 얹어 놓은 다음 조사했다. 그동안 이들이 버둥거리지 않도록 조심해야 한다. 결과는 수컷에 올라탔던 몇 마리의 애벌레가 암컷으로 옮아갔다.

아비뇽에서 겨우 찾아낸 몇 마리의 줄벌을 관찰하다가 그들이 일하는 정확한 순간을 포착했다. 그리고 다음 목요일인 5월 21일, 가뢰 애벌레가 벌 둥지로 들어가는 것을 보고 싶어 카르팡트라로 달려갔다. 역시 예상대로 벌들이 한참 일하고 있었다.

그 언덕에는 마치 광란의 무도회가 열린 것 같았다. 빛과 열정이 넘쳐흐르는, 그리고 태양의 찬양에 흥분한 벌 떼였다. 두께는 수 피트, 넓이는 벼랑 전체 구름처럼 모여든 줄벌 떼였다. 이들의 소용돌이에서 사람을 위협하는 붕붕 소리, 그 열광의 무리가 어지럽게 날아다니는 통에 나는 멍해졌다. 수천의 벌들이 번개처럼 재빨리 꿀을 찾으러 간다. 이 많은 벌이 꿀이나 회반죽을 가져오며, 거대한 구름 같은 무리가 되었다.

그 무렵은 벌의 성질을 잘 몰라서 나는 크게 바보짓을 했다. 호기 있게 벌 떼 속으로 들어갈 만큼 무모한 자는 크게 봉변을 당하겠지. 더욱이 한창 공사 중인 둥지에 손을 댔다가는 큰코다치겠지. 무모한 계획은 즉각 미친 듯이 덤벼드는 벌에게 포위당하고, 수천 번 쏘여서 보복당할 것이다. 전에 말벌(*Vespa crabro*)[5] 집을 관찰하려고 가까이 갔다가 혼난 적이 있었고 그때 당한 봉변이 생각나서 더욱 조심했다. 지금도 등골이 오싹해진다.

하지만 나를 여기까지 오게 한 문제를 밝히려면 도리 없이 벌 떼 속으로 들어가야 한다. 그들의 공사장에서 흙을 뒤엎고 몇 시간 아니면 온종일 관찰하게 될지도 모른다. 광란의 벌 떼를 무릅쓴 채 한 손에 확대경을 들고 둥지 안에서 일어나는 일들을 조사해야 한다. 그런데 손가락도 자유롭게 움직여야 하고 눈도 잘 보여야 하니 장갑이나 마스크, 어떤 헝겊 조각도 착용할 수 없다. 하지만 둥지를 떠날 때 얼굴이 퉁퉁 부어서 누군지 몰라볼 정도로 인상이 바뀌어도 상관없다. 너무 오랫동안 괴롭혀 온 문제들을 오늘은 꼭 해결해야겠다.

꿀을 따러 밖으로 나가는 벌과 돌아온 벌을 향해 몇 번 포충망을 휘둘렀다. 예상했던 대로 수벌과 암벌의 가슴에 돌담가뢰 애벌레가 붙어 있으니 이보다 좋은 조건은 있을 수 없다. 우물거리지 말고 바로 벌들의 방을 조사하자.

즉시 착수했다. 벌의 공격을 받지 않으려고 살이 안 보이게 옷을 잔뜩 껴입고, 벌 떼의 한가운데로 뛰어들었다. 곡괭이를 두세 번 휘둘러 땅을 파니 벌들이 위협하는 듯 붕붕대는 소리가 더 커졌다. 그래도 흙덩이를 손에 넣고 겁을 먹은 채 도망쳤는데 무사했다. 나는 벌 떼가 쫓아오지 않는 것에 매우 놀랐다. 캐 온 흙덩이는 너무 표면층이라 지금은 필요 없는 뿔가위벌 둥지뿐이었다. 다시 한 번 뛰어들었다. 이번에는 먼젓번보다 충분한 시간을 잡았다. 벌들은 덤벼들듯 했을 뿐 나를 쏜 벌은 한 마리도 없었다. 나라는 침입자에게 달려들 징조조차 보이지 않았다.

이 성공이 나를 대담하게 만들었다. 벌의 공사 현장에서 둥지가 잔뜩 든 흙덩이를 장시간에 걸쳐 차례차례 파냈다. 정신없는 작업으로 꿀을 엎지르기도 애벌레의 배를 찢거나 둥지의 벌을 밟아 뭉개기도 했다. 이런 실수들은 피할 도리가 없다. 손대지 않은 옆방 벌들은 바로 옆에서 아무 일도 없는 듯 제 일에만 열중했다. 둥지를 파괴당한 녀석들은 수리하려 들거나 폐허가 된 허공 위를 공연히 떠돌았다. 하지만 어느 벌도 그렇게 파괴하는 이 인간에게 달려들 기미는 보이지 않았다. 기껏해야 몇 마리가 좀 화가 난 듯 내 얼굴 정면으로 5∼6cm쯤 다가와서 무슨 이상한 검사를 하듯 잠시 바라보다가 날아간다.

줄벌은 여러 마리가 한 장소를 택해 둥지를 짓는 공동의 이익을 위해 결속된 사회를 이룬 집단처럼 보인다. 그러나 이들은 각자 자신만을 위하는 이기주의 법칙을 따를 뿐 전체를 위협하는 공동의 적에게 대응할 정도로 결속되지는 않았다. 제 둥지를 파괴하는 적에게 혼자 달려들어 침을 놓고 쫓아내지도 못한다. 이렇게 얌전한 벌들이 곡괭이에 얻어맞아 다리를 질질 끌면서도, 때로는 치명상을 입었어도, 부서진 둥지에 당황해서 도망칠 뿐이다. 다른 종류의 벌들인 꿀 수집벌이나 사냥벌 역시 얌전하다. 나의 오랜 경험으로 볼 때 집단생활을 하는 종류 중 오직 꿀벌, 말벌, 호박벌 따위만 공동으로 방어할 것을 합의했고, 개별적으로도 침입자에게 복수하려고 대담하게 달려든다고 단언하겠다.

생각과 달리 얌전한 줄벌 덕분에 나는 보호 장비도 없이 요란스럽게 붕붕거리는 벌 떼 한가운데의 돌 위에 앉아서 여러 시간을 마음 놓고 조사했지만 한 방도 쏘이지 않았다. 지나가던 시골 사람들이 벌 떼 속에 태연히 앉아서 일하는 나를 보고 발을 멈추고 눈을 크게 뜨며 그들의 사투리로 이렇게 묻는다. "어럽쇼, 나리, 괜찮으세요. 마술로 벌의 악마를 쫓아 버렸나 봐요!" 땅바닥에 널린 내 실험 도구들, 즉 상자, 병, 유리관, 핀셋, 확대경 따위가 순박

한 시골 사람들에게는 정말로 마술 도구처럼 보였을 것이다.

 자, 이제 둥지 안의 방들을 조사해 보자. 방안의 모습은 다양했다. 어떤 방은 아직 문이 열린 채 꿀이 조금만 저장되었고, 몇몇 방은 이미 잘 봉해졌다. 저장한 식량을 벌써 다 먹었거나 거의 다 먹은 애벌레도 들어 있었다. 어떤 때는 애벌레인데 배가 불룩 나온 흰색으로 외모부터 다른 녀석이 들어 있다. 꿀 위에 알이 떠 있기도 했다. 꿀은 끈적끈적한 갈색 액체로 냄새가 고약하다. 알은 약간 굽은 원통 모양인데 흰색으로 예쁘다. 길이는 4~5mm, 너비는 1mm. 이것은 줄벌의 알이다.

 몇 개의 방안에는 꿀 표면에 알이 한 개씩 떠 있다. 그러나 더 많은 방에는 이상하게 생긴 애벌레, 즉 돌담가뢰 애벌레가 마치 뗏목을 탄 모습으로 벌의 알 위에 자리 잡았다. 알에서 까나왔을 때의 크기와 모습을 그대로 간직한 채 벌의 방안으로 잠입한 적군이다.

 돌담가뢰 애벌레는 언제, 어떻게 이 안으로 침투했을까? 내가 관찰한 바로는 방들이 모두 닫혀 있었고, 이렇게 작은 방의 어디

에도 애벌레가 침입할 틈이 보이지 않았다. 따라서 녀석이 이 꿀 창고로 들어온 것은 창고 문이 닫히기 전이다. 그런데 꿀이 잔뜩 들었어도 문이 아직 안 닫혔고, 벌이 산란하지도 않은 방에는 들어오지 않았다. 결국 가뢰의 1령 애벌레가 안으로 들어오는 시점은 산란 직전이나 벌이 방문에 시멘트 작업을 할 무렵인 산란 직후뿐이다. 이 시점이 언제인지를 실험으로 밝혀낼 수는 없다. 벌의 성품이 아무리 온순해도 인위적으로 산란시키거나 문 닫기 공사를 시키며, 그때 일어나는 일을 관찰할 수는 없으니 말이다. 하지만 몇 가지 조사 결과, 애벌레가 방안으로 들어갈 수 있는 단 한 번의 기회는 꿀의 표면에 알을 낳는 순간, 바로 그 순간이 틀림없을 것으로 생각되었다.

 돌담가뢰 애벌레가 들어 있는 유리관에 꿀이 가득하고, 알도 들어 있는 줄벌의 방을 열어서 넣어 보자. 그런데 신께서 내린 술이 가까이 있어도 녀석들은 전혀 고마운 기색이 없다. 그들은 유리관 안을 멋대로 돌아다닌다. 용기를 내서 방문턱이나 방안까지 들어가 보는 녀석도 있지만 더 깊이 들어가지는 않고 즉시 되돌아 나온다. 어쩌다가 꿀이 절반 정도 차 있는 곳까지 들어갔다가 끈끈함을 느끼고 바로 도망치려 했지만 이미 때가 늦었다. 한 발씩 미끄러지고 결국은 꿀에 빠져 죽는다.

 이런 실험도 해보았다. 앞에서처럼 준비된 방의 벽이나 꿀 표면에 애벌레를 조심스럽게 얹어 놓았다. 벽의 녀석은 당황해서 밖으로 나간다. 하지만 꿀 위의 녀석은 벽으로 올라가려고 허우적대다 끝내는 지쳐서 그 꿀 호수에 빠져 죽는다.

결국 꿀이 저장됐고 산란도 끝낸 방안에다 가뢰 애벌레를 기생시키려 했던 실험은 모두 실패했다. 벌 애벌레가 꿀을 먹기 시작한 방에서 실험했던 전의 결과와 마찬가지였다. 따라서 돌담가뢰 애벌레는 줄벌이 방안이나 그 입구에 있을 때 떠나야 하는데 혹시 운이 나빠서 꿀 표면에 발이 닿는 날이면 이것이 바로 자신을 파멸시키는 원인이 된다.

줄벌이 방문을 닫는 순간을 이용해서 가뢰 애벌레가 숙주의 가슴털을 떠나 방안으로 들어간다고 생각할 수는 없다. 따라서 이제 남는 시점은 알을 낳는 순간뿐이다. 우선 닫힌 방에서 발견된 애벌레는 항상 알 위에 있었다는 점을 생각해야 한다. 이제 실제로 보게 되겠지만 벌 알은 미세한 벌레에게 호수에 떠 있는 뗏목 역할을 할 뿐만 아니라 최초로 먹힐 식량이기도 하다. 어린 애벌레는 위험한 꿀 호수 가운데 떠 있는 그 알에 도달하는데, 즉 최초의 식량 겸 뗏목인 그곳에 도착하는데, 죽음의 바다를 피할 방법을 택할 게 틀림없고, 그 방법은 벌의 행동에서 얻어질 수밖에 없다.

진력이 날 만큼 여러 번 관찰했지만 각 방에서는 언제나 불청객 애벌레가 한 마리씩만 발견된다. 벌 가슴의 어린 녀석들은 이제 탈바꿈할 방으로 침입하기에 가장 유리한 시기를 필사적으로 노린다. 녀석들은 7~8개월을 완전히 굶었으니 흥분할 만도 한데 먼저 들어가려는 다툼도 없이 순서에 따라 차례대로 한 마리씩 들어가니, 이 어찌 된 일일까? 여기에는 틀림없이 그들 마음대로 할 수 없는 어떤 규칙이 있을 것이다.

여기에는 두 가지 조건이 있다. 가뢰 애벌레가 꿀 호수를 건너지 않고 알에 도달해야 하는 조건과 털 속에서 기다리는 무리 중 단 한 마리만 들어가야 하는 조건이다. 절대로 어길 수 없는 두 조건을 만족시키려면 이 방법밖에 설명할 길이 없다. 벌 알이 산란관 밖으로 절반쯤 빠져나왔을 때 배 끝에 모여 있던 녀석 중 가장 유리한 위치에 있던 애벌레가 알 위에 자리 잡는 방법이다. 다음은 알을 따라 꿀 위로 떨어진다. 내가 제안한 이 방법이 두 조건을 충분히 만족시킬 수는 없다. 하지만 이 방법이 실제와 거의 같은 확률로 높은 확실성을 가졌을 것 같다. 거의 현미경적 크기인 돌담가뢰의 어린 애벌레가 놀랄 만큼 합리적인 영감에 따라 행동하는 것을, 또 우리는 놀라운 논리적 수단을 그들의 목적에 부합시켰음을 상상해 본다. 이런 상상은 언제까지나 본능 연구의 종착역이 아닐까?

결국 벌은 알을 꿀 위에 떨어뜨림과 동시에 자기 종족의 천적인 돌담가뢰 애벌레도 함께 방안에 넣은 것이다. 그리고 방문을 닫는다고 열심히 시멘트 작업을 한다. 모든 일이 잘 끝났다고 생각한 벌은 옆에다 또 하나의 방을 건축하지만 역시 같은 비극적 운명을 맞는다. 다음도 같다. 가슴털 속

기생충들이 모두 제집을 찾을 때까지 이 과정이 계속된다. 불행한 어미벌에게 쓸데없는 노동을 계속 시켜 놓고, 그렇게도 교묘한 방법으로 주택과 식량을 손에 넣는 돌담가뢰 1령 애벌레에게 주의를 돌려 보자.

문을 닫은 지 얼마 안 된 방을 열어 보면 막 산란된 알 위에 가뢰 애벌레가 자리 잡았다. 알은 아직 깨끗하고 완전한 상태지만 곧 상처를 받게 된다. 작은 점 같은 미물이 알 표면을 돌아다니다가, 마침내 6개의 다리로 단단히 고정하고 몸의 균형을 잡는다. 그리고 가냘픈 알껍질에 이빨을 꽂고 잡아당긴다. 내용물이 흘러나오자 아주 맛있게 핥는다. 이렇게 둥지에 침입한 가뢰 애벌레는 우선 큰턱으로 일격을 가해 알을 깨뜨린다. 이런 신중함은 과연 얼마나 합리적이더냐! 녀석은 방안의 꿀을 먹고살아야 하는데 알에서 부화한 벌 애벌레도 같은 먹이가 필요하다. 하지만 준비된 식량을 둘이 나누어 먹으면 양쪽 다 모자란다. 그래서 서둘러 이빨로 일격을 가함으로써 이 문제를 해결한다. 이 설명에 주석을 달 필요도 없다. 알을 파괴함으로써 심각한 문제도 해결하고, 어린 벌레에게 최초의 맛있는 먹이도 되니 알을 깨기는 불가피한 일이다. 실제로 깨뜨린 알에서 흘러나오는 내용물을 맛있게 먹고 있는 꼬마 녀석이 보인다. 그 뒤 며칠 동안 그 껍질 위에서 쉰다. 다음 머리를 움직여 알 속을 조사하거나 위아래로 돌아다니다가 나머지 껍질을 마저 깨고 차츰 말라 가는 내용물을 마저 스며 나오게 한다. 그러나 녀석들을 둘러싼 꿀은 한 모금도 마시는 것을 보지 못했다.

알이 최초의 먹이 역할은 물론 구명 장비 역할도 한다는 것은 쉽게 알아낼 수 있다. 꿀 표면에 알과 같은 크기의 작은 종잇조각을 올려놓고 그 위에 애벌레를 올려놓았다. 아무리 주의를 기울였어도 실패였다. 종이에 탔던 애벌레는 앞의 실험에서와 똑같이 행동했다. 제 입에 맞는 음식이 아니므로 도망치려 했고, 끝내는 꿀에 떨어져 빠져 죽었다.

아직 부화도 안 했고, 기생충의 침입도 없었던 방에서는 가뢰 애벌레를 쉽게 기를 수 있었다. 물을 묻힌 바늘 끝에 한 마리를 붙여서 알 위에 살짝 올려놓으면 된다. 이제는 도망칠 염려가 없다. 자신의 거처를 확인하려고 알을 조사한 다음 껍질을 찢는다. 그리고 며칠 동안 거기서 꼼짝 않지만 그래도 탈 없이 잘 자랐다. 다만 꿀이 너무 빨리 증발해서 부적당한 먹이가 되지 않도록 조처해야 한다. 결국 돌담가뢰에게 줄벌의 알은 조각배의 역할뿐만 아니라 최초의 먹이로도 반드시 필요하다. 유리병에서 그렇게도 여러 번 애벌레의 사육을 시도했으나 모두 실패했던 원인은 바로 이런 비밀들을 내가 몰랐던 것에 있었다.

8일 뒤 알은 기생충이 몽땅 빨아먹어서 가슬가슬하게 말라 버린 한 장의 얇은 막이 되었다. 최초의 식사가 끝난 셈이다. 이제 가뢰 애벌레의 몸집은 두 배로 늘어났고, 등이 갈라지는 이음매 선이 생긴다. 머리부터 뒷가슴마디까지 갈라진 이음매 사이로 그렇게도 괴상했던 모습이 제2의 다른 모습으로 바뀐 벌레가 나타난다. 껍질을 벗자 꿀 표면으로 떨어진다. 지금까지 애벌레를 보호하다 벗겨진 껍질은 그동안 먹이였던 뗏목에 그대로 붙어 있다. 벌 알과 가뢰 애벌레의 이중 껍질은 얼마 후 2령 애벌레가 일으키는 파동 속으로 빠져든다. 지금까지가 돌담가뢰 애벌레의 최초의 모습에 관한 이야기로 여기서 끝낸다.

이상을 요약하면 괴상한 모습의 돌담가뢰 애벌레는 7개월 동안 굶주린 상태로 줄벌이 나타나기를 기다린다. 먼저 우화한 수벌이 통로를 빠져나가려면 이 기생충 애벌레의 옆을 통과해야 한다. 그 순간 녀석들은 벌의 가슴털 속으로 파고든다. 3∼4주일 뒤 벌들이 교미할 때 수컷에서 암컷으로 이동한다. 그다음 암컷의 산란관에서 알이 나오는 순간 다시 옮겨 탄다. 이 과정을 거쳐 꿀 호수 가운데 떠 있는 줄벌의 알 위에 진지를 구축하고 정착한다. 종일 날아다니는 벌의 털 속에서의 위험한 공중곡예, 수컷에서 암컷으로 바꿔 타기, 깊고 끈적이는 바닷속으로 내던져질 수 있는 위험한 갑판, 즉 벌의 알에 붙어서 방 가운데로의 여행을 위해서 가뢰 애벌레는 온갖 등반 장비를 몸에 지녀야만 했다. 또 알을 찢는 일에는 잘 드는 가위가 필요하니 날카롭고 구부러진 큰턱을 써야 했다. 결국 돌담가뢰 1령 애벌레가 괴상한 모습을 한 것은 줄벌에 붙어서 그의 방으로 옮아가 알을 깨먹기 위한 것이었다. 그다음은 몸의 구조가 엄청나게 바뀌어서 내 눈으로 본 것이 정말인지 확인하려고 수많은 실험을 되풀이해야만 했었다.

16 남가뢰의 1령 애벌레

돌담가뢰(*S. muralis*)는 잠시 멈추고, 남가뢰(Méloés: Meloidae)[1] 이야기를 해보자. 엄청나게 뚱뚱해서 매우 무거워 보이는 배 덕분에 참말로 꼴불견인 딱정벌레이다. 게다가 별로 단단하지도 않은 딱지날개는 매우 작아서 대단한 뚱보가 답답한 모닝코트를 입은 것처럼 위부터 양쪽으로 좍 갈라졌다. 검정색 바탕에 푸른빛이 섞여 별로 반갑지도 않은 색깔인데, 몸의 생김새와 동작은 더욱 징그럽다. 더 역겨운 점은 몸에 특수한 방어 수단을 지닌 점이다. 위험을 만나면 피 같은 액체를 내놓는데, 노란 기름 모양의 액체가 배의 관절에서 스며 나와 손에 묻으면 아주 고약한 냄새를 피운다. 이 기름 같은 출혈로 영국에서는 기름딱정벌레(Oil beetle)라고 부른다. 이 곤충에게는 그 애벌레의 긴 여행과 탈바꿈 등의 몇몇 특

[1] 파브르는 유럽산 곰보남가뢰(*M. cicatricosus*)를, 뉴포트는 유럽에서 동북아를 거쳐 한국까지 분포하는 남가뢰(*M. proscarabaeus*)를 연구했다. 그런데 두 종의 통칭명이 남가뢰(Meloe)여서 후자 종명과 혼동된다. 원문에서 때로는 특정 종을 지칭했으나, 대개는 통칭명을 써서 남가뢰 전체를 말한 것인지 후자의 내용인지 혼동될 때가 많다. 그래서 후자로 명시되었거나 판단될 때는 ●표를 붙였다.

징이 돌담가뢰와 비슷한 점 외에는 흥밋거리가 없다. 이들도 1령 애벌레 때는 줄벌(*Anthophora*)에 기생한다. 갓 부화한 극미동물이 줄벌에 붙어서 그 둥지의 방안으로 옮겨지고, 거기서 산란된 알과 저장된 꿀을 먹고 자란다.

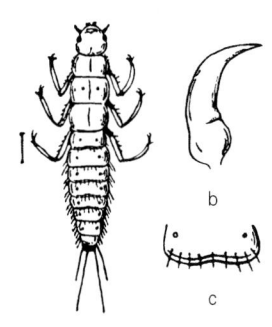

남가뢰 : b. 큰턱 c. 복절 테두리

1령 애벌레는 다양한 벌 종의 털 속에서 발견되며 기묘하게 생겨서 오랫동안 박물학자의 날카로운 눈마저 혼란시켰다. 학자들은 이들의 진짜 족보를 착각해서 무시류(無翅類)[2]의 한 종류로 알았다. 그래서 린네(Linné)는 꿀벌이(Pou des Abeilles: *Pediculus apis*), 뒤푸르는 애꽃벌트리웅굴리누스 (Triungulin des Andrènes: *Triungulinus andrenetarum*)라고 명명했다. 꿀벌류의 털에 사는 이(虱) 종류로 잘못 알았던 것이다. 하지만 영국의 유명한 박물학자 뉴포트가 그 동물은 남가뢰의 제1령 애벌레임을 밝혀냈다. 내 연구는 이 영국 논문의 불충분한 부분을 얼마간 보충했다. 내 관찰이 부족한 부분은 그의 연구 내용을 빌려 가며, 돌담가뢰와 남가뢰의 닮은 습성과 탈바꿈을 비교할 수 있었다. 그래서 이 벌레의 희한한 탈바꿈에 대한 해석에 광명이 비치게 되었다.

미장이벌인 털보줄벌(A. *pilipes*→ *plumipes*) 둥지에 돌담가뢰가 기생하는데 아주 드물게

---

[2] 무시류는 아직 날개가 태어나지 않은 원시형 곤충류로 옷좀 따위가 이에 속한다. 빈대, 이, 개미 따위는 유시류(有翅類)로서 날개가 퇴화한 것이지 무시류는 아니다. 그런데 린네마저도 오해했고, 뒤푸르는 발톱이 3개이며 애꽃벌에 산다는 뜻으로 신속의 새 이름을 지은 것이다.

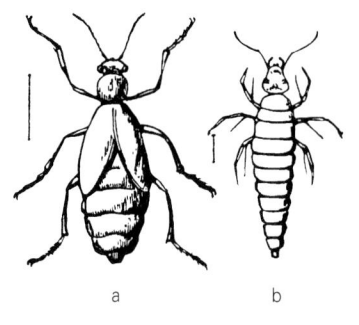

a. 곰보남가뢰 b. 제1령 애벌레

는 곰보남가뢰(*M. cicatricosus*)도 기생한다. 이 지역에 두 번째로 많은 담벼락줄벌(*A. parietina*→ *plagiata*)도 이 기생충에게 시달린다. 뉴포트가 남가뢰를 관찰한 곳은 흐리넝텅줄벌(*A. retusa*) 둥지였다. 남가뢰는 이렇게 3종의 줄벌 둥지를 삶터로 이용한다는 사실이 흥미를 끄는데 혹시 가뢰 종류는 대부분 각종 벌에 기생하는 것인지 의심된다. 의심은 어린 애벌레가 꿀이 가득한 방에 도달하는 방법을 조사해 보면 확실하게 풀릴 것이다. 구태여 숙주를 바꾸지 않는 가뢰 종류도 때로는 다른 둥지에 침입하여 살기도 한다. 주로 털보줄벌 둥지에 기생하는 돌담가뢰가 드물게는 가면줄벌(*A. personata*→ *fulvitarsis*)에 기생하기도 한다.

돌담가뢰 생활사를 연구하려고 미장이벌 둥지를 파헤쳤을 때 그 안에 곰보남가뢰가 있었다. 하지만 그들이 돌담가뢰처럼 알을 낳으려고 벼랑이나 벌 둥지 근처에서 배회하는 것은 1년 내내 한 번도 보지 못했다. 괴다르(Goedart)[3], 드 기어(de Geer)[4], 특히 뉴포트가 곰보남가뢰는 땅속에 알을 낳는다고 알려 주지 않았다면 나는 녀석의 산란에 대해서 잘 몰랐을 것이다. 뉴포트는 여러 남가뢰가 햇볕이 잘 드는 곳의 풀 밑에 깊이 5cm 정도의 구멍을 파고,

[3] Jan Goedart, 1617~1668년, 곤충 그린 네덜란드 화가. 프랑스가 1700년에 연구한 변태내용 번역(제목: 곤충 이야기).
[4] Charles De Geer, 1720~1778년. 스웨덴 아마추어 곤충학자, 1752년 이후 곤충에 관한 저서 8권을 집필함.

한 덩이의 알을 낳은 다음 덮는다고 했다. 산란은 4~5월에 며칠 간격을 두고 3~4회 반복하는데 매번 새로 판 구멍에 낳는다고 했다.

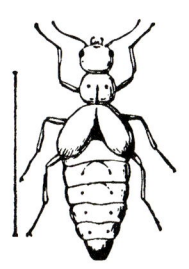

남가뢰♂ ♀

한 번에 낳는 알의 수는 정말 놀랄 만큼 엄청나다. 제일 처음 낳은 것이 가장 많은데, 뉴포트의 계산에 따르면 남가뢰는 4,218개로 돌담가뢰의 두 배였다. 두 번째, 세 번째 산란까지 계산하면 그야말로 천문학적 숫자가 아니겠더냐! 돌담가뢰는 줄벌들이 반드시 지나가는 터널 속에 산란해서 애벌레의 손실 위험을 크게 줄였다. 하지만 남가뢰는 벌집과 먼 곳에서 태어나므로 그들 스스로 운반해 줄 양부모(운반 벌)를 찾아가야 한다. 결국 돌담가뢰와 같은 본능을 갖지 못한 남가뢰는 파멸 기회가 더 많으니, 이에 대비하여 그렇게 엄청난 양의 알을 낳는 것이다. 돌담가뢰보다 훨씬 큰 난소로 본능의 약점을 보강해서 균형을 유지할 수밖에 없지 않더냐!

남가뢰 수컷(왼쪽)과 암컷(오른쪽) 채집: 경기도 가평 명지산, 4. V. 2000, 김진일

16. 남가뢰의 1령 애벌레

남가뢰º 알은 산란한 지 한 달 뒤인 5월 말이나 6월 초에 부화한다. 돌담가뢰 역시 산란한 지 한 달 뒤인 9월에 부화하여 이듬해 5월까지 완전히 단식하며, 줄벌 둥지 앞에서 벌이 지나가길 기다려야만 했다. 하지만 남가뢰는 운이 좀더 좋아서 부화 즉시 양부모를 찾아 나선다. 1령 애벌레의 형태는 뉴포트의 논문에서 그림으로 잘 알려졌으니 더 설명할 필요는 없겠다. 단지 이제부터 할 이야기의 이해를 돕기 위한 설명만 하겠다. 작은 이처럼 생긴 1령은 몸이 가늘고 긴 노란색으로 봄이면 다양한 벌의 솜털 속에서 볼 수 있다.

땅속에 있던 이 극미동물이 알에서 부화한 다음 어떤 수단으로 벌의 털 속까지 옮아갈까? 지하가 고향인 어린 애벌레는 땅에서 나와 근처의 식물, 특히 꽃식물 줄기를 타고 올라가 꽃잎 사이에 몸을 감추고 꿀을 따러 오는 벌을 기다릴 것이다. 벌이 오면 때를 놓치지 않고 솜털에 달라붙어 운반될 것이다. 이것이 뉴포트의 생각인데 내게는 더 좋은 생각이 있다. 더 좋은 방법이 없을 정도의 관찰과 실험을 즉시 행하는 것이다. 그 방법을 '꿀벌이의 생활사 제1보'로 보고하련다. 날짜는 1858년 5월 23일이다.

카르팡트라에서 베드왕(Bédoin)으로 가는 길 양옆의 깎아지른 벼랑이 나의 관찰무대이다. 햇볕에 타고 있는 이 벼랑을 많은 줄벌 떼가 이용한다. 이 녀석들은 다른 벌보다 재주가 많아서 둥지 입구에다 흙으로 지렁이보다 굵고 구부러진 현관을 만든다. 현관은 방어용 요새, 즉 보루의 돌출부인 셈이다. 이 벌 떼는 담벼락줄벌(*A. plagiata*)이며, 길가에서 벼랑 아래까지 풀이 조금 나 있다. 이번 기회에 벌들의 작업 광경을 천천히 구경하며, 그들의 비밀도 훔쳐보고 싶어 온순한 벌 떼 한가운데의 잔디 위에 잠깐 누웠다. 노란색 이(蝨)들이 떼 지어 내 옷으로 몰려와 털옷 표면에 일어난 부푸러기에 필사적으로 달라붙는다. 마치 내 몸 여기저기에 노란 가루를 뿌려 놓은 것 같았다. 이 꼬마들은 내 친구, 즉 남가뢰 애벌레임을 곧 알아차렸다. 벌의 솜털이나 둥지 밖에서 본 것은 이번이 처음이다. 이들이 양부모의 몸으로 어떻게 옮겨 가는지 알아내기는 이번처럼 좋은 기회가 없다. 기회를 놓칠 수 없다.

잠깐 누운 사이 이렇게 많은 이가 몰려든 거기에는 꽃들이 피어 있었다. 가장 많은 것은 국화과의 헤디프노이스(*Hedypnois polymorpha* → *cretica*, 사데풀류), 개쑥갓(*Senecio gallicus*)°, 길뚝개꽃(*Anthemis arvensis*)°이다. 그런데 뉴포트의 기록에는 1령 애벌레를 본 것이 두상꽃차례(頭狀花序)인 서양민들레〔Pissenlit (Dent de Lion): *Taraxacum officinale*〕°꽃에서였다고 한다. 나는 우선 지금 열거한 식물들을 주의해서 보았다. 세 종류의 식물 중 특히 길뚝개꽃의 꽃에 아

담벼락줄벌

주 많이 모인 것을 보고 무척 기뻤다. 작은 꽃들이 모인 이 꽃에 40마리나 올라와 꼼짝 않고 있었다. 하지만 여기에 섞여 있는 개양귀비(Coquelicot: *Papaver rhoeas*)나 모래냉이(Roquette sauvage: *Diaphotaxis muralis*) 꽃에서는 보이지 않았다. 따라서 남가뢰 애벌레가 벌이 날아오기를 기다리는 꽃은 오직 두상화뿐인 것 같다.

일단 목적을 달성한 것처럼 두상화 꽃 위에 진을 치고 꼼짝 않는 이 집단보다 훨씬 더 많은 숫자의 다른 집단이 보였다. 너석들은 불안한 모습으로 돌아다니는데 아마도 무엇을 찾는 중이지만 시원치 않은 것 같다. 밑에 풀밭에도 수많은 벌레가 아주 당황한 듯 돌아다닌다. 마치 개미굴을 뒤엎은 것처럼 혼란스럽다. 어떤 녀석은 풀잎 꼭대기까지 급히 기어올랐다가 다시 허둥지둥 내려온다. 또 어떤 녀석은 마른 떡쑥류(Gnaphales: *Gnaphalium*, *Omalotheca*, 국화과) 의 솜뭉치 속으로 파고들었다가 곧 다시 나와서 무엇인가를 찾기 시작한다. 자세히 조사해 보면 $10m^2$가량의 넓이에서 이 벌레가 보이지 않은 풀잎은 분명히 하나도 없었다.

지금 나는 분명히 땅속에서 나온 남가뢰 애벌레들을 보고 있다. 일부는 벌써 길뚝개꽃이나 개쑥갓 꽃에 자리 잡고 벌이 오기를 기다린다. 하지만 대다수는 아직도 임시 거처를 찾느라고 헤맨다. 잔디에 누웠을 때 내게 달려들었던 녀석들이 바로 이 유랑족이다. 어마어마한 수천 마리의 애벌레가 한 어미의 가족이었음을 나는 생각지 못했었다. 뉴포트가 남가뢰의 엄청난 산란능력을 알려 주긴 했어도 나는 그 말을 믿지 못하고 있었다.

푸른 풀밭 양탄자가 길을 따라 길게 이어지는데 미장이벌이 사는 벼랑 앞의 몇 제곱미터 밖에서는 녀석들이 한 마리도 보이지 않는다. 따라서 이들은 멀리서 온 게 아니다. 줄벌에게 접근하려고 긴 여행을 하지도 않았다. 이런 추정의 근거는, 큰 집단이 여행할 때는 반드시 낙오자나 지각생이 있는 법인데, 그런 녀석들이 보이지 않는 것에 있다. 그렇다면 이 기생충들이 부화한 곳은 줄벌 둥지 앞의 풀밭 땅속이다. 즉 남가뢰의 생활사에 떠돌이 과정이 있다고 해서 아무 데나 알을 낳아 그 새끼들이 미래의 먼 삶터로 찾아가기에 고생을 시키지는 않았다. 줄벌이 잘 오는 곳을 미리 알고 그 근처에 산란한 것이다.

이렇게 많은 애벌레가 줄벌 둥지 근처의 국화과 식물에 모여든 것으로 보아, 이 벌의 대다수가 언젠가는 이 애벌레에게 기생 당할 것은 필연적이다. 내가 관찰했을 때는 소수의 애벌레만 꽃에서 벌을 기다리고 있었다. 하지만 시험적으로 잡아 본 줄벌의 가슴털에도 이미 몇 마리가 붙어 있었다.

줄벌의 기생봉인 알락꽃벌붙이(*Melecta*와 *Crosia*)와 뾰족벌(*Coelioxys*)의 몸에서도 이들이 발견되었다.

이 기생벌들은 줄벌이 공사 중인 터널 앞을 대담하게 왕래하는데 이 도둑들 역시 날개를 좀 쉬려고 길뚝개꽃 위에 잠시 내려앉는다. 이때 눈에 보이지도 않는 꼬마 도둑들이

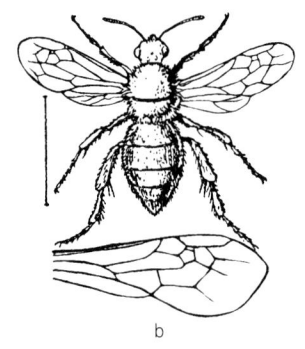

알락꽃벌붙이 : b. 날개

기다렸다가 그들의 가슴털을 파고든다. 결국 한 도둑이 다른 도둑에게 감쪽같이 습격당하는 격이다. 물론 벌이 꿀에다 산란하는 순간 이 꼬마도둑이 그의 알에 제 알을 편승시킬 것이다. 결국 그 벌의 알도 먹고 꿀도 제 것으로 만든다. 줄벌이 저장한 먹이는 이런 식으로 삼자에서 다시 제 삼자로 넘어가고, 마지막에는 이(虱) 같은 꼬마의 소유가 된다.

하지만 이런 남가뢰라고 해서 자신은 다른 도둑에게 약탈당하지 않는다는 보장은 있는지, 뚱뚱하고 연한 애벌레 시대에 어떤 도둑에게 창자를 뜯어 먹히지는 않을지 누가 알겠나? 생물이란 자기 종을 유지하려고 서로 도둑이 되거나 도둑질당하며, 서로 먹거나 먹히는 자가 된다. 자연이 생물에게 강제로 시킨 이 가혹한 숙명적 투쟁을 생각하며, 또한 기생충이 각자의 목적을 달성하려는 수단에 감탄하며, 내 마음에도 어떤 고통이 따름을 금할 길이 없다. 미물의 세계라 하여 잠시 잊고 지나쳤다면 이런 연쇄적 도둑질, 협잡질, 강탈에 아무도 두려움을 느끼지 못했을 것이다. 아아, 조물주여! 인자한 그대의 뜻이 결국 이런 것인가 봅니다(알마 파렌스 레룸, alma Parens rerum).

줄벌과 그 기생벌인 알락꽃벌붙이와 뾰족벌 털 속에 임시 거처를 마련한 남가뢰 애벌레는 머지않아 줄벌 둥지로 갈 때 분명히 지나가야 할 저들의 길목을 지키며 기다린다. 이 행위는 애벌레가 본능의 지침을 따른 것인가, 아니면 단순한 우연의 선택인가? 어느 쪽인지 곧 알게 될 것이다. 여러 종의 쌍시류, 즉 꽃등에(*E. tenax*)와 검정파리(*Calliphora vomitoria*)도 종종 이 애벌레가 기다리는 꽃에서 꿀을 빤다. 이들의 털 속에도 거의 예외 없이 남가뢰 애벌레가 있다. 그뿐만 아니라 쇠털나나니(*Podalonia hirsuta*)에도 꼬였다. 나나니는 대개 가을에 둥지를 트는데 쇠털나나니만은 이른 봄에 활동한다. 이들은 꽃잎을 겨우 스친 정도였는데 벌써 녀석들이 그의 몸으로 올라갔다. 이 녀석들은 자기 새끼에게 썩은 고기나 유기물을 먹이는 검정파리나 꽃등에도 송충이를 잡는 나나니에도 붙었으나 그들은 꿀이 가득한 방으로 데려다 주지 않는다. 따라서 이 애벌레들은 길을 잘못 찾아들었으며 이런 일이 흔하지는 않아도 본능은 여기서 잘못을 저질렀다.

길뚝개꽃에서 기다리는 남가뢰 1령 애벌레를 주목해 보자. 10마리, 15마리 또는 더 많이 떼 지어 꽃의 낱꽃 목 부분이나 낱꽃과 낱꽃 사이의 틈새에 반쯤 파묻혀 있어서 유심히 봐야만 보인다. 더욱이 몸이 노란색이라 노란 꽃과 혼동된다. 그러니 꽃에서 어떤 일이 생기지 않으면, 꽃이 흔들려서 보이게 되지 않으면, 꼼짝 않는 애벌레의 존재를 눈치조차 챌 수 없다. 꽃 속으로 파고들어 머리를 아래로 숙인 모습이 마치 꿀을 빨려는 모습 같다. 하지만 꽃을 옮겨 다니는 일은 없다. 숨는 장소도 가장 마음에 드는 곳만 찾고, 움직임도 오로지 어떤 곤충이 왔다는 진동이 있을 때뿐이다. 이렇게 안 움직이는 것으로 보아 그들에게 길뚝개꽃은 오로지 숨어서 기다리는 장소에 불과하다. 줄벌 역시 그들을 이동시키는 교통수단일 뿐이다. 결국 애벌레는 꽃에서도 벌에서도 양분을 섭취하지 않는다. 이 녀석들의 최초 식사도 돌담가뢰처럼 줄벌의 알이며 큰턱으로 얇은 알껍질을 찢는다.

꼼짝 않는 애벌레라도 움직여 보기는 아주 쉽다. 지푸라기로 길뚝개꽃을 조금 건드리면 숨어 있던 녀석들이 곧 밖으로 나와 흰색 꽃잎 쪽으로 흩어진다. 작은 몸집에 잔뜩 힘을 주어 꽃잎으로 간 다음 거기서 항문 근처의 혹에서 나오는 점액으로 몸을 고정시킨다. 다음, 몸을 허공으로 뻗쳤다 구부렸다 하며 사방으로 팔다리를 흔든다. 무엇이든 손끝에 닿기만 하면 잡으려는 것이다. 그러다가 효과가 없으면 꽃 사이로 되돌아가 다시 꼼짝 않는다.

하지만 그들 옆에 무슨 물체든 놓이기만 하면 놀랄 만큼 재빨리 달라붙는다. 나뭇잎 하나, 지푸라기 하나라도 좋다. 그만큼 그들은 꽃 위의 임시 거처에서 이탈하고 싶어 못 견딘다. 털이 없는 물건에 올라타면 아차 실수했다는 듯, 당황해서 이리저리 오가며 꽃으로 되돌아간다. 어쩌다 지푸라기에 올라탔던 녀석을 꽃으로 되돌려 보내면 이 덫에는 또다시 걸려들지 않는다. 이렇게 먼지처럼 작은 벌레에게도 기억과 학습능력이 있는 것 같다.[5]

이 실험 끝에 벌의 털과 약간 닮은 섬유인 내 옷에서 떼어 낸 천이나 우단 조각 또는 떡쑥에서 딴 솜으로 시험해 보았다. 핀셋으로 잡은 이런 것들을 내밀면 주저 없이 달려든

---

[5] 파브르는 이렇게 곤충의 학습능력과 행동의 변화를 인정하고도 한평생 곤충의 행동은 본능의 지시를 받은 것밖에 없다고 주장했다. 학습능력은 지능의 존재를 의미하는 것이므로 곤충도 본능 이외의 행동이 가능함을 인정했어야 옳을 것이다.

다. 하지만 벌의 털에서처럼 가만히 있지 않고 불안한 듯 돌아다닌다. 결국 나는 녀석들이 지푸라기는 물론 모직물도 이상한 곳임을 안다는 것을 확신했다. 전에도 솜뭉치 같은 떡쑥 위에서 어설프게 돌아다니는 것을 본 적이 있으니 이번도 당연한 일일 것이다. 부푸러기에 도착해서 그들의 목적을 달성한 것으로 믿었다면 이 종의 애벌레는 대다수가 별로 어렵지 않게 떡쑥 솜뭉치에 모였을 것이며, 그리고 거기서 모두 죽어 버릴 것이다.

이번에는 살아 있는 곤충을 제공해 보자. 우선 줄벌을 제공하되 기생충이 있으면 모두 제거하고 날개를 잡아 꽃에 접촉시켰다. 잠시 후 틀림없이 애벌레들이 모여들어 털에 달라붙었다. 가슴에도, 어깨에도, 겨드랑이 밑에도 재빨리 한 마리씩 파고들어 꼼짝 않는다. 이렇게 희한한 녀석들의 제2단계 여행은 이것으로 끝났다.

다음은 거기서 쉽게 잡히는 꽃등에, 검정파리, 꿀벌, 작은 나비도 실험했다. 남가뢰 애벌레는 어느 곤충이든 촘촘히 달라붙었고, 꽃으로 되돌아가려는 눈치도 보이지 않았다. 딱정벌레는 근처에 없어서 실험하지 못했다. 나의 야외관찰 조건과는 달랐으나 뉴포트는 유리병에 든 애벌레가 의병벌레(*Malachius*)에 붙는 것을 보았다고하니 딱정벌레로 실험해도 같은 결과일 것임을 믿어도 되겠다. 실제로 얼마 후 꽃에 잘 찾아오는 유럽점박이꽃무지(Cétoine dorée: *Cetonia aurata*→ *Protaetia aeruginosa*)에 붙은 것을 보았다.

곤충강(昆蟲綱)에 속하는 실험동물이 더는 없어서 이번에는 몸집이 큰 검정 거미(Araignée noir =검정공주거미)를 그들 옆에 놓아 보았다. 꽃에 있던 녀석이 거미에게 서슴없이 옮아가 다리의 관절 근처에 정착했다. 종, 속, 강(綱)의 구별 없이 가까이 접근한 동물이면 누구든 달라붙는다. 따라서 이 어린 애벌레가 여러 종류의 곤충, 특히 파리나 벌에 달라붙는 것도 별로 놀랄 일이 아니다. 부화한 애벌레의 다수가 길을 잘못 들어 줄벌의 꿀 방에 도달하지 못하는 것도, 암컷이 엄청난 수의 알을 낳을 필요성도 이해된다. 본능은 여기서 잘못을 저질렀고, 그 잘못은 알을 많이 낳는 것으로 보완했다.

하지만 다른 때는 본능이 잘못을 저지르지 않는다. 방금 보았듯이 꽃에 숨어 있던 애벌레는 자기 앞에 다가온 것이 생물이든 무생물이든 그 물체로 옮겨 간다. 다음, 옮겨 간 물체가 곤충인지 다른 물체인지에 따라 달리 행동한다. 전자, 즉 털이 많은 파리나 나비로부터 매끈한 딱정벌레에 이르기까지 마음에 맞는 곳에 도달하면 거기서 떠나지 않고 기다린다. 일단 본능의 욕구가 채워진 것이다. 하지만 후자, 즉 모직물이나 우단, 떡쑥의 섬유, 그 외의 매끈한 지푸라기에서는 쉴 새 없이 돌아다니며 무심코 떠난 꽃으로 되돌아가려 한다. 자신이 길을 잘못 들었음을 나타내는 행동이다.

그렇다면 애벌레들은 지금 올라간 물체가 무엇인지를 어떻게 알아냈으며, 그 표면이 어때서 어느 것은 마음에 들고 안 듦을 어떻게 판단할까? 새 거처가 좋고 나쁨을 눈으로 판단할까? 만일 그렇다면 거처를 잘못 선택하는 일이 없어야 할 것이다. 먼저 눈으로 그 물체가 좋은지 나쁜지 판단했을 테고, 그 결과에 따라 이동했을 것이다. 더욱이 이 작은 애벌레는 자신이 뛰어다니고 있는 거대한 물체, 즉 줄벌의 빽빽한 가슴털 속에 파묻혔는지를 눈으로 알았어야 하지 않을까?

시력이 아니면 살아 있는 근육의 내적 진동을 특수감각인 촉감으로 느꼈을까? 그것도 아니다. 말라죽은 곤충의 사체에서도 안 움직였다. 이미 다른 곤충에게 먹혀 속이 텅 빈, 썩기 직전이나 둥지 속에서 죽은 지 1년 이상 지난 줄벌 사체의 가슴에서도 보았다. 시각도 촉각도 아니면 벌의 가슴털과 부푸러기 솜털을 어떻게 구별할까? 아직 후각이 남아 있는데 이것은 굉장히 양호하다고 생각해야 할 것 같다. 살았는지 죽었는지, 몸 전체인지 일부인지, 신선한지 말랐는지에 따라 애벌레의 마음에 들거나 안 들거나 할 것이다. 그렇게도 가련해 보이는, 그리고 하나의 점 같은 한 마리의 이(蝨)를 유도하는 감각은 과연 무엇일까? 우리를 몹시 당황하게 만든다. 많은 수수께끼에 또 하나의 수수께끼가 보태진다.

이 관찰 다음 남가뢰 애벌레의 탈바꿈 과정을 보아야 하니 또 한 번 줄벌 둥지의 벼랑을 파헤칠 일이 남았다. 조사된 녀석들은 곰보남가뢰 애벌레였고, 분명히 이 줄벌 둥지의 파괴자들이다. 게다가 낡은 굴에서 탈출하지 못하고 죽은 녀석도 보았으니 풍부한 결말까지 기대했었다. 하지만 휴일(목요일)이 거의 끝나 가도록 기회가 오지 않아 모든 것을 단념할 수밖에 없었다. 내일은 아비뇽으로 돌아가 정전기를 일으키는 전기 받침대와 토리첼리 관으로 수업해야 한다. 행복했던 목요일! 네가 너무 짧아서 나의 굉장한 기회가 도망치고 마는구나.

1년 전으로 거슬러 올라가 보자. 당시의 조건은 아주 열악했으나 내 노트에는 충분한 양이 메모되어 있다. 그것들로 길뚝개꽃에

서 줄벌로 옮아가는 이 꼬마의 생활사를 더듬어 보자. 이 녀석들도 돌담가뢰처럼 벌의 등에 올라탄 이유는 오직 식량이 저장된 방안으로 옮겨 주길 바란 것뿐이다. 잠시라도 벌에게서 양분을 섭취하며 살자는 것이 아님은 확실했다.

증명이 필요하다면 이것으로 충분할 것이다. 곰보남가뢰 애벌레가 줄벌 피부에 구멍을 뚫거나 가슴털을 뽑는 일은 절대로 없으며 벌에 붙어 있는 동안 자라지도 않았다. 줄벌은 두 가뢰의 애벌레를 그들의 목적지, 즉 먹이가 든 방까지 운반하는 수레의 역할만 할 뿐이다.

이제 줄벌에 머물렀던 애벌레가 어떻게 그의 털을 버리고 작은 방으로 들어가는지 알아봐야겠다. 그 전술을 알아내기 전에 돌담가뢰의 전술을 여러 벌에서 수집한 애벌레로 알아냈었다. 이 연구는 뉴포트가 나보다 먼저 했다. 나는 그와 똑같은 방법으로 연구하면서 여러 날을 소비했다. 이 미세한 벌레 역시 줄벌의 애벌레나 번데기를 제공해도 거들떠보지 않았다. 어떤 녀석은 꿀이 가득한 방 옆으로 옮겨 주어도 입구에서 기웃거릴 뿐 전혀 들어가지 않았다. 또 어떤 녀석은 방의 벽이나 꿀 위에 놓았는데 곧 밖으로 나가거나 꿀에 빠져 죽었다. 발에 꿀이 묻으면 별수 없이 돌담가뢰처럼 희생되었다.

여러 시기에 걸쳐 털보줄벌의 둥지를 파내다가 곰보남가뢰도 돌담가뢰처럼 이 줄벌에 기생한다는 사실을 몇 해 전부터 알고 있었다. 이 벌 둥지에서 남가뢰 성충이 말라죽은 것을 가끔씩 보았으니 말이다. 한편 벌의 털 속에서 발견되는 이(虱) 모양의 노란색 작은 벌레가 남가뢰 애벌레임이 뉴포트에 의해 밝혀졌음도 뒤푸르를 통해서 알았다. 앞에서도 말했듯이 5월 21일에 줄벌 둥지를 조사하려고 카르팡트라로 갔고, 매일매일 더 새롭고 확실하게 알려지는 돌담가뢰의 지식을 얻게 되었다. 거기는 줄벌이 너무도 많아서 나는 꼭 성공한다는 확신이 있었으나 실상은 그 반대였다. 그곳의 둥지에는 남가뢰가 아주 드물어서 희망을 거의 포기했다. 그러다가 바라던 것 이상의 행운을 만났다. 땀을 뻘뻘 흘리며 곡괭이가 가장 큰 역할을 했던 6시간의 작업 후 나는 아주 많은 담벼락줄벌 방과 2개의 남가뢰 방을 손에 넣었다.

벌 둥지를 파낼 때마다 어린 돌담가뢰 애벌레가 작은 꿀 호수 표면에 떠 있는 줄벌의 알 위를 점령한 것을 보며, 흥분에 찬 나의 기쁨을 진정시킬 틈도 없었다. 어떤 방을 보았을 때는 흥분이 더욱 절정에 달했는데 그것은 검고 걸쭉한 꿀 표면에 떠 있는 얇고 주름진 막이었다. 그 얇은 막 위에 노란색 이가 꼼짝 않고 있다. 이 막이야말로 속을 다 먹힌 줄벌의 알껍질이며, 노란 이는 바로 곰보남가뢰의 애벌레였다.

이 애벌레의 역사는 그 자신이 완성시킨다. 어린 남가뢰 애벌레는 벌이 산란하는 순간 그의 털을 버린다. 또한 꿀에 닿으면 생명을 빼앗기므로 돌담가뢰와 같은 전술을 쓴다. 벌이 지금 낳는 알과 함께 꿀 표면으로 미끄러져 내려간다. 애벌레가 거기서 가장 먼저 해야 할 일은 뗏목 역할을 해주던 그 알을 먹어 치우기이다. 텅 빈 껍질이 그 증거이며, 지금 애벌레는 그 뗏목 위에 올라타고 있다. 현재 모습대로의 1령 애벌레는 오직 먹는 일뿐이다. 그다음은 벌이 모아 놓은 꿀을 먹고 자라며, 일련의 긴 탈바꿈 과정을 거친다. 이 과정이 나와 뉴포트가 줄벌에서 남가뢰 1령 애벌레를 길러 보려고 애쓰다가 끝을 보지 못한 부분이다. 꿀이나 애벌레 또는 번데기를 줄 것이 아니라 줄벌의 알을 주었어야 했다.

카르팡트라에서 돌아와 줄벌 방으로 남가뢰를 길러 보려 했다. 하지만 돌담가뢰는 성공했는데 곰보남가뢰 애벌레는 생각만큼 수집하지 못했다. 벌의 털을 뒤져 볼 수밖에 없다는 생각이 들었고, 그제야 겨우 애벌레를 찾아냈는데 이미 줄벌 알들이 부화해 버린 다음이었다. 돌담가뢰와 남가뢰는 습성뿐만 아니라 탈바꿈 형식도 아주 비슷해서 이 계획이 실패한 것에 별로 후회하지는 않았다. 결국은 성공할 것임을 의심하지도 않았다. 알과 꿀이 줄벌의 것과 크게 다르지 않다면 여러 종의 다른 벌로도 사육할 수 있을 것으로 생각된다. 하지만 줄벌과 함께 사는 세뿔뿔가위벌($O.\ tricornis$)의 방에서는 성공할지 의심된다. 이 벌의 알은 짧고 굵으며, 노란색 꿀은 냄새가 없고, 거의 가루 같은 느낌에 맛도 없어 보이니 말이다.

17 과변태

돌담가뢰(*S. muralis*)와 남가뢰(*Meloe*)의 1령 애벌레는 마키아벨리식 전략 덕분에 완전히 줄벌의 방안에 침투했다. 그들은 알 위에 자리 잡았고, 알은 그들이 제일 처음 먹을 식사인 동시에 목숨을 구하는 뗏목이다. 그러면 알을 다 먹은 애벌레는 어떻게 될까?

우선 돌담가뢰 애벌레 이야기로 돌아가 보자. 8일 후의 가뢰는 알을 다 먹고 알껍질은 막으로 변했다. 이 껍질은 얇은 조각배가 되어 애벌레가 꿀에 빠지지 않게 한다. 첫 탈바꿈은 이 작은 조각배 위에서 일어났다. 그다음은 물렁물렁한 액체 속에서 살 수 있는 몸으로 바뀌며, 조각배에서 꿀 호수 속으로 뛰어든다. 등이 갈라진 껍질은 알껍질과 함께 남는다. 다음은 우윳빛의 편평한 타원형으로 길이가 2mm가량인 작은 물체가 꿀 위에 꼼짝 않고 떠 있는 게 보였다. 이것이 새 모습으로 변한 돌담가뢰 애벌레였다. 돋보기로 보면 꿀을 삼키는 소화관의 움직임이 잘 보인다. 등 쪽 가장자리에는 두 줄로 배열된 숨구멍이 있는데 위치가 적당해서 끈

애수염줄벌 수컷의 더듬이가 매우 긴 것이 특징인 줄벌들은 땅속에 집을 짓고 가끔 큰 무리를 이루기도 한다. 하지만 썩은 나무 속에 짓는 종류도 있으며, 집 안에는 꿀과 꽃가루 혼합액을 애벌레의 먹이로 보관한다. 시흥, 4. V. '96

끈한 꿀로 막히지는 않는다. 이 애벌레 이야기는 잠깐 뒤로 미루고 자라는 과정부터 먼저 보자. 제공된 먹이는 빠르게 줄어든다.

줄벌 애벌레는 아무리 빨리 먹어도 대식가인 돌담가뢰 애벌레의 먹는 속도와는 비교가 안 된다. 벌집을 찾아갔던 6월 25일, 꿀은 모두 먹었고 애벌레는 벌써 다 자랐다. 하지만 줄벌 애벌레들은 아직 꿀 속에 잠겨 있고, 크기도 절반밖에 안 자랐다. 유리관 사육에서는 줄벌이 꿀떡을 다 먹는 데 35~40일이 걸렸으나 가뢰는 같은 양을 보름도 안 되어 다 먹었다. 가뢰가 벌 알을 빨리 먹어 버리는 데는 그야말로 하나의 중대한 사연이 있다. 만일 벌이 먼저 부화해서 먼저 대식가가 되면 가뢰 애벌레는 굶어 죽을 것이니 말이다.

돌담가뢰 애벌레가 완전히 자라는 것은 7월 상순이다. 이때가 되면 공격당한 벌 둥지의 방안에는 뒤룩뒤룩 살찐 애벌레만 있고, 한구석에는 불그스레한 똥이 산더미처럼 쌓였다. 애벌레는 흰색으로 피부는 말랑말랑하며, 길이는 12~13mm, 가장 넓은 부분의 너비는 6mm이다. 꿀 위에 떠 있는 모습을 등 쪽에서 보면 앞으로 갈수록 점점 좁아지고 뒤쪽은 크게 좁아진 타원형이다. 배는 매우 뚱뚱하지만 등판은 편평하다. 꿀 위에 떠 있을 때는 배가 커서 무게중심의 추 역할을 하며, 몸의 평형을 유지시킨다. 숨구멍은 등의 양쪽에 두 줄로 배열되었는데 끈끈한 꿀과 아슬아슬한 상태로 근접해 있다. 배 쪽 무게로 애벌레가 뒤집히지는 않으나 자칫하면 숨구멍이 꿀로 막힐 것만 같다. 올챙이배가 이렇게 중요한 역할을 하는 것도 드문 일일 것이다. 불룩한 배 덕분에 질식을 면하니 말이다.

몸마디 수는 머리를 합쳐서 13마디. 엷은 색의 머리는 매우 작은 편이며 피부처럼 연하다. 더듬이는 2마디로 원통 모양인데 너무 짧아서 도수 높은 확대경이라야 겨우 보인다. 눈은 4개인데 1령 때는 특정 장소로 여행해야 하므로 시각이 필요하다. 하지만 지금은 빛이 한줄기도 들어오지 않는 진흙 밑의 암흑 속에 있는데 그런 눈을 어디에 쓰겠나?

윗입술은 돌출했으나 머리와 확실히 구별되지는 않으며, 앞쪽으로 굽었는데 가장자리에 매우 짧고 연한 털이 나 있다. 큰턱은 작은 숟가락처럼 파인 모양이고, 끝은 갈색을 띤다. 그 밑에 2개의 아주 작은 젖꼭지 모양 살덩이가 달려 있는데 이것은 2개의 수염을 가진 아랫입술이다. 그 좌우에 똑같은 2개의 살덩이가 있는데 이것들은 입술과 밀착한 2~3마디의 수염의 흔적들이다. 이것들은 나중에 씹는 역할의 저작기(咀嚼器)가 된다. 이런 입들은 아직 성숙 도중의 기관들이라 전혀 움직이지 않고, 마치 기관들의 싹처럼 보일 뿐 형태도 뚜렷하지 않아 기술하기가 곤란하다. 아랫입술과 저작기를 이루는 얇은 부분과 윗입술 사이에 좁은 홈이 있는데 그 안에서 큰턱이 움직이는 구조이다.

원통 모양의 다리는 3마디인데 매우 작아서 겨우 0.5mm 길이의 흔적적 다리라 할 수 있다. 이런 다리는 자신이 사는 끈끈한 꿀 속은 물론 단단한 땅에서도 사용할 수 없다. 자세히 관찰하려고 애벌레를 꺼내 단단한 판 위에 올려놓으면 배가 너무 불룩해서 가슴이 공중에 뜨고, 다리도 바닥에 닿지 않는다. 이런 구조라서 항상 모로 누운 자세로 가만히 있거나 배에 힘을 주어 조금 구부리는 정도일 뿐 다리는 움직이지 않는다. 다른 곤충들의 신호에 그렇게도 민첩하게 활동했던 그 작은 벌레가 얼마 후에는 너무 뚱뚱해져 똥배만 나오고, 몸을 움직이지도 못하는 구더기처럼 되고 말았다. 이렇게 둔하고 추하게 뚱뚱하며 눈도 멀었고 다리마저 퇴화된 이런 애벌레가 조금 전까지만 해도 갑옷을 두른 몸으로 위험이 도사리는 대장정의 여행을 하려던 그 우아한 벌레였음을 과연 누가 알아보겠나?

숨구멍은 9쌍이다. 한 쌍은 가운데가슴, 나머지는 배의 앞쪽 8마디에 있는데, 제8절의 마지막 쌍은 너무 작아서 역시 흔적 같다. 그것을 확인하려면 확대경으로 앞에 것들의 배열선상에서 아주 유심히 찾아야만 한다. 다른 것들은 아주 큰데 둘레의 색깔은 엷으나 가락지 모양의 테두리는 없다.

돌담가뢰가 1령 때는 줄벌의 방을 찾아가야 하는 시대이므로 몸의 구조가 활동적인 체제였으나 2령은 오직 저장된 꿀을 소화시키는 체제이다. 내부 구조, 특히 소화관의 구조를 관찰해 보자. 줄벌이 저장한 꿀을 흡수하는 이 기관은 희한하게도 성충의 소화관과 여러모로 똑같다. 성충은 전혀 먹지 않지만 애벌레, 성충 모두 아주 짧은 식도와 소화를 담당하는 창자로 구성되었다. 다만 성충의 창자는 비었으나 애벌레는 주황색 죽이 가득 차 있다. 4개의 배설관[1]도 애벌레, 성충이 모두 같고, 그 끝은 직장(直腸)과 연결되었다. 하지만 성충은 완전한 침샘을 가졌는데 애벌레는 이것이나 이와 비슷한 것조차 없다. 애벌레의 신경계는 식도하신경절(食道下神經節) 외에도 11개의 신경절이 있는데, 성충은 가슴에 3개, 복부에 4개로 총 7쌍뿐이며, 가슴의 2쌍은 서로 합쳐졌다.

먹기를 끝낸 애벌레는 소화관의 주황색 죽이 모두 소화될 때까지 며칠 동안 움직이지 않는다. 가끔씩 붉은색 똥을 배설하는 것뿐이다. 다음 몸을 동그랗게 움츠린다. 곧 약하게 주름진 투명하고 얇은 막이 몸에서 벗겨지면서 탈바꿈이 일어난다. 껍질은 아직 찢어지지 않아 원래 피부의 주머니 모양이고, 주머니는 투명하나 외부기관들의 형태가 그대로 잘 유지되어 있다. 더듬이, 큰턱, 저작기, 입술 수염을 가진 머리, 흔적적 다리를 가진 가슴, 실처럼 가는 숨구멍의 숨관들이 매달려 있는 배 그리고 등을 알아볼 수 있다.

다음에는 매우 조심하지 않으면 찢어질 정도로 아주 연약한 주머니 안에서 희고 물렁물렁한 뭉치가 형태를 갖추기 시작한다. 이것은 몇 시간 안에 단단하게 굳은 각질로 변하고, 색깔도 황갈색 불꽃처럼 된다. 이제 탈바꿈이 끝났다. 지금 막 몸을 감쌌던 얇은 주머니를 벗어 버리고 탈바꿈한 돌담가뢰의 세 번째(3령) 애벌레 모습을 조사해 보자.

몸은 분절된 타원형인데 피부는 단단하게

---

[1] 배설기관은 말피기씨관(Malpighan tube)이다.

굳어서 변형되지 않는다. 전체적으로는 영락없는 번데기 모양에 색깔도 대춧빛 적갈색이다. 윗면은 이중의 경사진 판자 모양을 이루고, 그 모서리는 둥글다. 아랫면은 처음에는 편평하나 날이 갈수록 수분이 빠져 가운데가 우묵해진다. 타원형의 둘레 전체에 덩이들이 돌출한다. 양 끝 또는 양극은 약간 편평해진다. 아랫면 장축의 길이는 12mm, 단축의 길이는 6mm이다.

  머리 쪽 극 지점에서 일종의 가면 같은 것이 보이는데 마치 애벌레의 머리 모양이다. 반대쪽 극에는 가운데에 깊은 주름이 파인 작은 원반 모양이 있다. 머리와 연속된 3개의 몸마디에는 한 쌍씩의 작은 돌기가 있는데 이것들은 다리이며 확대경으로나 겨우 보일 만큼 매우 작다. 탈바꿈 전 애벌레의 다리가 연상되며, 가면도 그때의 머리인 것 같다. 이것들은 아직 정상적인 기관이 아니라 장차 그 기관들이 생길 위치를 알리는 표시에 불과하다. 양옆에는 9개씩의 숨구멍이 있는데 위치는 가운데가슴과 배의 처음 8마디로 탈바꿈 전과 같다. 앞쪽 8쌍은 진한 갈색으로 황갈색인 몸과 뚜렷한 대조를 이룬다. 각 숨구멍은 작고 윤기가 나는 원뿔 모양 테두리 위쪽에 둥글게 뚫려 있다. 아홉 번째 숨구멍도 모양은 같으나 너무 작아서 확대경이 아니면 볼 수 없다.

  이 애벌레는 제1령에서 2령으로 넘어갈 때 분명히 변칙적인 탈바꿈이 나타났었는데 이번에도 또 분명히 변칙이 나타났다. 이런 변칙적 탈바꿈은 딱정벌레목은 물론 곤충강 전체에서도 볼 수 없는 것이라 이런 방식을 어떻게 불러야 할지 모르겠다. 어떤 면에서는 파리의 고치(pupe)[2]와 비슷한 점이 많다. 겉면이 각질층으로 구성되어 마디들이 움직이지 않으며, 성충의 모습은 없다. 하지만 피부는 몸의 겉껍질이 각질화한 게 아니라 애벌레 때의 안쪽 피부 층이 껍질로 이루어져서 파리의 고치와는 다르다. 한편 송충이 따위의 보통 번데기(chrysalide)와도 비슷하나 성충의 몸에 해당하는 부속물이나 탈피선 등이 없는 점에서는 이들과도 다르다. 결국 가뢰가 성충에 이르는 탈바꿈은 정상적인 고치나 번데기와는 전혀 다르다. 그래서 나는 이 기묘한 체제의 번데기를 가짜번데기(Pseudo-chrysalide. 의용, 擬蛹)라고 부를 것을 제안한다. 또한 가뢰의 애벌레는 나이에 따라 제1, 2, 3령 애벌레로 부르는 것보다 세 가지 특징적인 타입을 짧게 표현하는 첫째, 둘째, 셋째 애벌레라고 부르겠다.[3]

돌담가뢰가 가짜번데기로 바뀔 때 겉모습은 곤충탈바꿈의 연구 분야를 크게 당혹시킬 만큼 급변했으나 내부 구조에는 변화가 없었다. 1년 내내 가짜번데기의 내부기관을 여러 번 조사했으나 그동안 발달한 기관도 없고, 둘째 애벌레와 다른 점도 찾지 못했다. 신경계도 변화가 없었고, 소화기관은 완전히 비어서 마치 지방덩이 사이에서 가는

[2] 파리에서의 pupe도 번데기를 말하는 것인데, 이것은 애벌레의 피부가 그대로 껍질이 된 원통 모양이다. 하지만 나비나 딱정벌레 따위의 일반 곤충들은 애벌레 모습이 완전히 바뀌고 번데기가 된다.

[3] 이 번역도 지금까지는 1, 2, 3령으로 써 왔으나, 앞으로 나오는 가뢰 애벌레나 이와 비슷한 종류들의 애벌레 나이는 첫째, 둘째, 셋째 애벌레로 번역한다.

줄이 들쭉날쭉 하는 것처럼 보였다. 직장은 더욱 확실하게 보였고, 4개의 말피기씨관 역시 완전했다. 지방조직은 지금까지의 어느 시기보다 풍부했다. 가짜번데기의 몸 전체의 구성에서 신경계나 소화계 따위는 변화가 없다는 점 말고 할 수 있는 말은 지방조직이 내부 전체에 꽉 찼다는 것뿐이다. 사실상 이 지방은 장차 그 생명체의 생활에 필요한 저장식품이다.

어떤 돌담가뢰는 약 1개월 만에 가짜번데기가 된다. 다른 녀석은 8월 중에 탈바꿈이 끝나고 9월 초에 성충이 된다. 하지만 보통은 진행이 훨씬 느려서 가짜번데기로 겨울을 나고, 마지막 탈바꿈은 아무리 빨라도 다음 해 6월경에 성충이 된다. 가뢰가 작은 방안에서 마치 알 속의 배아(胚芽)처럼 가짜번데기 모습으로 오랫동안 혼수상태에 빠져 있는 시기는 건너뛰기로 하고, 제2의 우화기나 다름없는 이듬해의 6, 7월로 넘어가 보자.

가짜번데기는 계속 둘째 애벌레의 피부인 얇은 막 속에 갇혀 있다. 겉은 별로 변화가 없지만 내부에서는 엄청난 변화가 일어난 다음 완성되는데, 이미 말했듯이 가짜번데기 윗면은 당나귀 등처럼 불룩하고 아랫면은 편평했다가 차차 오목해진다. 윗면에 이중으로 경사진 판자 모양의 옆구리, 즉 액체가 부분적으로 증발해서 움푹해진 등 쪽의 축과 직각 면에서 보면 정점은 둥글고 각 면은 안쪽으로 구부러져 들어간 삼각형이 된다. 이런 모습의 가짜번데기를 겨울부터 봄 사이에 볼 수 있다.

그러나 이렇게 시들었던 모습의 가짜번데기가 6월에 접어들면 팽팽한 풍선처럼 변해서 장축의 수직 절단면이 둥근 타원형으로 된다. 마치 쭈그러진 방광(오줌보)에 입김을 불어서 팽팽해진 모습이다. 이와 동시에 더욱 중대한 일이 일어난다. 각질 피부가 벗겨지는데 바로 1년 전 둘째 애벌레 때의 피부처럼 통째로 벗겨진다. 둘째 때의 피부가 하나도 찢어진 곳 없이 새로운 주머니 모양의 외피가 되어 그 주머니 안에 갇히게 된다. 그렇지만 안쪽의 벌레와 직접 연결되지는 않았다. 이렇게 이중으로 둘러싸여 나갈 구멍이 없는 두 장의 주머니 중 바깥층은 무색투명하며 아주 얇고 연하다. 안쪽 주머니도 두께가 거의 같은 얇은 막의 구조이며 쉽게 찢어지나 색깔은 갈색을 띠는 호박색이라 그렇게 투명하지는 않다. 안쪽 주머니 위에는 숨구멍, 가슴의 홈 등의 가짜번데기에서 보이던 것들이 보인다. 그 안쪽 물체도 희미하게 보이는데 모양은 둘째 애벌레를 연상시킨다.

비밀을 감춘 두 겹의 주머니를 찢어 보니 둘째 애벌레와 비슷한 모습의 새로운 애벌레가 눈앞에 나타나 또 한 번 놀랐다. 이 벌레는 참으로 이상한 탈바꿈 뒤에 또다시 둘째 애벌레의 모습으로 나타난 것이다. 전자와 별로 다른 모습이 아니니 형태를 설명해도 의미가 없다. 부속물을 포함한 머리의 모양도 같고, 다리는 역시 흔적적이다. 둘째와의 차이점은 소화관이 비어서 몸통이 별로 굵지 않다는 점, 이중의 살덩이 혹이 복부 양쪽에 쭉 늘어선 점, 숨구멍은 둘레가 투명한데 가짜번데기보다 덜 높은 점, 매우 작았던 아홉 번째 숨구멍이 다른 것과 같은 크기로 커진 점, 큰턱 끝이 매우 날카로워진 점 정도였다. 이 셋째 애벌레를 주머니에서 꺼내면 아주 느린 신축운동뿐이다. 다리는 아직도 약해서 전진하지도 몸을 정상 자세로 유지하지도 못하며, 항상 모로 누워서 꼼짝 않는다. 그저 꾸벅꾸벅 졸고 있는지 깨어 있는지 희미한 꿈틀운동이 그의 활동을 대변할 뿐이다.

꿈틀운동은 매우 느리지만 어쩌다가 껍질 속에서 자세가 거꾸로 되면 이 운동으로 다시 뒤집는다. 그 안은 애벌레가 움직이기 어려울 정도로 몸이 꽉 끼어서 운동은 참으로 힘들다. 그런데도 몸을 움츠리고 머리를 아래로 숙여 상반신을 하반신까지 꿈틀거리며 밀고 가는데 확대경으로나 보일 만큼 매우 느린 속도로 움직인다. 그래도 거꾸로 놓였던 애벌레는 15분도 안 되어 머리가 위쪽에 놓인다. 정말 훌륭한 곡예인데 어떻게 해냈는지 놀라지 않을 수가 없다. 움직일 공간이 거의 없어서 재주를 넘는 게 참으로 불가능해 보이는데 그렇게 넘으니 놀라운 것이다.

탈바꿈 이틀 후 애벌레는 가짜번데기 때처럼 전혀 움직이지 않는다. 호박색 껍질에서 밖으로 나오면 꿈틀운동 능력을 완전히 잃는다. 바늘로 찔러도 능력이 복구되지 않는다. 그래도 피부는 부드러운 그대로이며 몸의 구조가 갑자기 변하지도 않았다. 자극에 대한 반응, 꼬박 1년 동안의 가짜번데기 시절에 잃어버렸던 그 반응이 일시적으로 잠을 깼다가 다시 더 깊은 혼수상태에 빠진다. 이 혼수상태는 번데기로 탈바꿈할 시기에 와서야 겨우 부분적으로 사라지지만 곧 다시 성충이 될 때까지 계속된다.[4]

셋째 애벌레 또는 껍질 속에 든 번데기를

4 이 문단과 다음 문단의 탈바꿈이 원문에서는 탈피(허물벗기)란 용어로 쓰였으며 잘못된 말도 아니다. 하지만 피부는 그대로 남아 있는데 허물벗기로 번역하면 독자들이 혼동할 것 같아 탈바꿈으로 번역했다. 그래도 내용상의 문제는 없다.

유리관에 넣고 자세를 뒤집어 놓으면 이제는 원래의 자세로 돌아가지 못한다. 성충도 껍질 속에서 뒤집히면 몸의 유연성이 없어서 제자리로 돌아가지 못한다. 그런데 막 탈바꿈한 셋째 애벌레를 보지 못한 사람에게 여유가 거의 없는 껍질 속에서 자세를 완전히 뒤집었다고 하면 절대로 안 믿을 것이다.

자, 가장 적당한 시간에 관찰하지 않으면 나중에 후회할 테니 지금 그 이상한 장면을 봐 두자. 가짜번데기를 채집해서 머리를 온갖 방향으로 늘어놓고 유리병에 넣었다. 적당한 계절이 왔을 때 뒤집혔던 애벌레와 번데기의 대부분이 방향을 바로 뒤집은 것은 당연하지만 그래도 놀랍다. 이렇게 몸이 거꾸로 된 자세에서 어떤 특수운동이라도 있는지 생각해 보았고, 방향 바꿈이 보이지 않을까 해서 껍질을 이리저리 돌려 보기도 공간적으로 방향을 바꿀 수 있는 여유가 어디에 있는지도 머리를 짜내 가며 생각해 보았다. 하지만 모두 쓸데없는 노력이었고 완전한 환상이었다. 껍질 속 벌레의 방향 바꾸기에 대해 이해할 수 있는 설명을 해보려고 2년이라는 긴 세월을 어떤 착각에 사로잡혀서 여러 추측을 했었다. 그래도 지금은 겨우 적당한 기회가 왔고, 그렇게 힘들었던 사연을 설명할 수 있게 되었다.

줄벌의 방안에서 둘째 애벌레가 가짜번데기로 탈바꿈할 때는 머리를 항상 위로 향했으므로 비정상의 자세가 없다. 하지만 가짜번데기를 상자나 유리병 속에 무질서하게 늘어놓으면 거꾸로 놓였던 애벌레나 번데기들이 얼마 후 모두 머리를 제 방향으로 향했다.

네 번의 커다란 형태적 변화 다음에는 당연히 내부 구조의 상당한 변화가 예상되는데 실제로는 아무 변화도 없었다. 신경조직은 셋째 애벌레도 허물벗기 전과 같았다. 생식기관도 아직 안 나타났다. 소화기관은 성충이 될 때까지 그대로 유지되니 더 말할 필요도 없다.

셋째 애벌레 기간은 둘째와 비슷한 4~5주밖에 안 된다. 둘째 애벌레가 가짜번데기 상태로 되는 7월 중 셋째는 이중 주머니 속에서 번데기로 변한다. 먼저 등 가운데에 갈라지는 금이 생기고, 동시에 일어나는 신축운동으로 번데기가 껍질에서 빠져나온다. 이때는 다른 딱정벌레와 다른 점이 없다.

번데기로 바뀐 셋째 애벌레는 특별히 달라진 점이 없다. 그저 배내옷을 뒤집어쓴 성충이나 다름없다. 노란빛을 띠는 흰색이며, 유리처럼 투명한 배 쪽 기관들이 제자리에 나열되어 있다. 몇 주가 지나면 번데기는 부분적으로 성충의 복장으로 갈아입는다. 그리고 한 달 뒤 마지막 허물벗기의 규칙에 따라 최종의 모습을 갖춘다. 이때 딱지날개와 뒷날개, 그리고 다리의 대부분은 아직도 노란빛을 띠는 흰색이며, 다른 부분은 모두 광택이 나는 검정색이다. 24시간이 지나면 딱지날개는 검정색과 갈색으로 물든다. 뒷날개 색도 진해지고, 다리도 검정색으로 바뀐다. 이제 완전히 성충의 체제가 갖춰진 셈이다. 하지만 돌담가뢰 성충은 아직 깨끗한 껍질 속에서 2주 동안 머문다. 때로는 셋째 때 배설한 요산(尿酸) 성분의 하얀 똥과 번데기 때의 노폐물을 몸의 뒤쪽으로 밀어낸다. 8월 중순, 마지막으로 자신을 감쌌던 이중 껍질을 찢고, 줄벌의 작은 방 뚜껑을 뚫고 밖으로 나와 짝을 찾는다.

앞(16장)에서 줄벌 둥지를 파낼 때 곰보남가뢰 애벌레가 들어 있는 2개의 방을 발견했다고 했었다. 그 중 하나에는 줄벌의 알 위에 노란색 이(虱) 모양인 곰보남가뢰의 제1령(첫째) 애벌레가 올라타고 있었다는 이야기도 했다. 두 번째 방에도 꿀이 가득 찼는데 역시 꿀 위에 길이가 약 4mm인 흰색 애벌레가 떠 있었다. 돌담가뢰 애벌레도 흰색이었으나 그와는 다른 모습이었다. 배가 빠르게 고동치는 것으로 보아 냄새가 강한 꿀을 열심히 빠는 것 같았다. 곰보남가뢰의 제2령(둘째) 애벌레였다.

안을 들여다보려고 구멍을 크게 뚫는 바람에 그 귀중한 방들을 보존하지 못하게 되었다. 카르팡트라에서 돌아오는 길에 마차가 너무 흔들려서 꿀이 다 쏟아졌고, 알도 애벌레도 모두 죽었다. 6월 25일에 다시 찾아가 역시 2마리, 그러나 전보다 많이 자란 애벌레를 손에 넣었다. 한 마리는 꿀을 다 먹어 갈 무렵이었고, 또 한 마리는 아직 절반쯤 남았을 때였다. 전자는 아주 조심해서 안전하게 놔두었고, 후자는 곧 알코올에 넣어 보관했다.

이 녀석들은 장님이었고, 약간 노란빛을 띤 흰색으로 매우 뚱뚱하며, 몸이 전체적으로 굼벵이처럼 둥글게 구부러졌다. 몸은 확대경으로 겨우 보이는 미세한 솜털로 덮였다. 몸마디 수는 머리를 포함해서 13마디. 그 중 가슴과 배의 앞쪽 8마디, 즉 9마디에 엷은 색의 타원형 숨구멍이 있다. 돌담가뢰 애벌레처럼 제8복절의 것은 다른 것보다 훨씬 작았다.

각질의 머리는 엷은 갈색이며, 머리방패는 갈색 테를 둘렀다. 윗입술은 흰색의 사다리꼴. 큰턱은 검은데 짧고 강하며, 약간 구부러졌다. 끝은 둔하나 안쪽 양옆에 넓고 날카로운 이빨이 한 개씩 있다. 작은턱과 아랫입술 수염들은 갈색이며, 매우 작은 돌기 모양의 2~3마디로 되어 있다. 더듬이는 3마디인데 갈색이며 큰턱과 거의 같은 높이에 꽂혔고, 제1절은 굵고 둥그나 다른 마디는 아주 가는 원통 모양이다. 다리는 짧지만 아주 튼튼하고 끝에 한 개의 강한 발톱이 있어서 구멍을 잘 파거나 잘 걷는다. 완전히 자란 애벌레는 25mm 정도였다.

알코올에 너무 오래 담가 둔 애벌레는 내장이 녹아 버려 해부가 어려웠지만 신경계는 식도하신경절 외에 11개의 신경절이 있고, 소화관은 성충과 다르지 않았다.

6월 25일 채집한 애벌레 중 큰 녀석은 남은 꿀과 함께 유리관에 넣어 두었더니 7월 첫째 주에 허물을 벗어 새 모습을 보여 주었다. 등 쪽 피부의 가운데가 갈라지고 몸이 절반쯤 드러났을 때 돌담가뢰와 아주 닮은 가짜번데기가 보였다. 뉴포트는 남가뢰° 애벌레의 둘째, 즉 저장된 꿀을 먹고 있을 때의 특유한 자세는 보지 못했으나 조금 전에 설명한 가짜번데기의 껍질은 보았다. 껍질의 흔적을 보면 강한 큰턱과 튼튼한 발톱이 무장된 다리가 있어서 뉴포트는 그 애벌레가 무엇을 파낼 능력이 있다고 판단했으며, 방 하나에 머물지 않고 이 방 저 방으로 먹이를 찾아다닌다고 생각했다. 나도 그의 추측이 정말로 지당하다고 생각한다. 커다란 애벌레의 몸집으로 볼 때 작은 방 하나에 저축된 꿀만으로는 모자라 보였다.

다시 가짜번데기를 보자. 이것 역시 돌담가뢰처럼 몸은 전혀 움직이지 않았고, 호박색의 단단한 각질의 머리를 합쳐 총 13마디였다. 몸길이는 20mm, 활처럼 굽었으며, 등은 아주 높고 배는 거의 편평한데, 등과의 경계에는 알맹이 모양의 돌기들이 가장자리를 장식했다. 머리는 마치 가면 같은데 미래의 기관들이 양각의 조각처럼 포진한 것이다. 가슴에 돌출한 3쌍의 돌기는 장차 성충의 다리에 해당한다. 9쌍의 숨구멍 중 한 쌍은 가슴에, 8쌍은 연속된 앞쪽 배마디에 있으며, 마지막 쌍은 다른 것보다 작다. 이것은 가짜번데기가 되기 전 애벌레의 특징이다.

남가뢰와 돌담가뢰의 가짜번데기를 비교해 보면 양자 간의 유사점이 아주 많음을 알 수 있다. 극히 세부 구조까지도 같다. 어느 종류든 머리는 가면 모양이며, 다리는 혹 같고 숨구멍의 수나 모양, 배치된 위치도 같다. 빛깔도 같고, 피부가 굳은 점도 같다. 다만 몸 전체의 윤곽이 조금 다르고, 애벌레가 벗은 껍질인 주머니의 겉모양이 다르다. 돌담가뢰 껍질은 밖으로 통하는 구멍이 없이 가짜번데기 전체를 감싸고 있었으나 남가뢰 껍질은 등 쪽 가운데가 찢어져 가짜번데기를 절반만 싸고 있다.

내가 수집한 단 한 마리의 가짜번데기를 해부해 보면 남가뢰도 돌담가뢰처럼 겉모습은 크게 변했으나 내장기관에는 변화가 없었다. 다량의 지방 덩이 사이에 묻힌 가느다란 끈 모양의 구조물은 과거의 애벌레 시대나 미래의 성충 시대 소화관인 점도 같았다. 배를 갈랐을 때 애벌레의 신경절은 8개였으나 성충은 4개뿐이다.

곰보남가뢰가 가짜번데기 상태로 얼마나 오랫동안 지내는지 확실히 말할 수는 없다. 그러나 남가뢰와 돌담가뢰 사이의 발육 과정이 그렇게도 완전하게 유사한 점을 고려한다면 개중에는 그해에 탈바꿈하는 녀석도 있겠지만 꼬박 1년 동안 그대로 있다가 이듬해 봄에 겨우 성충이 되지 않을까 생각한다. 뉴포트의 의견도 같았다.

어쨌든 나는 8월 말경 벌써 번데기 상태가 된 남가뢰의 가짜번데기 하나를 발견했고, 이 귀중한 노획물 덕분에 가뢰의 탈바꿈 이야기를 끝맺을 수 있었다. 각질의 가짜번데기 피부는 가슴 등쪽에 금이 간 곳을 따라 갈라지는데 머리부터 몸통 전체에 걸쳐 갈라진다. 상한 곳이 없어 깨끗한 이 껍질은 마치 둘째 애벌레가 벗어 버린 껍질 안으로 절반쯤 끼어 들어간 모습이다. 껍질을 절반으로 나누고 갈라진 틈 사이로 남가뢰의 번데기가 몸을 절반쯤 내밀고 있다. 겉보기에는 가짜번데기가 곧 번데기로 된 것처럼 보였으나 돌담가뢰의 경우는 그렇지 않았다. 돌담가뢰는 가짜번데기에서 번데기로 변하기 전에 반드시 꿀 먹는 애벌레 모습의 중간 형태를 거쳤다.

하지만 겉에서는 잘못 알기 쉽다. 갈라진 가짜번데기 피부의 껍질에서 벌레를 꺼내 보면 그 밑에서 제3의 탈피 껍질이 보이는데 이것이 이 벌레의 마지막 껍질이다. 껍질과 벌레 사이는 실 모양의 숨관가지로 연결되었고, 이것들을 물에 담가 보면 부드러워지며 곧 애벌레의 것과 같은 조직임을 알 수 있다. 이후의 큰턱과 다리는 지금처럼 튼튼하지 않다. 결국 남가뢰도 가짜번데기 상태를 지난 다음 잠시 그전 애벌레 시대 모습으로 되돌아간 것이다.

그다음에 번데기가 된다. 번데기는 특별한 게 없다. 내가 사육한 단 한 마리는 9월에 들어서자 성충이 되었다. 자연 상태의 남가뢰 성충도 이 시기에 벌의 방에서 탈출할까? 아무래도 교미와 산란이 겨우 이듬해 봄에나 이루어지는 것으로 보아 그럴 것 같지는 않다. 아마도 성충은 줄벌 방에서 가을과 겨울을 보내고, 이듬해 봄에 탈출할 것 같다. 일반적으로는 발육이 느리게 진행될 것 같다. 그렇다면 남가뢰도 돌담가뢰처럼 나쁜 계절의 대부분을 겨울잠에 적당한 가짜번데기 상태로 보내고, 다른 탈바꿈은 모두 기다렸다가 좋은 계절에 끝낼 것이다.

돌담가뢰나 남가뢰는 서로 같은 가족으로 모두 가뢰과(Meloidae)에 속한다. 아마도 가뢰과의 종들은 모두 이렇게 희귀한 탈바꿈을 할 것 같다. 사실 나는 25년 동안 조사했는데 다행히도 이제까지 보지 못한 제3의 탈바꿈을 발견했다. 하지만 그렇게 긴 세월 동안 가짜번데기를 겨우 6개밖에 보지 못했다. 3개는 돌 위에 지은 진흙가위벌(*Megachile*) 둥지에서였는데 그때는 그 둥지가 담장진흙가위벌(*M. parietina*)의 것인 줄 알았었다. 하지만 지금은 피레네진흙가위벌(*Ch. des hangars* → *M. pyrenaica*)의 것일 가능성이 더 크다는 생각이다. 한번은 유럽돌배나무(Poirier sauvage: *Pyrus pyraster*) 줄기에 뚫린 구멍에서 통나무를 뚫는 곤충의 애벌레가 죽은 것을 꺼냈는데 이 구멍은 나중에 어떤 뿔가위벌(*Osmia*)의 둥지로 이용되고 있었다. 끝으로 새끼의 둥지로 나무딸기의 마른 줄기에 터널을 뚫은 삼치뿔가위벌(*Hoplitis tridentata*)의 고치 중에 2마리의 가짜번데기가 끼어 있는 것을 발견했었다. 이들은 뿔가위벌 기생충이다. 내가 그것들을 진흙가위벌의 낡은 둥지에서 꺼냈을 때 이 둥지는 진흙가위벌의 것이 아니라 이것을 수리해서 이용한 뿔가위벌들(세뿔뿔가위벌과 라뜨레이유뿔가위벌)의 것이었다.

가짜번데기에 대해서 내가 가장 완전하게 관찰한 기록은 다음과 같다. 가짜번데기는 둘째 애벌레의 피부로 투명하고 얇으나 찢어지지 않은 가죽에 싸여 있다. 몸의 부속물들이 보이지 않으면 그것은 단순한 돌담가뢰의 주머니일 뿐이다. 막을 통해 3쌍의 짧은 다리가 보이나 그것은 흔적의 단면에 불과하다. 머리는 정확히 알아볼 수 있고 큰턱이나 입틀도 잘 보인다. 눈의 흔적은 없다. 몸 양쪽에 숨구멍끼리 연결된 숨관가지가 모두 드러난다.

가짜번데기는 이렇게 변한다. 대추의 적갈색 각질로 양 끝이 좁아진 원통 모양인데 등은 높고 배는 파였다. 몸 표면을 확대경으로 보면 미세한 돌기들로 덮였다. 길이는 1cm, 너비는 4mm. 머리는 큰 혹 모양이며, 입 같은 것이 어렴풋이 보인다. 희미하게 보이는 3쌍의 회색 점은 다리의 흔적이다. 양옆에는 검은 점선 모양의 숨구멍 열이 있는데 맨 앞의 것은 따로 떨어졌고, 나머지는 일정한 간격으로 배열되었다. 몸의 마지막 마디 끝에 작은 도랑처럼 파인 것은 항문이다.

내 손에 들어온 6개의 가짜번데기 중 4개는 이미 죽었고, 나머지 2개에서 다행히 적갈색황가뢰(*Zonitis mutica*→ *immaculata*)가 우화했다. 처음부터 몸의 구조가 묘해서 가뢰의 일종으로 생각했었는데 예상이 맞았다. 따라서 뿔가위벌에 기생하는 가뢰가 또 밝혀진 셈이다. 이제는 꿀이 가득한 방으로 뿔가위벌을 따라 들어오는 첫째 애벌레에 대해, 또한 셋째 애벌레는 언제 가짜번데기 속에서 칩거하는지 알아볼 때이다.

이제까지 설명된 기묘한 탈바꿈에 대해 대략 요약해 보자. 딱정벌레목 곤충은 모든 애벌레가 번데기가 되기 전에 몇 차례의 허물벗기를 한다. 허물벗기는 작아서 불편한 겉옷을 벗어 버려 애벌레의 성장을 돕는 것이 목적이며, 겉모습에는 변화가 없다. 허물을 벗은 다음에도 애벌레의 모습에는 변화가 없는 것이다. 처음에 딱딱했던 애벌레의 몸이 연해지거나 있었던 다리가 없어지거나 가졌던 눈이 장님으로 되지는 않는다. 이렇게 모습을 바꾸지 않는 애벌레는 그의 먹이나 환경도 변하지 않는다.

하지만 이런 상상을 해보자. 성장 도중 먹이와 서식처의 환경이 바뀌어 그들의 생육 조건이 근본적으로 변하는 경우를 가정해 보자. 이 경우 애벌레는 허물벗기 때 자신의 신체 구조를 새 생활 조건과 일치시킬 수 있어야 하며, 반드시 그래야만 한다. 가뢰의 첫째 애벌레는 줄벌의 몸에 산다. 여기서는 위험천만의 여행을 위해 행동이 민첩해야 했고, 추락사의 방지에 적합한 특수 도구들, 즉 눈, 다리, 부속 기구 따위를 갖춰야 했다. 일단 줄벌 방에 침투하면 알부터 깨뜨려야 한다. 갈고리 같은 큰턱이 그 역할을 하며, 알을 먹은 다음에는 먹이가 바뀐다. 벌의 몸에 기숙했다가 이제는 그가 살던 장소도 바뀌었고, 먹이도 반죽된 꿀이다. 이제는 벌의 솜털에 달라붙을 필요가 없어졌고, 끈적끈적한 꿀 위에 떠 있어야 한다. 또한 밝은 햇빛 대신 깊은 어둠 속에서 살아야 한다. 꿀을 떠내려면 예리하던 큰턱의 안쪽이 숟가락처럼 움푹 파여야 한다. 반면에 몸의 평형을 유지

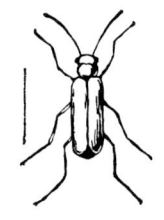

적갈색황가뢰

17. 과변태

하기 위한 도구는 필요치 않고, 더욱이 다리나 털 따위는 애벌레를 꿀에 빠뜨리기 쉬운 장애물일 뿐이니 없어져야 한다. 움직일 수 없는 좁고 어두운 방에서는 늘씬한 몸매도 각질의 피부도 눈도 필요 없다. 눈은 완전히 멀고 피부는 연해지며 게으름뱅이처럼 뚱뚱한 몸매가 된다. 생활이 바뀐 애벌레에게 필요 불가결한 이런 탈바꿈이 단 한 번의 허물벗기로 손쉽게 일어나야 하는 것이다.

이런 식의 탈바꿈이 필요한 경우에 대하여 알려진 것이 없으며, 이런 경우는 곤충강 전체에서도 변칙적이다. 꿀을 먹고 자란 애벌레가 처음에는 번데기와 비슷한 모습이었다가 그다음 다시 앞의 모습으로 되돌아간다. 어째서 이런 탈바꿈이 필요한지는 알 수 없어서 나는 여기서 사실을 기록하는 것만으로 그치고 해석은 미래에 맡기련다. 남가뢰 애벌레는 번데기로 변하기 전에 4번 허물을 벗었는데 그때마다 애벌레의 외부 특징이 근본적으로 변했다. 하지만 겉모습은 바뀌어도 내부기관은 전혀 바뀌지 않는다. 다만 번데기가 될 무렵 생식기관의 신경조직이 집중적으로 발달한다. 이 현상은 다른 딱정벌레와 같다.

딱정벌레는 애벌레, 번데기, 성충으로 이어지는 일반적 탈바꿈을 하나 가뢰의 탈바꿈은 여기에 애벌레의 겉모습이 몇 번 더 보태진다. 이렇게 애벌레 시대에 또 다른 형태로의 전환은 곤충의 탈바꿈 양식 발달에 어떤 서막을 보인 것으로 이 경우는 특별한 명칭이 필요하다. 나는 이 경우를 과변태(過變態, Hypermetamorphosis)라고 부를 것을 제안한다.

이 연구에서 가장 두드러진 사실들을 요약해 보겠다.

돌담가뢰, 남가뢰, 황가뢰, 그리고 아마도 가뢰과에 속하는 종들은 모두 꿀을 수집하는 벌 종류의 둥지에 기생하는데, 첫째 애벌레 시대는 그 둥지의 어미벌을 찾아간다.

남가뢰 애벌레는 번데기가 되기 전에 4번의 형태변화 과정을 거치는데, 나는 그들에게 첫째 애벌레, 둘째 애벌레, 가

황가뢰 채집: 경기도 양평 청소년수련원, 28. VII. 2000, 김진일

짜번데기, 셋째 애벌레라고 부를 것을 제안한다. 각 단계별 과정을 간단히 표현할 수 있어서 그런 것이며, 내장기관의 변화는 없다.

첫째 애벌레는 피부가 가죽처럼 질기고 꿀이 가득한 방으로 옮겨 줄 벌의 몸에 산다. 그 방에 도착하면 벌의 알을 먹고 이것으로 이 시대의 목적은 끝난다.

둘째 애벌레는 몸이 연하며 첫째 애벌레의 겉모습과 크게 다르다. 꿀을 먹는다.

가짜번데기의 운동력 없는 각질 피부는 파리 고치와 나비 번데기의 두 가지 특징이 합쳐진 셈이며, 활동은 없어도 피부 표면에서 확실히 알아볼 수 있는 가면 모양의 머리, 다리의 위치를 알려 주는 6개의 혹, 9개의 숨구멍 따위가 양각처럼 나타난다. 돌담가뢰의 가짜번데기는 구멍이 없는 주머니 속에 갇혀 있고, 황가뢰는 둘째의 피부가 밀착된 주머니 속에 들어 있다. 남가뢰는 둘째의

등이 찢어진 피부 속에 절반쯤 꽂혀 있다.

셋째 애벌레의 겉모습은 둘째의 모습으로 되돌아간다. 돌담가뢰와 어쩌면 황가뢰도 둘째의 피부와 가짜번데기 껍질의 이중 주머니 안에 들어 있다. 그런데 남가뢰는 찢어진 가짜번데기의 껍질과 둘째의 피부 속에 절반쯤 끼어 있다.

셋째 이후는 보통의 탈바꿈을 한다. 즉 셋째는 번데기가 되고, 번데기는 성충이 된다.

찾아보기

 **곤충명**
종 · 속명/기타 분류명

ㄱ

가뢰 304, 305, 315~326
가뢰과 367, 371
가면줄벌 336
가시털감탕벌 104, 109, 114
가위벌 23
가위벌기생가위벌 293
가위벌붙이 22, 23, 280, 286, 293
가짜번데기 357~362, 364~371
갈색개미 169
감탕벌 104~107, 109~126, 272, 297
개미 40, 46, 171~186
개미붙이 300
거세미나방 41, 56
건축가벌 22
검정 개미 170, 179, 182, 188
검정파리 343, 345
고려어리나나니 262, 263, 292
곤봉송장벌레 49
곤충강(昆蟲綱) 345, 356, 370

곰보남가뢰 334, 336, 347~350, 363, 365
관목진흙가위벌 131
광부벌 22
구멍벌 96, 190, 191
굼벵이 57, 363
귀뚜라미 75, 239
극미동물(極微動物) 320, 335, 338
금치레청벌 262
기름딱정벌레 334
기생곤충 202, 264, 298, 318
기생벌 262, 264, 266, 302, 341, 342
기생봉 341
기생충 202, 263, 297, 302, 305, 331~336, 341~345, 367
꼬마꽃벌 24
꼬마대모벌 250, 253, 255, 259
꽃등에 247, 248, 256, 343, 345
꿀벌 59, 72, 132, 186, 216, 224~227, 230, 250, 256, 326, 345
꿀벌이 335, 338
끝검은가위벌 293

ㄴ

나나니 15, 26, 38~66, 68~73, 76, 77, 93, 95, 96, 122, 186, 343
나방 41, 56, 59, 82
나비 82, 345, 346, 357, 371
나비목 23, 115
남가뢰 316, 317, 334~372
노래기벌 234, 239
녹색벌레 115
누에 59
늙은뿔가위벌 273, 283

ㄷ

담벼락줄벌 295~296, 298, 302, 305, 319, 336, 339
담장진흙가위벌 86, 89, 136, 293, 367
대머리여치 233
대모벌 26, 182~186, 239~260, 262
돌담가뢰 295, 297, 302~338, 344, 348~357, 362~368, 371
두점애호리병벌 81
둘째 애벌레 357~372
뒤영벌 223~229, 241, 243, 248, 256
딱정벌레 64, 263, 297, 302, 334, 345, 346, 362, 370
딱정벌레목 356
뜰뒤영벌 226, 227

ㄹ

라뜨레이유뿔가위벌 168, 368
랑그독조롱박벌 26
레오뮈르감탕벌 109, 114
루비콜라감탕벌 269, 270, 274

ㅁ

막시목(膜翅目) 168
말벌 29, 41, 72, 104, 105, 109, 190, 191, 225, 227, 248, 324, 326
매미목 219
매미충 26
매미충상과 26
매장충(埋葬蟲) 50
메뚜기 219, 225, 233~236, 239
메뚜기목 232, 243
목수벌 22
무덤꽃등에 247
무시류(無翅類) 335
물여우 214
미장이벌 25, 129, 197~201, 335, 336, 340
민충이 75, 233, 238, 239

ㅂ

바구미 75, 115, 117, 234, 239
방직공벌 22
배벌 27, 262
배추벌레 82
배추흰나비 82

번데기(chrysalide) 262, 263, 270,
278, 282, 300~305, 308, 314,
316, 348, 356~360
벌목 168, 173, 181, 182
붉은발진흙가위벌 130
붉은불개미 162, 169~174,
176~180, 182, 185
붉은뿔어리코벌 75
붙이호리병벌 81
비단벌레 75, 234, 239
뾰족벌 341, 342
뿌리혹벌레 219
뿔가위벌 23, 105, 168, 193,
262~268, 271~275, 278~293,
298~322, 367, 368

ㅅ

사냥벌 22, 25, 38, 60, 82, 114,
120, 124, 194, 237, 326
삼치뿔가위벌 263, 264, 270, 273,
279, 284, 293, 367
서양뒤영벌 226
세뿔뿔가위벌 168, 192, 298, 322,
350, 368
셋째 애벌레 357~372
송장벌레 49, 52
송충이 38~53, 56~61, 68~76, 82,
93, 94, 98~102, 114, 115, 123,
166, 186
쇠털나나니 38, 56~62, 74, 75, 98,
114, 166, 238, 343

수시렁이 49~52
수염줄벌 24
쌍살벌 29, 41
쌍시류 262, 343, 344

ㅇ

아마존개미 27, 169
아메드호리병벌 81, 83, 86, 89~99,
117
알락꽃벌붙이 341, 342
알락수시렁이 300
알팔파뚱보바구미 115, 116
애꽃벌 24, 315, 316
애꽃벌트리웅굴리누스 335
애호리병벌 81, 86, 92~98
어깨가위벌붙이 262, 273, 274,
279, 292
어리코벌 26
어리호박벌 229~234
여치 232, 234
연루리알락꽃벌붙이 302
왕노래기벌 166, 168
왕소똥구리 25, 64, 234
왕풍뎅이 65
외뿔장수풍뎅이 27
유럽민충이 26, 63, 232
유럽사슴벌레 64
유럽점박이꽃무지 345
은주둥이벌 262, 274, 282, 283,
292, 293
1령 애벌레 313, 320, 328, 331,

333, 335~351, 354, 356, 363
의병벌레 345

ㅈ

자벌레 85, 94
적갈색황가뢰 263, 368, 369
점박이꽃무지 27
조롱박벌 15, 17, 75
주름우단재니등에 297, 301
줄벌 295~306, 314~333,
　　335~338, 341~352, 354, 355,
　　361~364
중베짱이 232
직시류 75
진흙가위벌 23, 29, 87, 127~137,
　　140~145, 148, 160~168,
　　179~181

ㅊ

참새털이 318
첫째 애벌레 363, 371
청보석나나니 30, 105
청줄벌 24

ㅋ

코벌 26, 30, 96, 114, 190, 191,
　　239
콩팥감탕벌 109, 110, 114

ㅌ

털보애꽃벌 24

털보줄벌 295, 296, 322, 335, 336,
　　349
털이 319
트리웅굴리누스 316

ㅍ

파리 37, 52, 115, 190, 209, 214,
　　216, 235, 248, 297, 301, 346,
　　356, 357, 371
팔점대모벌 260
풍뎅이붙이 49, 52
프랑스어리호박벌 228
피레네진흙가위벌 132, 138, 194,
　　294, 369
피혁공예가벌 23

ㅎ

행렬모충(行列毛蟲) 172, 173
헛간진흙가위벌 130, 192, 292
호리병벌 29, 81, 83~98, 100~105,
　　109~124
호박벌 223, 225, 326
홍배조롱박벌 26, 63, 238
황가뢰 371, 372
황띠대모벌 240, 241, 244, 253, 259
황라사마귀 75
회색 송충이 74, 98
흐리멍텅줄벌 336
흰줄조롱박벌 29

 기타

전문용어/인명/지명/동식물

ㄱ

가재 65
감각기관 31, 47~59, 165, 166
갑각류 31
개미산 173, 177
개밀 20
개쑥갓 339, 340
개양귀비 340
거미 29, 105, 169, 182~186,
  209~259, 307
거미게 34
검정거미 246, 345
검정공주거미 246~250, 252~257,
  259, 345
검정배타란튤라 218
격세유전(隔世遺傳) 70
고양이 128, 129, 141, 142,
  151~165
고치 262, 263, 266~268,
  271~274, 356, 357, 367, 371
곤충 초당새 92
곤충학(자) 24, 105, 237, 261, 305
과변태(過變態) 370
관박쥐 54
괴다르(Goedart) 336
귀리 216
귀소(歸巢) 150

기상학 162, 164
기하학(자) 188, 206, 265, 299
길뚝개꽃 339, 340, 343, 347
길잡이페로몬(Trail Marking Pheromone)
  186
까치밥나무 112, 113
꾀꼬리 27

ㄴ

나르본느타란튤라 26, 218~221,
  237
나무딸기 21, 24, 261~266,
  269~279, 281
나침반 127, 142, 164
남불도깨비엉경퀴 21
남아메리카 231
남아프리카 132
노예사냥 181
뇌신경절 235, 238
누에왕거미 260
눈깔녹색장지뱀 36
눈알장지뱀 25
뉴턴(Newton) 126, 187
뉴포트(Newport) 316, 334~336,
  338~340, 348~350, 364, 366
님로드(Nemrod) 83

ㄷ

다나이데스(Danaïdes) 199
다운(Down) 129
달팽이 24, 91, 92, 298, 310

데스뉴카도르(Desnucador) 68~70, 78
도미티아(Domitia) 144
독거미 26, 212, 218, 221, 227,
　231~233, 243, 244, 249
「동물학」 190
두꺼비 28
뒤제(A. Dugès) 248, 249
드 기어(de Geer) 336
땅거미 26
떡쑥 340, 345, 346

ㄹ

라벤더 20
라일락 27
라코르데르(Lacordaire) 190
라틴 어 66, 108, 109, 221
랑드(Landes) 109, 212, 218
레 장글레(Les Angles) 62
레오뮈르(Réaumur) 104~109,
　111~116, 120, 121
레옹 뒤푸르(Dufour) 210, 212, 218,
　221, 269, 273, 274, 316, 335
로젤리니아콩버섯 37
뤼시(Lucie) 173, 174, 176
르바이양(Le Vaillant) 131
르펠르티에(Lepelletier) 105
린네(Linné) 335

ㅁ

마르게이라(margueira) 67

마르세유(Marseille) 34
마키아벨리(Machiavelli) 253, 351
만각류(蔓脚類) 31
매머드 69
메스머(Mesmer) 164
멜리브(Melibee) 63
모래냉이 340
목신경절 233
무도병(舞蹈病) 210
무리베짜기새 132
무화과나무 107
물리학(자) 54, 146, 164, 216, 248,
　294
물소 132
미학 90

ㅂ

바글리비(Baglivi) 216, 221, 224
바늘창엉겅퀴 21
바다밤송이 35
바르나(Varna) 34
박물학(자) 79, 105, 107, 126, 131,
　151, 153, 248, 335
박하 177
발렌시아(Valence) 216, 217
방동사니 27
방울뱀 227
방적돌기 251
방향감각 127, 128, 137, 140, 142,
　144~147, 151, 160, 168,
　180~182

배다리 45, 93, 94, 98, 115
백리향 19
벌레의 추리력 191
베드왕(Bédoin) 338
보니파시오(Bonifacio) 210
보르도(Bordeaux) 263
보클뤼즈(Vaucluse) 36, 262
본능(론) 18, 31, 47, 60~80, 82,
　　102, 104, 159, 160, 207, 208,
　　238, 254, 288, 318, 322, 330,
　　337, 343, 344, 346
북방딱새 25
붓꽃 42
브러시(bross) 23, 24, 320
브뤼셀(Bruxelles) 162
블랑샤르(Blanchard) 105
비둘기 56, 127, 146, 162, 163,
　　165
비트루비우스(Vitruve) 83
빅토르 뒤루이(Victor Duruy) 153
뻬뚤뜨(pétourtes) 38

ㅅ

사데풀류 339
산파개구리 28
살라데로(Saladeiros) 68
상복꼬마거미 210, 211
상추 42
생리학(자) 47, 61, 82, 190, 234
생존경쟁(生存競爭) 70, 71, 165
서양민들레 339

서양소귀나무 30
서양지느러미엉겅퀴 21
석죽류(석죽과) 꽃 65
성 선택(性選擇) 80
성게 32, 35, 36
세리냥(Sérignan) 30, 94, 138~144,
　　157, 159, 161
세바스토폴(Sébastopol) 33
세줄호랑거미 260
소르그 강(Sorgue) 156, 159
송로(松露)버섯 43, 50
순록 69
순환론 59
스팔란짜니(Spallanzani) 55
스페인 21, 212, 216, 218, 279
시각(기관) 162, 164, 180, 186, 207,
　　282, 353
시스터스 30
시시포스 285
식도하신경절 233, 355, 364
식물학자 37
식충류(植蟲類) 31
신경절 233, 234, 355, 365
심리학 31, 189

ㅇ

아글라에(Aglaé) 42, 44, 159
아드리아수리취 21
아르마스(Harmas) 19, 23, 25, 26,
　　31, 32, 38, 47, 136, 168
아르헨티나 68

아리스토텔레스(Aristote) 109
아비뇽 152, 155~157, 159, 315, 318, 324, 347
아이그(Aygues) 하천 131, 132, 159
아작시오(Ajaccio) 210
아테네의 여신(Athènes) 28
아프리카 32, 83, 162
앙떼아(Antaeus) 258
앙토니아(Antonia) 139, 140
양골담초류 245
양서류 28
어치 65
에라스무스 다윈(Erasme Darwin) 190, 191
에스키모 86
에트루리아(Etrurie) 88
연체동물(軟體動物) 31
열석점박이과부거미 210, 211
영국 126, 127, 129, 141, 154, 164, 190, 191, 334, 335
오두앙(Audoin) 115
오랑주(Orange) 144, 154, 156~159, 246
오스트레일리아 91
올빼미 28
왕거미 225, 260
우화(羽化) 270~273, 273, 275, 277, 282, 301, 368
운동중추 73
위쇼 산(Mt. Uchaux) 144
유럽까치 92

유럽돌배나무 367
유럽방울새 27
유인원 187
유전(론) 69, 70, 73, 77~80, 225
은화식물 38
의용(擬蛹) 357
이성 31, 102, 187, 189, 190, 205, 206
이탈리아 210~212
인간 187~189, 194

ㅈ

자기(磁氣) 146~149, 164, 165
자석 143, 146~150, 164
자연도태(선택) 70, 73, 280, 281
장 라신(Jean Racine) 63, 64
재규어 153
쟈르낙(Jarnac) 222
전서구 비둘기 162
정원사새 91
제비 162, 165
종의 기원 80, 126
중추신경 77
지중해방울새 27
지하실거미 246
지하실큰거미 248
진드기 300, 307
진화론 281
『짐승의 정신(Esprit des bêtes)』 162

ㅊ

찰스 다윈(Charles Darwin) 80, 126,
   127, 129, 137, 141, 145, 146,
   150, 161, 164
참새 27, 235~237, 241
천남성과(天南星科) 52
철새 163
철학(자) 18, 31, 129, 154, 189
청개구리 29
초당새 91, 92
촉각 347
최소작용 291, 292
추리력 191, 194, 207

ㅋ

카르팡트라(Carpentras) 94, 295, 308,
   315, 316, 318, 324, 338, 349,
   350, 363
칼라브리아(Calabres) 210~212
칼리오스트로 164
칼시카타란튤라 218, 220
캐롭나무 32
케르메스떡갈나무 20
켈트족 86
코르시카(Corses) 210, 211
콘스탄티노플 35
크롬렉 89, 90
크리미아 전쟁 32
큰거미 34
클라리세이지 228
클레르(Claire) 42, 44, 159

ㅌ

타란튤라 210~214, 216~218,
   221~229, 231~237, 242~245,
   248, 253, 254
타란튤리즘 210
탈바꿈 302, 303, 329, 334, 335,
   347, 350, 351, 355~360, 366,
   367, 370
탈피(허물벗기) 360, 366
태양 컴퍼스 150
털가시나무 32, 108, 138
토마호크 92
통신수단 55
통찰력 205
투스넬(Toussenel) 162
툴루즈(Toulouse) 163
튀로니아(Turonia) 144
티티르(Tityre) 63

ㅍ

파뉘르주(Panurge) 293
파비에(Favier) 32~36, 38, 41, 42,
   44, 128, 129, 131, 145
팜파스(Pampas) 68, 231
팡테옹 사원(Panthéon) 101
페레(Pérez) 24, 131, 263
편도나무 138
포도나무 219
퐁 클레르(Font-Claire) 144, 145
표식(법) 134~140, 142~145, 148
푸이유(Pouille) 216

퓌조(Pujaud) 210, 211
플리니우스(Pline) 108, 109
피올랑(Piolenc) 140, 144, 145, 161

ㅎ

하등동물 31, 165
하지수레국화 20, 22, 23
학습능력 344
해부학(자) 60, 225, 316
핵균류 36, 37
허물벗기 119, 360, 362, 369, 370
헤디프노이스 339
헤라클레스 258
헤로도토스(Herodotos) 104
헬릭스달팽이 91
홍방울새 65
화학(자) 54, 81, 186
환형동물(環形動物) 30
회귀(回歸) 128, 150
회귀능력 168, 170
회귀행동 161, 168
획득습성 71, 79
획득적(獲得的) 습성 70
후각기 51, 173
후각기관 49, 50, 52, 53, 175, 186
후투티 108
히이드 30

 도판

ㄱ

가시개미 169
가시털감탕벌 104
가위벌류 291
가위벌붙이 22
감탕벌의 삶 106
개미붙이 300
검정공주거미(검정거미) 246
고려어리나나니 263
곰개미 169
곰보남가뢰 336
관박쥐 55
구멍벌류 243
구주꼬마꽃벌 23
길대모벌 183
까치밥나무 113
꼬마꽃벌 24
꽃등에 247, 248
꽃등에 애벌레 247
꿀벌(양봉) 224
끝검은가위벌 293

ㄴ

나나니 39
나르본느타란튤라 221
나르본느타란튤라 복면 219
남가뢰 335~337
남가뢰 애벌레 318

낯표스라소니거미 211

ㄷ

담벼락줄벌 296, 339
대륙뒤영벌 226
대모벌 26
돌담가뢰 320
돌담가뢰 둘째 애벌레 298
돌담가뢰 성충 298
돌담가뢰 애벌레 310
돌담가뢰 첫째 애벌레 298
뜰뒤영벌 227

ㄹ

루비콜라감탕벌 269

ㅁ

말벌과 매미 225
매끈넓적송장벌레 50
먹가뢰 303
멋쟁이딱정벌레 64
민호리병벌 23

ㅂ

바구미 애벌레 117
밤나방 애벌레 41
밤나방 애벌레 복면 42
배추벌레 82
불개미붙이 299
뿔가위벌 24

ㅅ

상복꼬마거미 211
서양뒤영벌 226
세뿔뿔가위벌 168
세줄호랑거미 260
송충이 신경계 61
쇠털나나니 38
수시렁이 51, 52
스페인 타란튤라 214
쌍줄푸른밤나방 57

ㅇ

아메드호리병벌 86
알락꽃벌붙이 342
알락수시렁이 300
알팔파뚱보바구미 116
애꽃벌 315
애수염줄벌 23, 134, 352
애호리병벌 86
어깨가위벌붙이 274
어리나나니 264
어리호박벌 229, 230
엉겅퀴 20
여치 234
연루리알락꽃벌붙이 302
열석점박이과부거미 212
왕노래기벌 166
유럽불개미붙이 299
은주둥이벌 282

ㅈ

적갈색황가뢰 369
주름우단재니등에 297
줄감탕벌 268
줄벌 323
진드기 300

ㅊ

천남성 52
청보석나나니 30

ㅋ

칼시카타란튤라 212
콩팥감탕벌 110
큰수중다리송장벌레 49

ㅌ

타란튤라거미와 땅굴 27
털보줄벌 296
트리웅굴리누스(남가뢰 애벌레) 316

ㅍ

피레네진흙가위벌 129

ㅎ

호랑가시나무 108
호랑거미 암컷 259
호리병벌 84~85
호박벌 225
홍다리사슴벌레 64
황가뢰 371

황개미 169
황닷거미 211
황띠대모벌 241
황테감탕벌 124
회색뒤영벌 수컷 223

곤충 학명 및 불어명

A

Agenioideus apicalis 250
Agrotis segetum 41, 56
Ammophila 15, 47, 96
Andrena 24, 316
Andrène 24, 316
Anthidie 23
Anthidium 23
Anthidium scapulare 262, 273
Anthophora 24, 133, 295, 335
Anthophora fulvitarsis 336
Anthophora hirsuta 262, 273
Anthophora parietina 295, 336
Anthophora personata 336
Anthophora pilipes 295, 322, 335
Anthophora plagiata 295, 336, 339
Anthophora plumipes 295, 335
Anthophora retusa 336
Anthophore 24
Anthrax sinuata 297
Anthrène 300

Anthrenus 300, 307
Anthrenus parietina 336

B

Batozonellus lacerticida 260
Bembix 26, 75, 96, 114, 190
Bombus 223
Bombus hortorum 226
Bombus terrestris 226
Bourdons 223

C

Calliphora vomitoria 343
Carabus 64
Cerceris 15
Cerceris tuberculata 166
Cétoine 27
Cétoine dorée 345
Cetonia aurata 345
Chalicodoma 23, 127, 192
Chalicodoma muraria 86
Chalicodoma pyrenaica 130, 136, 192, 292
Chalicodoma pyrrhopeza 130
Chalicodoma rufescens 131
Chalicodoma rufitarsis 130
Chalicodoma sicula 130
Chalicodome 23
Chalicodome des hangars 192, 292
Chalicodome des murailles 86
Cicadelles 26

Cicadelloidea 26
Clairons 300
Coelioxys 341
Crosia 341
Crosia armata 304
Cryptocheilus alternatus 240

D

Dasypoda 24
Dasypode 24
Decticus albifrons 233
Dermestes 49
Dermestes 50
Dioxys cincta 294

E

Ectemnius continuus 262, 274, 283
Ephippiger ephippiger 26, 63, 232
Ephippigera vitium 26
Éphippigère 26
Éristale succombe 247
Eristalis 247
Eristalis sepulchralis 247
Eristalis tenax 343
Eucera 24
Eucère 24
Eumène d'Amèdée 81
Eumène pomiforme 81
Eumenes 29, 81, 103
Eumenes amedei 81
Eumenes arbustorum 81

찾아보기 385

Eumenes bipunctis 81
Eumenes dubius 81
Eumenes paillarius 81
Eumenes pomiformis 81

F

Fourmi amazone 27
Fourmi rousse 169
Fourmis noire 170
Frelon 241
Friganes 214

H

Halicte 24
Halictus 24
Hanneton 65
Hister 49
Histers 49
Hoplitis tridentata 264, 367
Hypera postica 115

L

Lucanus cervus 64

M

Macrocera 24
Macrocère 24
Malachius 345
Mante religieuses 75
Mantis religiosa 75
Megachile 123, 127, 130, 131, 163, 192, 367
Mégachile 23
Megachile apicalis 293
Megachile parietina 86, 89, 136
Megachile pyrenaica 86, 192
Megachile pyrrhopeza 130
Melecta 302, 341
Meloe 316, 334, 351
Meloe cicatricosus 334, 336
Méloés 334
Meloidae 334, 367
Melolontha 65

N

Nécrophores 49
Nicrophorus 49
Noctua segetum 56

O

Odynère 104
Odynerus 104, 295
Odynerus reaumurii 109
Odynerus reniformis 109
Odynerus rubicola 269
Odynerus spinipes 109
Oil beetle 334
Omalus auratus 262
Oryctes 27
Osmia 24, 105, 367
Osmia detrita 262, 273, 283
Osmia latreillii 168

Osmia tricornis 168, 192, 298, 322, 350
Osmia tridentata 262~264
Osmie 24
Osmie tridentée 264

P

Palmodes occitanicus 26, 63, 238
Pediculus apis 335
Pélopée 29, 105
Pelopoeus 29
Philoptères 318
Philopterus 318, 319
Phylloxera 219
Phytonomus variabilis 115
Podalonia hirsuta 38, 56, 166, 238, 343
Polyergus rufescens 26, 169
Pompile à huit points 260
Pompile annelé 240
Pompile apical 250
Pompilidae 26, 182, 239
Pompilus apicalis 250
Pompilus octopunctatus 260
Pou des Abeilles 335
Prionyx kirbii 29
Protaetia 27
Protaetia aeruginosa 345
Pseudoanthidum lituratum 273

R

Russie du Cerf-volant 64

S

Sauterelle verte 232
Scarabaeus 25, 64
Scolia 262
Scolidae 27
Scolies 27
Silpha 49
Silphes 49
Sitaris humeralis 297
Sitaris muralis 297, 309, 334, 351
Solenius vagabond 262, 274
Solenius vagus 262, 274
Sphex 15, 26, 75
Sphex languedocien 26
Sphex occitanicus 26
Stize 26
Stize ruficorne 75
Stizus 26
Stizus ruficornis 75

T

Tachytes 96
Tettigonia viridissima 232
Trichodes 300
Triungulin 316
Triungulin des Andrènes 335
Triungulinus 316
Triungulinus andrenetarum 335

Trypoxylon figulus 262

V
Vespa crabro 241, 324

X
Xylocopa 228
Xylocopa violacea 228
Xylocope violet 228

Z
Zonitis immaculata 263, 368
Zonitis mutica 263, 368

 기타
동식물 학명 및 불어명/전문용어

A
Acariens 300
Alytes obstetricans 28
Amandiers 138
Amphibia 28
Annelida 30
Annélide 30
Anthemis arvensis 339
Anthropoïde 187
Araignée des cave 247
Araignée noir 246, 345
Araneidae 260
Araneus sericea 260

Arbousier 30
Arbutus unedo 30
Argiope bruennichii 260
Argiope lobata 260
Argiope trifasciata 260
Avena 216
Avoine 216

B
Batraciens 28
Bruyères 30
Buffles 132
Bufo bufo 28

C
Calluna vulgaris 30
Cambaridae 65
Carassius auratus 161
Carduelis 65
Carduelis chloris 27
Carduus nigrescens 21
Caroubier 32
Centaurea âpre 20
Centaurea aspera 20
Centaurea calcitrapa 20
Centaurea collina 20
Centaurea solsticalis 20
Centaurée âpre 20
Centaurée chaussetrape 20
Centaurée des collines 20
Centaurée solsticiale 20

Ceratonia siliqua 32
Chardon lancéolé 21
Chardon noircissant 21
Châtagne de mer 35
Chêne verts 31
Chiendent 20
Chlamydera 91
Chlamydères 91
Chloris chloris 27
Chouette 28
chrysalide 357
Chrysalids 99
Cirrhipède 31
Cirripedia 31
Cirse féroce 20, 21
Cirse lancéolé 21
Cirsium ferox 21
Cirsium lanceolatum 21
Cirsium vulgare 21
Ciste 30
Cistus albidus 30
Colimaçon 310
Coquelicot 340
Coucou 65
Crapaud 28
Crapaud accoucheur 28
Crustacé 31
Crustacea 31
Cryptogames 38
Cryptogamique 38
Cyperus 27

Cyprès 27
Cytise de Virgile 245
Cytisus sp. 245

D

Datte 83
Diaphotaxis muralis 340
Dent de Lion 339

E

Echinoidea 32, 35
Écrevisse 65
Elytrigia 20
Épeires 260
Eperia fasciata 260
Escargot 310
Étourneau 32

F

Fauvettes 27
Féroce scolyme d'Espagne 20
Ficus carica 107
Figuier 107
Fragaria 42
Fraisiers 42

G

Garrulus glandarius 65
Geai 65
Gnaphales 340
Gnaphalium 340

찾아보기 389

Grande Araignée des caves 248
Groseille 112

H

Hedypnois cretica 339
Hedypnois polymorpha 339
Hélice 91
Hélice striée 91
Helix 91
Helix striata 91
Huppe 108
Hyla 29

I

Iris 42
Iris 42

J

Jaguar 153

L

Lacerta lepida 36
Lacerta ocellus 25
Lactuca serriola 42
Laitue 42
Lézard ocellé 25
Linotte 65
Latrodectus mactans tredecimguttatus 210
Lycosa narbonnensis 26
Lycose de Narbonne 26, 218

Lycosa tarantula carsica 212

M

Maïa 34
Majidae 34
Malmignatte 210
Mammouth 69
Mammuthus 69
Mentha 177
Menthe 177
Motteux Oreillard 25

N

Nymphe 169

O

Oenanthe oenanthe 25
Omalotheca 340
Onoporde d'Illyrie 21
Onopordon illyricum 21
Oursins 32

P

Papaver rhoeas 340
Panthera onca 153
Phoenix dactylifera 83
Pica rustica 92
Pie Vulgaire 92
Pissenlit 339
Poirier sauvage 367
Poissons rouges 161

Prunus amygdalus 138
Prunus dulcis 138
Pseudo-chrysalide 357
Ptilonorhynchidae 91
Pyrus pyraster 367

Q
Quercus coccifera 20
Quercus ilex 32

R
Rainettes 29
Rangifer tarandus 69
Rassade du midi 36
Renne 69
Rhinolophe 54
Rhinolophus 54
Ribes rubrum 112
Ronce 21, 261
Roquette sauvage 340
Rosellinia 37
Rosellinie 37
Rubus 21, 261

S
Salvia sclarea 228
Sauge sclarée 228
Segestria florentina 246
Ségestrie perfide 246
Senecio gallicus 339
Serin méridional 27

Serinus serinus 27
Strix aluco 28
Sturnidae 32
Sylviidae 27
Syncerus 132

T
Taraxacum officinale 339
Tarentule 210
Tarentule ordinaire 212
Theridion lugubre 210
Théridion lugubre 210
Timon lepidus 25
Truffe 43
Tuber melanosporum 43

U
Upupa epops 108

V
Verdier d'Europe 27
Vitis vinifera 219

Z
Zoophyte 31

『파브르 곤충기』 등장 곤충

숫자는 해당 권을 뜻합니다. 절지동물도 포함합니다.

ㄱ

가구빗살수염벌레 9
가라지거품벌레 7
가뢰 2, 3, 5, 8, 10
가뢰과 2
가루바구미 3
가면줄벌 2, 3, 4
가면침노린재 8
가슴먼지벌레 1
가시개미 2
가시꽃등에 3
가시진흙꽃등에 1
가시코푸로비소똥구리 6
가시털감탕벌 2
가위벌 2, 3, 4, 6, 8
가위벌과 1
가위벌기생가위벌 2
가위벌붙이 2, 3, 4, 5, 6, 7, 8
가위벌살이가위벌 3
가위벌살이꼬리좀벌 3, 9
가죽날개애사슴벌레 9
가중나무산누에나방 7, 10
각다귀 3, 7, 10
각시어리왕거미 4, 9
갈고리소똥풍뎅이 1, 5, 10

갈색개미 2
갈색날개검정풍뎅이 3
갈색딱정벌레 7, 9, 10
갈색여치 6
감탕벌 2, 3, 4, 5, 8
갓털혹바구미 1, 3
강낭콩바구미 8
개똥벌레 10
개미 3, 4, 5, 6, 7, 8, 9, 10
개미귀신 6, 7, 8, 9, 10
개미벌 3
개미붙이 2, 3
개암거위벌레 7
개암벌레 7
개울쉬파리 8
갯강구 8
거미 1, 2, 3, 4, 6, 7, 8, 9, 10
거미강 9
거세미나방 2
거위벌레 7
거저리 6, 7, 9
거품벌레 2, 7
거품벌레과 7
거품벌레상과 7
검녹가뢰 3

검은다리실베짱이 3
검정 개미 2
검정거미 2
검정공주거미 2
검정구멍벌 1, 3
검정금풍뎅이 1, 5, 6, 10
검정꼬마구멍벌 3, 8, 9
검정냄새반날개 8
검정루리꽃등에 1
검정매미 5
검정물방개 1
검정바수염반날개 8
검정배타란튤라 2, 4, 6, 8
검정비단벌레 7
검정송장벌레 7
검정파리 1, 2, 3, 8, 9, 10
검정파리과 8
검정풀기생파리 1
검정풍뎅이 3, 4, 5, 6, 8, 9, 10
겁탈진노래기벌 3, 4
게거미 5, 8, 9
고기쉬파리 8, 10
고려꽃등에 3
고려어리나나니 2, 3
고산소똥풍뎅이 5
고약오동나무바구미 10
고치벌 10
곡간콩바구미 1
곡식좀나방 8, 9, 10
곡식좀나방과 8
곤봉송장벌레 2, 6, 7, 8

골목왕거미 9
곰개미 2
곰길쭉바구미 7
곰보긴하늘소 4, 10
곰보날개긴가슴잎벌레 7
곰보남가뢰 2, 3
곰보벌레 7
곰보송장벌레 7, 8
곰보왕소똥구리 5, 10
공작산누에나방 4, 6, 7, 9, 10
공주거미 4
과수목넓적비단벌레 4
과실파리 5
관목진흙가위벌 2, 3, 4
광대황띠대모벌 4
광부벌 2
광채꽃벌 4
교차흰줄바구미 1
구릿빛금파리 8
구릿빛점박이꽃무지 3, 6, 7, 10
구멍벌 1, 2, 3, 4, 8
구주꼬마꽃벌 2, 8
굴벌레나방 4
굴벌레큰나방 10
굼벵이 2, 3, 4, 5, 6, 7, 8, 9, 10
귀노래기벌 1
귀뚜라미 1, 2, 3, 4, 5, 6, 7, 8, 9, 10
그라나리아바구미 8
그리마 9
금록색딱정벌레 7, 8, 9, 10
금록색큰가슴잎벌레 7

금록색통잎벌레 7
금빛복숭아거위벌레 7, 10
금색뿔가위벌 3
금줄풍뎅이 1
금치레청벌 2
금테초록비단벌레 5, 7
금파리 1, 8, 10
금풍뎅이 1, 5, 6, 7, 8, 9, 10
금풍뎅이과 7
기름딱정벌레 2
기생벌 2, 3, 9, 10
기생쉬파리 1, 3, 8
기생충 2, 3, 7, 8, 10
기생파리 1, 3, 7, 8
기생파리과 8
긴가슴잎벌레 3, 7, 8
긴꼬리 6, 8
긴꼬리쌕새기 3, 6
긴날개여치 8
긴다리가위벌 4
긴다리소똥구리 5, 6, 10
긴다리풍뎅이 6, 7
긴소매가위벌붙이 4
긴손큰가슴잎벌레 7
긴알락꽃하늘소 5, 8, 10
긴하늘소 1, 4, 5, 10
긴호랑거미 8, 9
길대모벌 2
길앞잡이 6, 9
길쭉바구미 7, 8, 10
깍지벌레 9

깍지벌레과 9
깍지벌레상과 9
깜장귀뚜라미 6
깡충거미 4, 9
깨다시하늘소 9
꼬마뾰족벌 8
꼬리좀벌 3
꼬마거미 4
꼬마구멍벌 8
꼬마길쭉바구미 7
꼬마꽃등에 9
꼬마꽃벌 1, 2, 3, 4, 8
꼬마나나니 1, 3, 4
꼬마대모벌 2
꼬마똥풍뎅이 5
꼬마매미 5
꼬마뿔장수풍뎅이 3
꼬마좀벌 5
꼬마줄물방개 7
꼬마지중해매미 5
꼬마호랑거미 4, 9
꼭지파리과 8
꽃게거미 8, 9
꽃꼬마검정파리 1
꽃등에 1, 2, 3, 4, 5, 8
꽃멋쟁이나비 6
꽃무지 3, 4, 5, 6, 7, 8, 9, 10
꽃무지과 8
꽃벌 8
꿀벌 1, 2, 3, 4, 5, 6, 8, 9, 10
꿀벌과 5, 6, 8, 10

꿀벌류 3
꿀벌이 2
끝검은가위벌 2, 3, 4
끝무늬황가뢰 3

ㄴ

나귀쥐며느리 9
나나니 1, 2, 3, 4, 5, 6
나르본느타란튤라 2, 4, 8, 9
나무좀 1
나방 4, 7, 8, 9, 10
나비 2, 4, 5, 6, 7, 8, 9, 10
나비날도래 7
나비류 7
나비목 1, 2, 8, 10
난쟁이뿔가위벌 3
날개멋쟁이나비 9
날개줄바구미 3
날도래 7, 10
날도래과 7
날도래목 7
날파리 4, 5, 6, 9, 10
낡은무늬독나방 6
남가뢰 2, 3, 4, 5
남녘납거미 9
남색송곳벌 4
납거미 9, 10
낯표스라소리거미 2
넉점꼬마소똥구리 5, 10
넉점박이넓적비단벌레 4
넉점박이불나방 6

넉점박이알락가뢰 3
넉점박이큰가슴잎벌레 3
넉점큰가슴잎벌레 7
넉줄노래기벌 1
넓적뿔소똥구리 1, 5, 6, 10
네모하늘소 10
네잎가위벌붙이 4
네줄벌 3, 4, 8
노란점나나니 1
노란점배벌 3, 4
노랑꽃창포바구미 10
노랑꽃하늘소 10
노랑다리소똥풍뎅이 5, 10
노랑무늬거품벌레 7
노랑배허리노린재 8
노랑뾰족구멍벌 4
노랑썩덩벌레 9
노랑우묵날도래 7
노랑점나나니 4
노랑조롱박벌 1, 3, 4, 6, 7
노래기 1, 6, 8, 9
노래기강 9
노래기류 8
노래기벌 1, 2, 3, 4, 6, 7, 9, 10
노래기벌아과 1
노린재 3, 8, 9
노린재과 8
노린재목 6, 8
녹가뢰 3
녹색박각시 6
녹색뿔가위벌 3

녹슬은넓적하늘소 4
녹슬은노래기벌 1, 3, 4
녹슬은송장벌레 7
농촌쉬파리 1
누에 2, 3, 6, 7, 9, 10
누에나방 4, 5, 6, 7, 9
누에왕거미 4, 5, 8, 9
누에재주나방 6
눈병흰줄바구미 1, 3
눈빨강수시렁이 8
눈알코벌 1
늑골주머니나방 7
늑대거미 4, 8, 9
늑대거미과 9
늙은뿔가위벌 2, 3
늦털매미 5
니토베대모꽃등에 8

ㄷ

단각류 3
단색구멍벌 3
닮은블랍스거저리 7
담배풀꼭지바구미 7, 10
담벼락줄벌 2, 3, 4
담장진흙가위벌 1, 2, 3, 4, 8
담흑납작맵시벌 3
닷거미 9
대륙납거미 9
대륙뒤영벌 2
대륙풀거미 9
대머리여치 2, 5, 6, 7, 9, 10

대모꽃등에 8
대모벌 1, 2, 3, 4, 5, 6, 9
대모벌류 8
대장똥파리 7
대형하늘소 10
도래마디가시꽃등에 3
도롱이깍지벌레 9
도롱이깍지벌레과 9
도토리밤바구미 7
독거미 2, 8, 9
독거미 검정배타란튤라 8, 9
독거미대모벌 6
독나방 6
돌담가뢰 2, 3, 4, 5, 7
돌밭거저리 7
돌지네 9
두니코벌 1, 3
두색메가도파소똥구리 6
두점뚱보모래거저리 7
두점박이귀뚜라미 3, 6
두점박이비단벌레 1
두점애호리병벌 2
두줄배벌 3, 4
두줄비단벌레 1
둥근풍뎅이붙이 7, 8, 10
둥글장수풍뎅이 3, 9
둥지기생가위벌 4
뒤랑납거미 9
뒤랑클로또거미 9
뒤영벌 2, 3, 4, 8, 9
뒤푸울가위벌 4

들귀뚜라미 6, 9, 10
들바구미 3
들소뷔바스소똥풍뎅이 1, 5, 6, 10
들소똥풍뎅이 6
들소오니트소똥풍뎅이 6
들파리상과 8
들판긴가슴잎벌레 7
들풀거미 9
등검은메뚜기 6
등대풀꼬리박각시 3, 6, 9, 10
등빨간거위벌레 7
등빨간뿔노린재 8
등에 1, 3, 4, 5
등에잎벌 8
등에잎벌과 8
등짐밑들이벌 3
딱정벌레 1, 2, 3, 4, 5, 6, 7, 8, 9, 10
딱정벌레과 7
딱정벌레목 3, 7, 8, 10
딱정벌레진드기 5
땅강아지 3, 9
땅거미 2, 4, 9
땅벌 1, 8
땅빈대 8, 9
떡갈나무솔나방 7
떡갈나무행렬모충나방 6
떡벌 3
떼풀무치 10
똥구리 10
똥구리삼각생식순좀진드기 6
똥금풍뎅이 1, 5, 6, 10

똥벌레 7
똥코뿔소 3, 9
똥파리 7
똥풍뎅이 5, 6
뚱보기생파리 1
뚱보명주딱정벌레 6, 7
뚱보모래거저리 7
뚱보바구미 3
뚱보줄바구미 3
뚱보창주둥이바구미 1
뜰귀뚜라미 6
뜰뒤영벌 2
띠노래기 8
띠노래기벌 1, 3, 4
띠대모꽃등에 8
띠무늬우묵날도래 7
띠털기생파리 1

ㄹ

라꼬르데르돼지소똥구리 6
라뜨레이유가위벌붙이 4
라뜨레이유뿔가위벌 2, 3, 4
라린 7
람피르 10
람피리스 녹틸루카 10
랑그독전갈 7, 9, 10
랑그독조롱박벌 1
러시아 사슴벌레 2
러시아버섯벌레 10
레오뮈르감탕벌 2
루리송곳벌 4

루비콜라감탕벌 2
르 쁘레고 디에우 1, 5
리둘구스 4

◻

마늘바구미 3
마늘소바구미 7, 10
마당배벌 3
마불왕거미 4
막시목 2, 6, 10
만나나무매미 3, 5
말꼬마거미 9
말매미 5
말벌 1, 2, 3, 4, 5, 6, 7, 8, 9, 10
말트불나방 6
망 10
매끝넓적송장벌레 2
매미 2, 5, 6, 7, 8, 9, 10
매미목 2, 7, 9
매미아목 9
매미충 3, 7, 8
매부리 6
맥시목 7
맵시벌 7, 9
먹가뢰 2, 3
먹바퀴 1
먼지벌레 1, 6
멋쟁이나비 7
멋쟁이딱정벌레 2
메가도파소똥구리 6
메뚜기 1, 2, 3, 5, 6, 7, 8, 9, 10

메뚜기목 2, 3, 9
멧누에나방 6
면충(綿蟲) 8, 9
면충과 8
명주딱정벌레 7
명주잠자리 7, 8, 9
모기 3, 6, 7, 8, 9, 10
모노니쿠스 슈도아코리 10
모노돈토메루스 쿠프레우스 3
모라윗뿔가위벌 3
모래거저리 7, 9
모래밭소똥풍뎅이 5, 10
모리타니반딧불이붙이 10
모서리왕거미 4
목가는먼지벌레 7
목가는하늘소 4
목대장왕소똥구리 1, 5, 6, 10
목수벌 4
목재주머니나방 7
목하늘소 1
무광둥근풍뎅이붙이 8
무늬곤봉송장벌레 6, 7, 8
무늬금풍뎅이 7
무늬긴가슴잎벌레 7
무늬둥근풍뎅이붙이 8
무늬먼지벌레 1
무당거미 9
무당벌 3
무당벌레 1, 4, 7, 8
무덤꽃등에 1
무사마귀여치 4

무시류 2
물거미 9
물결멧누에나방 9
물결털수시렁이 8
물기왕지네 9, 10
물땡땡이 6, 7
물맴이 7, 8
물방개 7, 8
물소뷔바스소똥풍뎅이 1
물장군 5, 8
미끈이하늘소 7
미노타우로스 티포에우스 10
미장이벌 1, 2, 3, 4
민충이 1, 2, 3, 4, 5, 6, 9, 10
민호리병벌 2
밀론뿔소똥구리 6, 7
밑들이메뚜기 10
밑들이벌 3, 4, 5, 7, 10

ㅂ

바구미 2, 3, 4, 5, 6, 7, 8, 9, 10
바구미과 7, 8
바구미상과 8, 10
바퀴 5
박각시 6, 9
반곰보왕소똥구리 1, 5, 7, 10
반날개 5, 6, 8, 10
반날개과 10
반날개왕꽃벼룩 3, 10
반달면충 8
반딧불이 6, 10
반딧불이붙이 10
반딧불이붙이과 10
반점각등근풍뎅이붙이 7
반짝뿔소똥구리 5, 6, 7
반짝왕눈이반날개 8
반짝조롱박먼지벌레 7
반짝청벌 4
반짝풍뎅이 3
발납작파리 1
발톱호리병벌 8
발포충 3
밝은알락긴꽃등에 8
밤나무왕진딧물 8
밤나방 1, 2, 5, 9
밤바구미 3, 7, 8, 10
방아깨비 5, 6, 8, 9
방울실잠자리 6
배나무육점박이비단벌레 4
배노랑물결자나방 9
배벌 1, 2, 3, 4, 5, 6, 9
배짧은꽃등에 5, 8
배추나비고치벌 10
배추벌레 1, 2, 3, 10
배추벌레고치벌 10
배추흰나비 2, 3, 5, 7, 9, 10
배홍무늬침노린재 8
백발줄바구미 1
백합긴가슴잎벌레 7
뱀잠자리붙이과 7, 8
뱀허물대모벌 4
뱀허물쌍살벌 8

399

버들복숭아거위벌레 7
버들잎벌레 1
버들하늘소 8, 10
버찌복숭아거위벌레 7
벌 4, 5, 6, 7, 8, 9, 10
벌목 2, 3, 5, 10
벌줄범하늘소 4
벌하늘소 10
벚나무하늘소 10
베짱이 3, 4, 5, 6, 7, 9
벼룩 7
벼메뚜기 1, 3, 6
변색금풍뎅이 5
변색뿔가위벌 3
별감탕벌 4
별넓적꽃등에 1
별박이왕잠자리 9
별쌍살벌 5, 8
병대벌레 3, 6, 10
병신벌 10
보라금풍뎅이 8
보르도귀뚜라미 6
보아미자나방 6, 9
보통말벌 8
보통전갈 9
보행밑들이메뚜기 6, 10
복숭아거위벌레 7, 8, 10
볼비트소똥구리 6
부채발들바구미 1, 3
부채벌레목 10
북극은주둥이벌 3

북방반딧불이 10
북방복숭아거위벌레 7
북쪽비단노린재 8
불개미붙이 2
불나방 6, 10
불나방류 10
불자게거미 5
붉은발진흙가위벌 2
붉은불개미 2
붉은뿌리코벌 2, 3, 4
붉은산꽃하늘소 4
붉은점모시나비 1
붉은털기생파리 1
붉은털배벌 3
붉은털뿔가위벌 3
붙이버들하늘소 6, 10
붙이호리병벌 2
뷔바스소똥풍뎅이 1, 6
블랍스거저리 1
비단가위벌 4
비단벌레 1, 2, 3, 4, 5, 6, 7, 8, 9, 10
비단벌레노래기벌 1, 3
빈대 8
빌로오도재니등에 3
빗살무늬푸른자나방 9
빗살수염벌레 9
빨간먼지벌레 1
뽕나무하늘소 7
뾰족구멍벌 1, 3, 4
뾰족맵시벌 9
뾰족벌 2, 3, 4

뿌리혹벌레 2, 8
뿔가위벌 2, 3, 4, 5, 6, 8, 10
뿔검은노린재 8
뿔노린재 8
뿔노린재과 8
뿔둥지기생가위벌 4
뿔면충 8
뿔사마귀 3, 5
뿔소똥구리 1, 5, 6, 7, 8, 9, 10
뿔소똥풍뎅이 6

ㅅ

사냥벌 2, 3, 4, 6, 7, 8, 10
사마귀 1, 3, 4, 5, 6, 8, 9, 10
사마귀과 5
사마귀구멍벌 3, 4, 9
사슴벌레 5, 7, 9, 10
사시나무잎벌레 4
사하라조롱박벌 6
사향하늘소 10
산검정파리 1
산누에나방 7
산빨강매미 5
산왕거미 8
산호랑나비 1, 6, 8, 9, 10
살받이게거미 9
삼각뿔가위벌 3
삼각생식순좀진드기과 6
삼치뿔가위벌 2, 3, 4, 8
삼치어리코벌 3
상복꼬마거미 2

상복꽃무지 6, 8
상비앞다리톱거위벌레 7, 10
상여꾼곤봉송장벌레 6
새끼악마(Diablotin) 3, 5, 6
새벽검정풍뎅이 3, 4
서부꽐중이 6
서북반구똥풍뎅이 5
서성거미류 9
서양개암밤바구미 7, 10
서양노랑썩덩벌레 9
서양백합긴가슴잎벌레 4, 7
서양전갈 9
서양풀잠자리 8
서울병대벌레 3, 6, 10
서지중해왕소똥구리 1
섬서구메뚜기 9
섭나방 6, 7
세띠수중다리꽃등에 1
세뿔똥벌레 10
세뿔뿔가위벌 2, 3, 4
세줄우단재니등에 3
세줄호랑거미 2, 4, 6, 8, 9
소금쟁이 8
소나무수염풍뎅이 6, 7, 10
소나무행렬모충 9, 10
소나무행렬모충나방 6, 7, 10
소똥구리 1, 5, 6, 7, 8, 10
소똥풍뎅이 1, 5, 6, 7, 8, 10
소바구미과 7
소요산매미 5
솔나방 6, 7

401

솜벌레 8
솜털매미 5
송곳벌 4
송로알버섯벌레 7, 10
송장금파리 8
송장벌레 2, 5, 6, 7, 8
송장풍뎅이 8
송장풍뎅이붙이 6
송장헤엄치게 7, 8
송충이 1, 2, 3, 4, 6, 7, 8, 9, 10
샬리코도마(*Chalicodoma*) 1
쇠털나나니 1, 2, 3, 4
수도사나방 7
수서곤충 7
수서성 딱정벌레 7
수시렁이 2, 3, 5, 6, 7, 8, 10
수염줄벌 2, 4
수염풍뎅이 3, 5, 6, 8, 9, 10
수중다리좀벌 10
수풀금풍뎅이 5
숙녀벌레 8
쉐퍼녹가뢰 3
쉬파리 1, 3, 8, 10
쉬파리과 8
스카루스(*Scarus*) 1
스톨라(*étole*) 7
스페인 타란튤라 2
스페인뿔소똥구리 1, 5, 6, 7, 10
스페인소똥구리 6
슬픈애송장벌레 8
시골꽃등에 1

시골왕풍뎅이 3, 7, 9, 10
시실리진흙가위벌 1, 2
시체둥근풍뎅이붙이 8
실베짱이 3, 6
실소금쟁이 8
실잠자리 6
십자가왕거미 4, 5, 9
싸움꾼가위벌붙이 3, 4
쌀바구미 8
쌀코파가 8
쌍등이비단벌레 1
쌍살벌 1, 2, 4, 5, 8
쌍살벌류 8
쌍시류 1, 2, 3, 8, 9, 10
쌍시목 7
쌍줄푸른밤나방 2
쌕새기 6
쐐기벌레 6, 10

ㅇ

아마존개미 2
아메드호리병벌 2, 3, 4, 8
아프르털기생파리 1
아시다(*Asida*) 1
아시드거저리 9
아토쿠스 10
아토쿠스왕소똥구리 1
아폴로붉은점모시나비 1
아프리카조롱박벌 1
아홉점비단벌레 4, 7
악당줄바구미 1

안드레뿔가위벌 3
안디디(Anthidie) 4
알길쭉바구미 7
알락가뢰 3
알락귀뚜라미 1
알락긴꽃등에 8
알락꽃벌 3, 8
알락꽃벌붙이 2
알락수시렁이 2
알락수염노린재 8
알락하늘소 4
알팔파뚱보바구미 2
알프스감탕벌 4
알프스밑들이메뚜기 10
알프스베짱이 6
암검은수시렁이 10
암모필르(Ammo-phile) 1
애기뿔소똥구리 10
애꽃등에 1, 3
애꽃벌 2, 3
애꽃벌트리옹굴리누스 2
애남가뢰 3
애매미 5
애명주잠자리 10
애반딧불이 10
애사슴벌레 9
애송장벌레 8
애송장벌레과 8
애수염줄벌 2
애알락수시렁이 2, 3
애호랑나비 9

애호리병벌 2, 8
야산소똥풍뎅이 6
야생 콩바구미류 8
야행성 나방 9
양귀비가위벌 4
양귀비가위벌붙이 4
양배추벌레 10
양배추흰나비 5, 6, 7, 8, 10
양봉 2, 3
양봉꿀벌 1, 3, 4, 5, 6, 8, 9, 10
양왕소똥구리 10
어깨가위벌붙이 2, 3, 4
어깨두점박이잎벌레 7
어리꿀벌 3
어리나나니 2, 3
어리별쌍살벌 8
어리북자호랑하늘소 4
어리장미가위벌 4
어리줄배벌 4
어리코벌 1, 2, 3, 4, 6, 8
어리표범나비 6
어리호박벌 2, 3, 4
어버이빈대 8
억척소똥구리 5
얼간이가위벌 4
얼룩기생쉬파리 1, 8
얼룩말꼬마꽃벌 8, 10
얼룩송곳벌 4
얼룩점길쭉바구미 7, 10
에레우스(aereus) 3
에링무당벌레 8

에사키뿔노린재 8
여왕봉 7
여치 2, 4, 5, 6, 8, 9, 10
연노랑풍뎅이 3, 10
연루리알락꽃벌붙이 2
연지벌레 9
열두점박이알락가뢰 3
열석점박이과부거미 2
열십자왕거미 9
영대길쭉바구미 7
옛큰잠자리 6
오니트소똥풍뎅이 1, 5, 6, 7
오동나무바구미 10
오리나무잎벌레 7
옥색긴꼬리산누에나방 6, 7
올리버오니트소똥풍뎅이 1, 6
올리브코벌 1
와글러늑대거미 4, 8, 9
완두콩바구미 8, 10
왕거미 2, 3, 4, 5, 8, 9, 10
왕거미과 8
왕거위벌레 7
왕공깍지벌레 9
왕관가위벌붙이 3, 4, 6
왕관진노래기벌 3, 4
왕귀뚜라미 1, 3, 6, 9, 10
왕금풍뎅이 5
왕꽃벼룩 3
왕노래기벌 1, 2, 3, 4
왕밑들이벌 3, 7
왕바구미 3, 8

왕바퀴 1
왕바퀴조롱박벌 1
왕반날개 6, 8
왕벼룩잎벌레 6
왕사마귀 5
왕소똥구리 1, 2, 5, 6, 7, 8, 9, 10
왕잠자리 9
왕조롱박먼지벌레 7
왕지네 9
왕청벌 3
왕침노린재 8
왕풍뎅이 9, 10
외뿔장수풍뎅이 2
외뿔풍뎅이 3
우단재니등에 3, 4
우리목하늘소 7
우수리뒤영벌 4
우엉바구미 7
운문산반딧불이 10
원기둥꼬마꽃벌 8
원별박이왕잠자리 9
원조왕풍뎅이 7, 9, 10
유럽긴꼬리 6, 8
유럽깽깽매미 3, 5
유럽대장하늘소 4, 7, 10
유럽등글장수풍뎅이 3, 9
유럽민충이 1, 3, 5, 6, 9, 10
유럽방아깨비 5, 6, 8, 9
유럽병장하늘소 4, 7, 9, 10
유럽불개미붙이 2
유럽비단노린재 8

유럽뿔노린재 8
유럽사슴벌레 7, 9, 10
유럽솔나방 6
유럽여치 6
유럽장군하늘소 7, 9, 10
유럽장수금풍뎅이 1, 5, 7, 10
유럽장수풍뎅이 3, 7, 9, 10
유럽점박이꽃무지 1, 2, 3, 5, 6, 7, 8, 10
유럽풀노린재 9
유령소똥풍뎅이 5, 10
유리나방 8
유리둥근풍뎅이붙이 7
유지매미 5
육니청벌 3
육띠꼬마꽃벌 3
육아벌 8
육점큰가슴잎벌레 7
은주둥이벌 1, 2, 3, 4
은줄나나니 1
의병벌레 2
이 2, 3, 8
이시스뿔소똥구리 5
이주메뚜기 10
이태리메뚜기 6
일벌 8
일본왕개미 5
입술노래기벌 1
잎벌 5, 6, 7
잎벌레 4, 5, 6, 7, 8, 10

ㅈ

자나방 3, 6, 9
자벌레 1, 2, 3, 4
자색딱정벌레 5, 7
자색나무복숭아거위벌레 7
작은멋쟁이나비 6, 7
작은집감탕벌 4
잔날개여치 10
잔날개줄바구미 1
잔물땡땡이 6
잠자리 4, 5, 6, 7, 8, 9
잠자리꽃등에 3
잣나무송곳벌 4
장구벌레 7
장구애비 7
장님지네 9
장다리큰가슴잎벌레 7
장미가위벌 6
장수금풍뎅이 5, 7, 10
장수말벌 1, 8
장수말벌집대모꽃등에 8
장수풍뎅이 3, 4, 6, 8, 9, 10
장식노래기벌 1, 4
재니등에 1, 3, 5
재주꾼톱하늘소 10
저주구멍벌 3
적갈색입치레반날개 10
적갈색황가뢰 2, 3
적동색먼지벌레 1
적록색볼비트소똥구리 6, 7
전갈 4, 7, 9

405

점박이긴하늘소 10
점박이길쭉바구미 7, 10
점박이꼬마벌붙이파리 1
점박이꽃무지 2, 3, 5, 7, 8, 9, 10
점박이땅벌 1, 8
점박이무당벌 3
점박이외뿔소똥풍뎅이 10
점박이잎벌레 7
점박이좀대모벌 4, 8
점쟁이송곳벌 4
점피토노우스바구미 1
접시거미 9
정강이혹구멍벌 1, 3, 4
정원사딱정벌레 7, 10
제비나비 9
조롱박먼지벌레 7
조롱박벌 1, 2, 3, 4, 5, 6, 7, 8, 9
조선(한국) 사마귀 5
조숙한꼬마꽃벌 8
조약돌진흙가위벌 3, 4
족제비수시렁이 6
좀꽃등에 1
좀대모벌 4, 8
좀반날개 6
좀벌 3, 5, 7, 8, 9, 10
좀송장벌레 6, 7, 8
좀털보재니등에 3
좀호리허리노린재 8
좁쌀바구미 10
주름우단재니등에 2, 3
주머니나방 5, 7, 9
주머니면충 8
주홍배큰벼잎벌레 7
줄감탕벌 2
줄먼지벌레 6
줄무늬감탕벌 4
줄바구미 3
줄배벌 1
줄벌 2, 3, 4, 5, 10
줄벌개미붙이 3
줄범재주나방 4
줄연두게거미 9
줄흰나비 6
중국별똥보기생파리 1
중땅벌 8
중베짱이 2, 3, 4, 6, 7, 9, 10
중성 벌 8
중재메가도파소똥구리 6
쥐머느리 1, 5, 6, 7
쥐머느리노래기 9
쥘나나니 4
쥘노래기벌 1
쥘코벌 1
지네 9
지네강 9
지중해소똥풍뎅이 1, 5, 6, 8, 10
지중해송장풍뎅이 10
지중해점박이꽃무지 3, 8
지하성딱정벌레 8
직시류 1, 2, 5, 9
직시목 1, 3
진노래기벌 1, 3, 4, 8, 9

진드기 2, 5, 6
진딧물 1, 3, 5, 7, 8, 9
진딧물아목 7, 8, 9
진소똥풍뎅이 5, 10
진왕소똥구리 1, 4, 5, 6, 7, 8, 9, 10
진흙가위벌 1, 2, 3, 4, 5, 6, 7, 8, 9
진흙가위벌붙이 4
집가게거미 4, 9
집게벌레 1, 5, 7
집귀뚜라미 6
집왕거미 9
집주머니나방 7
집파리 1, 3, 4, 5, 7, 8
집파리과 8, 10
집파리상과 8
짧은뿔기생파리과 3

ㅊ

차주머니나방 7
참나무굴벌레나방 9, 10
참매미 1, 5, 7
참새털이 2
참왕바구미 8
참풍뎅이기생파리 1
창백면충 8
창뿔소똥구리 10
채소바구미 10
천막벌레나방 6
청날개메뚜기 5, 6, 9
청남색긴다리풍뎅이 6
청동금테비단벌레 1, 4, 7

청동점박이꽃무지 8
청벌 3
청보석나나니 2, 3, 4, 6, 8
청뿔가위벌 3
청색비단벌레 1
청줄벌 1, 2, 3, 4, 5, 8
청줄벌류 3
촌놈풍뎅이기생파리 1
축제뿔소똥구리 6
치즈벌레 8
치즈벌레과 8
칠성무당벌레 1, 8
칠지가위벌붙이 3, 4
칠흑왕눈이반날개 5
침노린재 8
침노린재과 8
침파리 1

ㅋ

카컬락(kakerlac) 1
칼두이점박이꽃무지 3
칼띠가위벌붙이 4
꼬끼리밤바구미 7
코벌 1, 2, 3, 4, 6, 8
코벌레 3, 7, 10
코벌살이청벌 3
코주부코벌 1, 3
코피홀리기잎벌레 10
콧대뾰족벌 3
콧수스 10
콩바구미 8

콩바구미과 8
콩팥감탕벌 2, 4
큰가슴잎벌레 7, 8, 9
큰검정풍뎅이 6
큰날개파리 7
큰날개파리과 7
큰넓적송장벌레 5, 6
큰노래기벌 1
큰명주딱정벌레 10
큰무늬길앞잡이 9
큰밑들이벌 3
큰밤바구미 3, 4, 7
큰뱀허물쌍살벌 1
큰새똥거미 9
큰수중다리송장벌레 2
큰주머니나방 7
큰줄흰나비 5, 6
큰집게벌레 1
클로또거미 9
키오누스 답수수 10

E

타란튤라 2, 4, 9, 10
타란튤라독거미 4, 9
타래풀거미 9
탄저 전염 파리 10
탈색사마귀 2, 5
털가시나무연지벌레 9
털가시나무왕공깍지벌레 9
털가시나무통잎벌레 7
털검정풍뎅이 6

털게거미 4
털날개줄바구미 3
털날도래 7
털매미 5
털보깡충거미 4
털보나나니 1, 3, 4, 5
털보바구미 1, 6
털보애꽃벌 2
털보재니등에 1, 3
털보줄벌 2, 3, 4
털이 2
털주머니나방 7
토끼풀대나방 7
토끼풀들바구미 1
톱사슴벌레 10
톱하늘소 10
통가슴잎벌레 7
통잎벌레 7
통큰가슴잎벌레 7
투명날개좀대모벌 4
트리웅굴리누스(*Triungulinus*) 2

ㅍ

파리 1, 2, 3, 4, 5, 6, 7, 8, 9, 10
파리구멍벌 3
파리목 1, 3, 4, 7, 10
팔랑나비 10
팔점대모벌 2
팔점박이비단벌레 1, 4
팔치뾰족벌 3
광제르구멍벌 3

팥바구미 8
포도거위벌레 7
포도복숭아거위벌레 1, 3, 7
표본벌레 3
풀거미 9, 10
풀게거미 5, 9
풀노린재 5
풀무치 5, 6, 8, 9, 10
풀색꽃무지 8, 9
풀색노린재 8
풀색명주딱정벌레 6
풀잠자리 7, 8
풀잠자리과 8
풀잠자리목 7, 8
풀주머니나방 7, 10
풀흰나비 9
풍뎅이 2, 3, 4, 5, 6, 7, 8, 9, 10
풍뎅이과 3, 7
풍뎅이붙이 1, 2, 5, 6, 7, 8, 10
풍적피리면충 8
프랑스금풍뎅이 7
프랑스무늬금풍뎅이 5, 6, 7, 10
프랑스쌍살벌 1, 8
프로방스가위벌 3
플로렌스가위벌붙이 3, 4
피레네진흙가위벌 2, 3, 4, 6
피토노무스바구미 1

ㅎ

하느님벌레 8
하늘소 1, 4, 5, 6, 7, 8, 9, 10

하늘소과 10
하루살이 5
한국민날개밑들이메뚜기 6, 10
해골박각시 1, 6, 7, 10
햇빛소똥구리 6
행렬모충 2, 6, 9, 10
허공수중다리꽃등에 3
허리노린재 8
헛간진흙가위벌 2, 3, 4
헤라클레스장수풍뎅이 10
호랑거미 2, 4, 8, 9
호랑나비 8, 9
호랑줄범하늘소 4
호리꽃등에 1
호리병벌 2, 3, 4, 5, 7, 8
호리병벌과 8
호리허리노린재 8
호박벌 2
호수실소금쟁이 7
혹다리코벌 1, 3
혹바구미 1
홀쭉귀뚜라미 6
홍가슴꼬마검정파리 1
홍다리사슴벌레 2
홍다리조롱박벌 1, 4, 7
홍단딱정벌레 6
홍도리침노린재 8
홍배조롱박벌 1, 2, 3, 4
황가뢰 2, 3, 4
황개미 3
황날개은주둥이벌 3

409

황납작맵시벌 3
황닻거미 2
황딱지소똥풍뎅이 5
황띠대모벌 2, 4, 6
황띠배벌 3
황라사마귀 1, 2, 3, 5, 6, 7, 8, 9, 10
황록뿔가위벌 3
황색우단재니등에 1
황야소똥구리 5
황오색나비 3
황제나방 7
황테감탕벌 2
황토색뒤영벌 3, 8
회갈색여치 6, 8
회색 송충이 1, 2, 4
회색뒤영벌 2
회적색뿔노린재 8
홀로 10
홀론수염풍뎅이 10
흐리멍텅줄벌 2
흰개미 6
흰나비 3, 6, 7, 9, 10
흰띠가위벌 4, 8
흰띠노래기벌 1
흰머리뿔가위벌 3, 8
흰무늬가위벌 3, 4
흰무늬수염풍뎅이 3, 6, 7, 9, 10
흰살받이게거미 5, 8, 9
흰색길쭉바구미 1
흰수염풍뎅이 6
흰점박이꽃무지 7, 10

흰점애수시렁이 8
흰줄구멍벌 1
흰줄바구미 3, 4, 7
흰줄박각시 9
흰줄조롱박벌 1, 2, 3, 6
흰털알락꽃벌 3